有機化学

有機反応論で理解する

村田 滋 ──［著］

東京大学出版会

Organic Chemistry:
Foundations of Organic Reaction Mechanisms
Shigeru MURATA
University of Tokyo Press, 2007
ISBN978-4-13-062505-0

まえがき

　本書は，高等学校で化学を履修した学生が，大学で初めて体系的な学問としての有機化学を学ぶ際の教科書，あるいは自習書となるものである．大学で有機化学を学ぶすべての学生諸君に，有機化学はしっかりとした理論体系に裏付けられた学問であること，また，有機化学の学習は記憶ではなく理解であることを，是非わかっていただきたい．これが，著者の素朴な願いであり，本書を著した動機でもある．副題の「有機反応論で理解する」は，本書が，有機化学の基礎事項を羅列的に紹介したものではなく，じっくりと考えながら有機化学を学ぶための書物であることを明示したものである．

　我々の身の周りのさまざまな素材に有機化合物が用いられ，生命現象が分子レベルで解明されつつある現在では，自然科学に携わるすべての人々にとって，有機化学の基礎知識が必須であることは議論の余地がない．しかし，いわゆる教養課程の大学生に対して，適切な有機化学のカリキュラムを設定することは，必ずしも簡単ではない．なぜなら，有機化学を体系的に論じようとすると，電子やエネルギーに関する理解が必須であり，そのためには，大学で初めて学ぶ分子構造論や熱力学に関する知識が必要となるからである．これらを基盤にしない有機化学の講義は，単に事項の紹介となり，これでは大学生に知的興味をもって有機化学を学んでもらうことは難しいだろう．しかし，だからといって有機化学を学ぶために，分子軌道論や平衡反応論を極めている必要はまったくない．このあたりのバランスが，将来，必ずしも化学を専門としない自然科学系の学生諸君に，どのような有機化学を学んでもらうかのポイントとなるはずである．このような観点から，本書では，概論となる第2，3章に十分なページを費やし，有機化合物の構造や反応を体系的に理解するために，最低限必要となる電子やエネルギーに関する事項を解説した．

　一方で有機化学では「各論」すなわち官能基によって分類された化合物のそれぞれがもつ性質も，また重要な意味をもつ．各論における記述はどうし

ても羅列的になりがちであるが，本書ではそれを避けるために，化合物の構造と物性については，最も重要な事項を簡潔に記載するにとどめ，それぞれの化合物の反応のしくみを電子の振る舞いに基づいて説明することに主眼をおいた．限られたページ数の中で反応論に重みをおいたのは，分子がダイナミックに躍動し新しい物質が産み出される「反応」という現象は，化学という学問の特徴を最も端的に表現するものであり，また，有機化学が体系化された学問であることを示すための教材として最も適切である，との著者の考えによる．また，有機化学を専門とする教員にとっては何でもない巻矢印の使い方も，有機化学を学び始めたばかりの学生にとっては，これほど難解なものもないであろう．たとえば，酸触媒条件下におけるエステルの加水分解は，最も基本的な有機化学反応のひとつであり，巻矢印を用いてその反応機構を完全に書き下してみることは，数学における定理の証明や，物理学における公式の誘導と同様に，有機化学を学ぶ過程で一度はやっておくべきことと思う．しかし，教科書ではその概略のみが書かれていることが多い．本書では，多段階の反応であってもできるだけ省略せずに，その反応の進行に伴う電子の動きを巻矢印を用いて説明するように心がけた．反応を中心に構成した関係から，それぞれの化合物の合成方法については思い切って説明を割愛し，その合成に用いる反応が本書のどこに記載されているかを指摘するにとどめた．これらは，本書に特徴を出すための著者の試みであり，かえってわかりにくくなったなどのご批判があれば，是非承りたく思う．

　本書の出版にあたり，東京大学出版会編集部の岸純青さんには大変お世話になった．厚く御礼申し上げたい．また，私の研究室の学生である佐々木亮君には，研究で忙しい中，原稿の査読をお願いし，数々の貴重な指摘をもらった．心より感謝したい．

　　　　平成19年2月

　　　　　　　　　　　　　　　　　　　　　　　　　　村田　滋

目次

はじめに

第1章　序論 ……………………………………………………… 1

1.1 有機化学と有機化合物　1

1.2 有機化合物の構成と表記　3

　1.2.1 有機化合物の構成／**1.2.2** 有機化合物の表記

1.3 異性と異性体　5

第2章　結合の形成と分子の構造 ……………………………… 7

2.1 原子の構造と化学結合　7

　2.1.1 化学結合の古典的なモデル／**2.1.2** 化学結合の量子論的なモデル

2.2 炭素原子の構造と混成軌道　10

　2.2.1 正四面体構造の炭素原子／**2.2.2** 三方平面構造の炭素原子／**2.2.3** 直線構造の炭素原子

2.3 共役と共鳴　15

　2.3.1 水素化熱と分子の安定性／**2.3.2** 共役と電子の非局在化／**2.3.3** 共鳴の概念

2.4 分子軌道法による有機分子の記述　20

　2.4.1 原子価結合法と分子軌道法／**2.4.2** 分子軌道法の手法／**2.4.3** 分子軌道法の種類

2.5 立体異性体　25

　2.5.1 立体配座異性体／**2.5.2** シス-トランス異性体／**2.5.3** 鏡像異性体

第3章　電子とエネルギー …………………………………… 1

3.1 結合の分極と分子の極性　41

　3.1.1 結合の分極／**3.1.2** 電気陰性度／**3.1.3** 分子の極性／**3.1.4** 置換

基の電子的効果とその伝達／ 3.1.5 　電子的効果による官能基の分類
3.2 　結合の開裂と反応の様式　50
　　3.2.1 　結合開裂の様式／ 3.2.2 　結合開裂様式による有機化学反応の分類／ 3.2.3 　求核剤と求電子剤／ 3.2.4 　反応形式による有機化学反応の分類
3.3 　有機化学反応とエネルギー　58
　　3.3.1 　反応に伴うエネルギー変化／ 3.3.2 　反応のエネルギー図と遷移状態／ 3.3.3 　エントロピーと自由エネルギー／ 3.3.4 　熱力学と平衡定数／ 3.3.5 　速度論と反応速度／ 3.3.6 　熱力学支配と速度論支配

第 4 章　酸と塩基 ……………………………………………… 73

4.1 　酸　73
　　4.1.1 　酸とその強さ／ 4.1.2 　酸の強さを支配する因子／ 4.1.3 　酸の強さと置換基効果
4.2 　塩基　79
　　4.2.1 　塩基とその強さ／ 4.2.2 　塩基の強さと置換基効果／ 4.2.3 　塩基性と求核性

第 5 章　有機化学反応の考え方 ………………………………… 85

5.1 　有機電子論　86
5.2 　分子軌道論　87

第 6 章　アルカン ………………………………………………… 91

6.1 　アルカンの構造と性質　91
　　6.1.1 　アルカンの構造／ 6.1.2 　アルカンの性質
6.2 　アルカンの合成　95
　　6.2.1 　天然資源からの分離／ 6.2.2 　アルカンの合成
6.3 　アルカンの反応　96
　　6.3.1 　ハロゲン化／ 6.3.2 　燃焼

第 7 章　ハロゲン化アルキル …………………………………… 105

7.1 　ハロゲン化アルキルの構造と性質　105
7.2 　ハロゲン化アルキルの合成　106

7.3 ハロゲン化アルキルの反応　107
　7.3.1 求核置換反応／7.3.2 脱離反応／7.3.3 求核置換反応と脱離反応の競争／7.3.4 有機金属化合物の生成

第8章　アルコールとエーテル … 125

8.1 アルコールの構造と性質　125
8.2 アルコールの合成　127
8.3 アルコールの反応　128
　8.3.1 酸としての反応／8.3.2 求核置換反応／8.3.3 脱離反応／8.3.4 酸化反応
8.4 エーテルの性質と反応　133
　8.4.1 エーテルの性質と合成／8.4.2 エーテルの反応

第9章　アルケンとアルキン … 137

9.1 アルケンの構造　137
9.2 アルケンの合成　138
9.3 アルケンの反応　138
　9.3.1 求電子付加反応／9.3.2 ラジカル付加反応／9.3.3 ボランの付加反応（ヒドロホウ素化反応）／9.3.4 水素の付加反応（水素化反応）／9.3.5 酸化的付加反応と開裂反応／9.3.6 置換基としての炭素—炭素二重結合
9.4 アルキンの構造と反応　156
　9.4.1 アルキンの構造と合成／9.4.2 アルキンの反応

第10章　芳香族化合物 … 161

10.1 芳香族化合物の構造　162
　10.1.1 共鳴混成体／10.1.2 ヒュッケル則と芳香族性
10.2 芳香族化合物の合成　164
　10.2.1 天然資源からの分離／10.2.2 芳香族化合物の合成
10.3 芳香族化合物の反応　165
　10.3.1 芳香族求電子置換反応／10.3.2 芳香環置換基の反応

第11章 カルボニル化合物I　アルデヒドとケトン …………… 181

11.1 アルデヒドとケトンの構造と性質　181
11.1.1 カルボニル基の構造と性質／11.1.2 α水素の酸性度に及ぼすカルボニル基の効果

11.2 アルデヒドとケトンの合成　184

11.3 アルデヒドとケトンの反応　184
11.3.1 求核付加反応／11.3.2 還元反応／11.3.3 酸化反応／11.3.4 エノラートが関与する反応／11.3.5 α,β-不飽和カルボニル化合物の求核付加反応

第12章 カルボニル化合物II　カルボン酸とその誘導体 ………… 203

12.1 カルボン酸の構造と性質　203

12.2 カルボン酸とその誘導体の合成　204

12.3 カルボン酸とその誘導体の反応　205
12.3.1 求核置換反応／12.3.2 還元反応／12.3.3 エノラートが関与する反応

12.4 ニトリルの構造と反応　217
12.4.1 ニトリルの構造と性質／12.4.2 ニトリルの合成と反応

第13章 窒素を含む有機化合物　ニトロ化合物とアミン ………… 221

13.1 ニトロ化合物の合成と反応　221
13.1.1 ニトロ化合物の性質と合成／13.1.2 ニトロ化合物の反応

13.2 アミンの合成と反応　223
13.2.1 アミンの性質と合成／13.2.2 アミンの反応

付録　有機化学命名法　233
索引　239

第1章
序論

1.1 有機化学と有機化合物

有機化学は，炭素を含む化合物に関する化学である．

　私たちは，さまざまな物質に取り囲まれて生活している．現在知られている物質の数は3000万ほどであるが，その大部分は炭素を含んだ化合物，すなわち**有機化合物**であり，それ以外の**無機化合物**に比べてその数は圧倒的に多い．私たちの身のまわりを見ても，食品，繊維，プラスチック，紙，医薬品，染料など，私たちの生活を支えている物質のほとんどは有機化合物である．また，なによりも，私たち自身を構成している物質は，水を除けば，ほとんどが有機化合物であり，さまざまな生命現象も，究極的には有機化合物の反応に他ならない．したがって，有機化学は，科学のさまざまな分野の基礎となる学問であり，たとえば，私たちの生活を豊かにする新しい素材を開発するために，また生命を分子の視点から理解するために必須の学問といえる．

　有機化学は，さまざまな実験事実の蓄積によって発展してきた学問ではあるが，単にそれらを羅列するだけの学問ではない．有機化学では，3つの視点から有機化合物に関する理解を深める．その1つは，構造論，すなわち分子の中でどのように原子が配列し，それらがどのような空間的な配置をとっているかを知ることである．2つ目は，反応論であり，そこでは有機化合物がどのように変化し，それがいかにして起こるかを説明する．もう1つの視点は，求める有機化合物を得るためにはどのような手法をとるべきかを教える合成論である．今日の有機化学は，それぞれの視点において，理論的な体系化がなされている．

炭素は，自然界に存在する90余りの元素の1つに過ぎないのに，これほど多くの化合物を与えるのは，炭素のどのような性質によるのだろうか．第1に，炭素原子は，互いに多数の連続した結合を安定に形成できることが挙げられる．数千，数万個の炭素原子が連結して形成される炭素原子の鎖が，セルロースや核酸などの生体高分子，あるいはナイロンなどの合成高分子化合物の基本骨格となっている．さらに，炭素原子は鎖状に連なるだけではなく，環状に配列して，さまざまな大きさの環を形成することもできる．第2には，炭素原子が互いに結合する様式は，単一ではないことである．炭素原子と炭素原子は2個の電子を共有することにより単結合を形成するのみならず，4個，あるいは6個の電子を共有する二重結合，あるいは三重結合を形成することができる．第3には，炭素原子は，さまざまな種類の原子と安定な結合を形成できることが挙げられる．有機化合物の最も基本的な姿は，炭素原子が連結してできた鎖や環に水素原子が結合した構造であるが，その水素原子は，窒素，酸素，フッ素，リン，硫黄，塩素，臭素，ヨウ素などに置き換えることができる．

　このような炭素のもつ他の元素にはない特異な性質により，炭素を含む化合物の数は膨大となり，それらの性質も多様なものとなる．特に，多数の炭素原子から形成され，さまざまな種類の元素を含んだ巨大で複雑な分子は，化学反応に対する触媒作用を示したり，他の分子との特異的な相互作用によって情報をもたせることが可能となる．このようなさまざまな機能をもった有機化合物が，まさに"有機的に（全体が関連のある働きをもつように）"集積化したものが生命であるといえる．

　19世紀の初期までは，有機化合物とは，生体だけがつくり出せる物質と考えられていた．しかし，その考えは，無機化合物であるシアン酸アンモニウム NH_4OCN から，有機化合物に分類される尿素 $(NH_2)_2C=O$ を合成したウェーラー（F. Wöhler, 1800-1882）によって否定された．今日では，身のまわりのプラスチックや合成繊維を見ても明らかなように，大多数の有機化合物は人工的に合成されている．しかし，その原料はエチレンやベンゼンといった簡単な構造の有機化合物であり，それらは，石油や石炭を原料として工業的に製造されている．それらの化石燃料が太古の植物や動物に由来することを考えると，私たちの生活を支えているさまざまな有機化合物も，生

体がつくり出した物質にその起源をもつことになる．化石燃料の枯渇は，一般にエネルギーの問題として捉えられるが，このような有機化合物の起源，すなわち炭素源の枯渇といった重大な意味をもつことも忘れてはならない．

1.2 有機化合物の構成と表記

1.2.1 有機化合物の構成

前節で述べたように，有機化合物は，連続して結合した炭素原子がつくる鎖や環を基本骨格として，それにさまざまな元素が結合することによって構成されている．炭素原子が鎖状に結合している有機化合物を，**鎖式化合物**，あるいは**脂肪族化合物**という．一方，炭素原子が環状に配列した構造をもつ有機化合物を，**環式化合物**とよぶ．

炭素原子から形成される骨格に水素原子のみが結合した化合物は，最も基本的な有機化合物であり，**炭化水素**とよばれている．炭化水素から水素原子を1個取り除いてできる原子団を，**炭化水素基**とよぶ．**基**とは，有機分子を構成する部分的な構造を示すことばであり，**置換基**ともいう．炭化水素基に対して，炭素原子が形成する骨格に結合した水素以外の原子，あるいは水素以外の元素を含む原子団を**官能基**とよぶ．有機化合物は，炭化水素基と官能基の組み合わせによって構成されている，と見ることができる（図1.1）．

官能基は，その有機化合物に特有の物理的，化学的性質を与える．たとえば，原子団 OH はヒドロキシ基とよばれる官能基であり，その官能基の性質によって，ヒドロキシ基をもつ有機化合物は，水に溶解しやすいなどの物理的性質や，ナトリウム Na と反応して水素 H_2 を発生させるなどの化学的

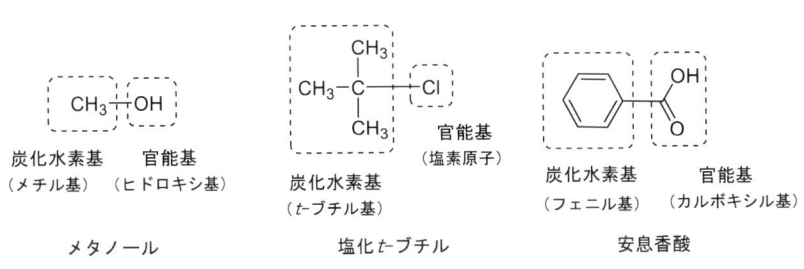

図1.1　有機化合物の構成

性質を共通してもつことになる．このように，官能基に注目することによって，その有機化合物の構造や性質を系統的に理解することができる．第6章以降では，官能基によって有機化合物を分類し，代表的な官能基についてその物理的，および化学的性質を説明する．

1.2.2 有機化合物の表記

有機化合物は，目的に応じてさまざまに表記される．原子の組成のみを表記した**分子式**に対して，官能基を取り出して表示した化学式を**示性式**という．示性式は分子の構造や性質を理解するために有用である．たとえば，酒類に含まれる身近な有機化合物であるエタノールは C_2H_6O の分子式をもつが，示性式を用いると C_2H_5OH と表記され，官能基としてヒドロキシ基 OH をもつことが明示される．

有機化合物において，炭素原子がどのように結合しているかを表記したい場合には**構造式**を用いるが，それには3通りの方法がある．すべての原子を表記し，すべての結合を線で表した構造式を，**ケクレ構造式**という．ケクレ構造式は最も厳密な表記方法であるが，複雑な有機化合物の構造を表記するには煩雑である．これに対して，炭素―水素結合の表記を省略した構造式を**縮合構造式**という．縮合構造式では，炭素―炭素単結合も表記されない場合が多い．複雑な有機化合物を表記するために最も適した表記法は**骨格構造式**とよばれ，炭素原子および水素原子，さらに炭素―水素結合の表記が省略される．ただし，ヒドロキシ基 OH やアミノ基 NH_2 などの官能基に含まれる水素原子は省略しない．また，特に，有機化合物の3次元的な構造を表記したい場合には，**くさび形表示法**を用いる（図1.2）．

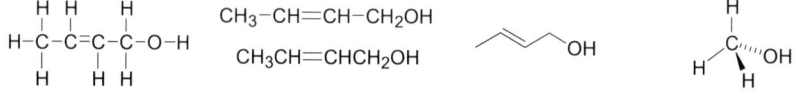

ケクレ構造式　　　　縮合構造式　　　　骨格構造式　　　　くさび形表示法

図1.2 2-ブテン-1-オール $CH_3CH=CHCH_2OH$ の構造式のさまざまな表記とくさび形表示法で炭素原子の3次元的構造を表記したメタノール CH_3OH の構造式

くさびは紙面前方に出ている結合，太い破線は紙面後方に出ている結合，単一の線は紙面上にある結合を表す．

1.3 異性と異性体

　有機化合物では，それを構成する原子の種類と数が同じであっても，原子の並び方にはさまざまな可能性がある場合が多い．この現象を**異性**という．原子の並び方が異なれば分子の構造や性質が異なるため，異性は，有機化合物に多様性を与える1つの要因となっている．

　ある有機化合物について，それと同一の分子式をもつが，原子の配列が異なることによって性質が異なる化合物を，その有機化合物の**異性体**という．異性体は，構造異性体と立体異性体に分類される．**構造異性体**は，原子の配列のしかたが異なることによって生じる異性体であり，構造式を用いてそれぞれを表記することによって区別することができる．構造異性体には，骨格を形成する炭素原子の配列が異なることによって生じる**骨格異性体**，炭素以外の原子を含む原子の配列が異なったため別の官能基をもつ**官能基異性体**，および同一の官能基をもつがその結合している位置が異なる**位置異性体**がある．

　これに対して，**立体異性体**は，同一の構造式で示されるが，原子あるいは原子団の3次元的な配置が異なることによって生じる異性体である．立体異性体は，さらに，炭素原子に結合している原子，あるいは原子団の空間的な配列が異なることによって生じる**立体配置異性体**と，炭素―炭素単結合のまわりの回転によって生じる**立体配座異性体**に分類される．炭素原子に結合した4個の原子あるいは原子団がすべて異なる場合に生じる**鏡像異性体**（光学異性体），および二重結合のまわりの原子あるいは原子団の配置の違いによって生じる**幾何異性体**（シス-トランス異性体）は，立体配置異性体の例である．立体異性体については，2.5節で詳しく述べる．

第2章
結合の形成と分子の構造

2.1 原子の構造と化学結合

有機化合物の構造を一般的に理解するためには、炭素原子がどのようにして他の原子と結合を形成するかについて理解しなければならない。

2.1.1 化学結合の古典的なモデル

19世紀の終わりに原子が原子核と電子からできていることが理解されると、原子の構造に対するさまざまなモデルが提案された。20世紀に入って1913年にボーア（N. H. D. Bohr, 1887-1951）は、原子核を中心として、電子が同心円状の殻に配置されたモデルを提案した。それぞれの殻は収容できる電子の最大数が決まっており、第1の殻（K殻）は2個、第2の殻（L殻）は8個である。このモデルによると、炭素原子の電子の電子配置は、K殻に2個、L殻に4個となる（図2.1）。

次いで1916年にルイス（G. N. Lewis, 1875-1946）は、ボーアのモデルにもとづいて、分子の形成に関する一般的な規則を導いた。ルイスによると、**原子価殻**とよばれる最外殻の電子（価電子）が結合の形成に関与し、原子間の結合は1対の電子を互いの原子が共有することにより形成される。そして、

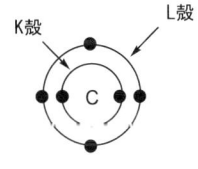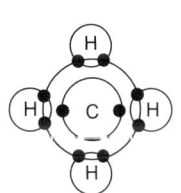

図 2.1 ボーアのモデルによる炭素原子の電子配置とメタン CH_4 の電子配置
4個の水素原子と電子対を共有することによってL殻は8個の電子を収容し安定化する。

原子価殻に含まれる電子数が，その原子価殻が収容できる最大数に到達すると，安定な分子が形成される．炭素原子では，K殻に1個の電子をもつ水素原子と電子を共有することによって炭素—水素結合が形成されるが，原子価殻であるL殻には4個の電子が収容されているため，4個の炭素—水素結合が形成されると，L殻が収容できる最大電子数8個に到達する．こうして，安定な分子であるメタンCH_4の形成が説明される（図2.1）．原子価殻（この場合はL殻）に8個の電子を収容すると安定な分子を形成することは，炭素原子のみならず，窒素原子や酸素原子などについても成立し，一般に**オクテット則**とよばれている．

ルイスの提案した化学結合の概念は**共有結合**とよばれ，有機化合物に見られる一般的な結合様式と考えられている．これに対して，塩化ナトリウムNaClなどの塩では，電子を放出，あるいは獲得することによってそれぞれの原子が安定な原子価殻を形成し，生じたイオン間の静電気的な引力によって結合が形成されている．このような結合を，**イオン結合**という．

2.1.2　化学結合の量子論的なモデル

原子の構造に関するボーアのモデルは，さまざまな実験事実の説明に成功を収めたが，波としての性質を示す電子の振る舞いを正しく記述することはできなかった．1926年にシュレーディンガー（E. Schrödinger, 1887-1961）は，波動方程式を解くことによって得られる波動関数を用いて，電子の振る舞いを数学的に表現することに成功した．電子は古典的な粒子とは異なり，ある時間における位置や速度を正確に決定することはできず，ある位置において電子を見出す確率が波動関数によって与えられる．したがって，電子はもはや点で表現することはできず，存在する確率の高い空間領域が記述できるだけである．そのような領域を，**軌道**ということばで表現する．

原子核に束縛された電子の振る舞いを記述するための波動方程式を解くと，原子において電子の存在する確率の高い空間領域，すなわち**原子軌道**を求めることができる．波動方程式の解としていくつもの原子軌道が得られるが，エネルギーの低いものから，慣用的に1s軌道，2s軌道，2p軌道，3s軌道，3p軌道，3d軌道，…とよんでいる．数字は軌道の空間的な大きさに対応し，英字は軌道の形状を表している．図2.2にs軌道とp軌道の形状を示した．

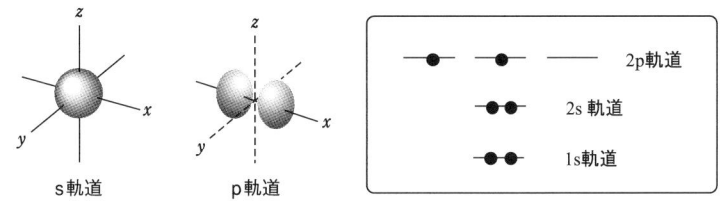

図 2.2 波動方程式の解にもとづく s 軌道, p 軌道の形状と炭素原子の電子配置
　　それぞれの軌道の中心に原子核があり，電子の存在確率の高い空間領域が表示されている．p 軌道は x 軸方向に広がっている軌道（p_x 軌道）を示した．

p 軌道には同じエネルギーをもつ等価な 3 個の軌道があり，$2p_x$, $2p_y$, $2p_z$ 軌道などと表記される．d 軌道には等価な 5 個の軌道が許される．

ある原子における電子の配置は，以下の 3 つの原理によって決定される．
(1) 電子は低いエネルギーの軌道から高いエネルギーの軌道へと順に満たされる．
(2) 1 つの軌道には最大 2 個の電子が収容される．
(3) 同じエネルギーをもつ軌道では，電子は 1 個ずつ別の軌道に優先して収容される．

(2)の原理は，1924 年にパウリ（W. Pauli, 1900-1958）によって提出されたものであり，**パウリの排他原理**とよばれる重要な法則である．これらの法則によると，水素原子の電子配置は $(1s)^1$，炭素原子の電子配置は $(1s)^2(2s)^2(2p_x)^1(2p_y)^1$ と表記される（図 2.2）．前述したボーアのモデルと比較すると，1s 軌道が K 殻に，2s と 2p 軌道が L 殻に対応していることがわかる．

分子についても，原子と同様の手法を用いて電子の振る舞いを表現することができる．分子において電子の存在する確率が高い空間領域を示したものが，**分子軌道**である．分子軌道を記述するには，その分子を構成する原子の原子軌道を用いる．たとえば，水素分子 H_2 の分子軌道は 2 個の水素原子の 1s 軌道を足し合わせることによって，記述することができる．それぞれ 1 個の電子をもつ 2 個の 1s 軌道が接近すると，電子は他方の原子核によっても束縛を受けることになり，系全体が安定化する．このことは，2 個の 1s 軌道の足し合わせにより 2 個の水素原子に広がった安定化した軌道が形成され，その軌道に 2 個の電子が収容されることを意味し，これによって 2 個の

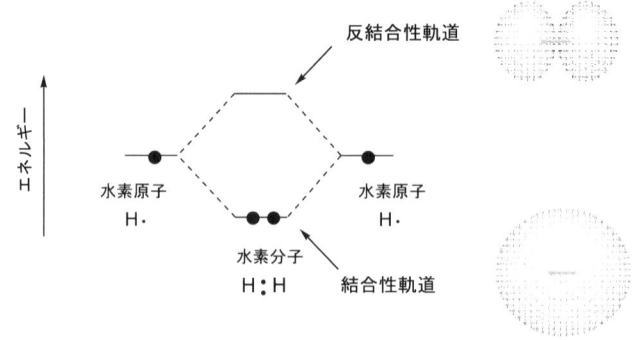

図 2.3 水素原子の相互作用によって水素分子 H_2 が形成される際の軌道エネルギー図と形成された分子軌道の形状

水素原子から水素分子が形成されることを記述することができる（図2.3）．これが，前述した共有結合の量子論的な表現である．新たに形成された安定化した分子軌道を，**結合性分子軌道**という．なお，2個の軌道が相互作用すると，エネルギーが安定化した結合性分子軌道とともに，エネルギーが不安定化した**反結合性分子軌道**も形成される．反結合性分子軌道は，結合の形成には関与しないが，分子による光の吸収やその分子の化学反応性において重要な役割を果たす．

　有機化合物における共有結合の形成も，水素分子の形成と同様に記述することができる．ただし，炭素原子の電子配置は $(1s)^2(2s)^2(2p_x)^1(2p_y)^1$ であり，たとえば，メタン CH_4 における4個の炭素—水素結合を形成するために必要な，それぞれ1個の電子をもつ4個の軌道が存在しない．これは，炭素原子にとって安定な電子配置では，CH_4 分子の形成を説明できないことを意味している．この問題は，次に述べる混成軌道の概念を導入することによって解決される．

2.2　炭素原子の構造と混成軌道

　有機化合物に含まれる炭素原子のまわりの構造は，その炭素原子が何個の原子と結合しているかによって決まり，正四面体構造，三方平面構造，および直線構造の3種類がある．さらに，それらは，混成軌道の概念を用いるこ

とによって，上述した炭素原子の電子配置と矛盾することなく，量子論的に記述することができる．**混成**とは，2s 軌道と 2p 軌道を"混合する"，すなわち数学的な表現を用いると"線形結合をつくる"ことによって，新しい軌道をつくり出す手法であり，1930 年頃にポーリング（L. C. Pauling, 1901-1994）によって提案された．混成によってつくられた新しい軌道が，**混成軌道**である．

2.2.1 正四面体構造の炭素原子

メタン CH_4 の炭素―水素結合間の角度はすべて 109.5° であり，炭素原子を中心として水素原子が正四面体の頂点に位置した構造をとっている．この構造は，炭素―水素結合を形成している 4 個の電子対間の反発が，最も小さくなる構造である．

混成軌道の概念によると，正四面体構造を記述するのに適した軌道，すなわち炭素原子を中心に正四面体の頂点方向に張り出した 4 個の等価な軌道は，炭素原子の 2s 軌道と 3 個の 2p 軌道を以下のように混合することによって記述することができる．このようにしてつくられた混成軌道を，**sp^3 混成軌道**という．

$$\phi_1(sp^3) = \frac{1}{2}[\phi(2s) + \phi(2p_x) + \phi(2p_y) + \phi(2p_z)]$$

$$\phi_2(sp^3) = \frac{1}{2}[\phi(2s) + \phi(2p_x) - \phi(2p_y) - \phi(2p_z)]$$

$$\phi_3(sp^3) = \frac{1}{2}[\phi(2s) - \phi(2p_x) + \phi(2p_y) - \phi(2p_z)]$$

$$\phi_4(sp^3) = \frac{1}{2}[\phi(2s) - \phi(2p_x) - \phi(2p_y) + \phi(2p_z)]$$

sp^3 混成軌道のそれぞれに炭素原子の 4 個の価電子を 1 つずつ配置し，それぞれが水素原子の 1s 軌道にある 1 個の電子と対をつくって炭素原子と水素原子に共有される，と考えることによって，CH_4 分子の形成とその正四面体構造を記述することができる（図 2.4）．このようにして形成された炭素―水素結合の電子が存在する空間領域は，原子核を結ぶ線のまわりに円筒形の対称性をもっている．このような結合を，**σ結合**（シグマ）という．σ結合を形成する電子を **σ電子**といい，σ電子の振る舞いを記述する分子軌道を **σ軌道**という．

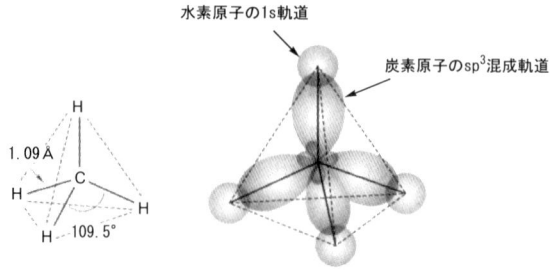

図 2.4 メタンの構造と sp³ 混成軌道を用いたメタンの電子構造の表記

　一般に，4個の原子と σ 結合を形成している炭素原子は，このような正四面体型を基本構造とする構造をもっている．このような炭素原子を，**sp³ 混成炭素**という．

2.2.2　三方平面構造の炭素原子

　エチレン $CH_2=CH_2$ の炭素原子は3個の原子と結合しており，それらの結合がなす角はほぼ 120° である．中心の炭素原子，およびそれと結合している3個の原子は同一の平面上に位置している．この構造は，3個の結合を形成している電子対間の反発が，最も小さくなる構造である．

　このような三方平面構造を記述するのに適した軌道，すなわち炭素原子を中心に同一平面上にあって，それぞれ 120° をなす方向に張り出した等価な3個の軌道は，炭素原子の 2s 軌道と2個の 2p 軌道を以下のように混合することによって記述することができる．このようにしてつくられた混成軌道を，**sp² 混成軌道**という．

$$\phi_1(\mathrm{sp}^2) = \frac{1}{\sqrt{3}}\left[\phi(2\mathrm{s}) + \sqrt{2}\phi(2\mathrm{p_x})\right]$$

$$\phi_2(\mathrm{sp}^2) = \frac{1}{\sqrt{3}}\left[\phi(2\mathrm{s}) + \sqrt{2}\left(-\frac{1}{2}\phi(2\mathrm{p_x}) + \frac{\sqrt{3}}{2}\phi(2\mathrm{p_y})\right)\right]$$

$$\phi_3(\mathrm{sp}^2) = \frac{1}{\sqrt{3}}\left[\phi(2\mathrm{s}) + \sqrt{2}\left(-\frac{1}{2}\phi(2\mathrm{p_x}) - \frac{\sqrt{3}}{2}\phi(2\mathrm{p_y})\right)\right]$$

　sp² 混成軌道のそれぞれに，炭素原子の4個の価電子のうち3個を1つずつ配置する．そして，2個の sp² 混成軌道は水素原子の 1s 軌道にある1個

2.2 炭素原子の構造と混成軌道

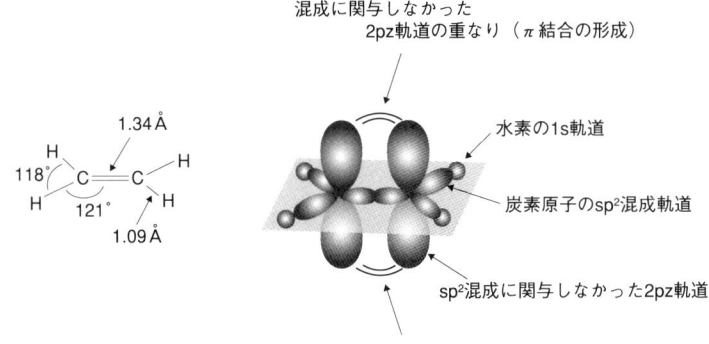

図 2.5 エチレンの構造と sp² 混成軌道を用いたエチレンの電子構造の表記

の電子と対をつくって炭素―水素結合を形成し，残るもう1個の sp² 混成軌道はもう1つの炭素原子の sp² 混成軌道の電子と対をつくって炭素―炭素結合を形成する，と考えることによって，エチレン分子の形成とその炭素原子の三方平面構造を記述することができる（図2.5）．sp² 混成軌道から形成されるこれらの結合は，すべて σ 結合である．

混成に関与しなかった p 軌道（$2p_z$ 軌道）は価電子1個をもっており，sp² 混成軌道が形成される平面（xy 面）と垂直の方向に広がっている．もう1つの炭素原子も同様の p 軌道をもっており，それらの p 軌道に存在する2個の電子を2個の炭素原子が共有することによって，炭素原子間にもう1つの結合が形成される．p 軌道に存在する電子から形成される結合を，**π 結合**という．このように，混成軌道の概念を用いることによって，エチレンの炭素―炭素二重結合は，1個の σ 結合と1個の π 結合から形成されていることが理解される（図2.5）．π 結合を形成する電子を **π 電子**といい，π 電子の振る舞いを記述する分子軌道を **π 軌道**という．

一般に，3個の原子と結合を形成している炭素原子は，3個の σ 結合と1個の π 結合をもち，三方平面型を基本構造とする構造をもっている．このような炭素原子を，**sp² 混成炭素**という．

2.2.3 直線構造の炭素原子

アセチレン CH≡CH の炭素原子は2個の原子と結合しており，それらの結合がなす角は 180° である．中心の炭素原子，およびそれと結合している

2個の原子は直線上に位置している．この構造は，2個の結合を形成している電子対間の反発が，最も小さくなる構造である．

このような直線構造を記述するのに適した軌道，すなわち炭素原子を中心に180°をなす方向に張り出した等価な2個の軌道は，炭素原子の2s軌道と1個の2p軌道を以下のように混合することによって記述することができる．このようにしてつくられた混成軌道を，**sp混成軌道**という．

$$\phi_1(\mathrm{sp}) = \frac{1}{\sqrt{2}}\left[\phi(2\mathrm{s}) + \phi(2\mathrm{p}_z)\right]$$

$$\phi_2(\mathrm{sp}) = \frac{1}{\sqrt{2}}\left[\phi(2\mathrm{s}) - \phi(2\mathrm{p}_z)\right]$$

sp混成軌道のそれぞれに，炭素原子の4個の価電子のうち2個を1つずつ配置する．そして，1個のsp混成軌道は水素原子の1s軌道にある1個の電子と対をつくって炭素−水素結合を形成し，1個のsp混成軌道はもう1つの炭素原子のsp混成軌道の電子と対をつくって炭素−炭素結合を形成する，と考えることによって，アセチレン分子の形成とその炭素原子の直線構造を記述することができる（図2.6）．sp混成軌道から形成される2個の結合は，σ結合である．

sp混成軌道を形成している炭素原子は，混成に関与しない2個のp軌道（$2\mathrm{p}_x$, $2\mathrm{p}_y$軌道）をもち，それぞれの軌道には1個の価電子が配置されている．エチレンの場合と同様に，これらの価電子は，もう1つの炭素原子がもつp軌道の価電子と対をつくることによって，炭素原子間に2個のπ結合

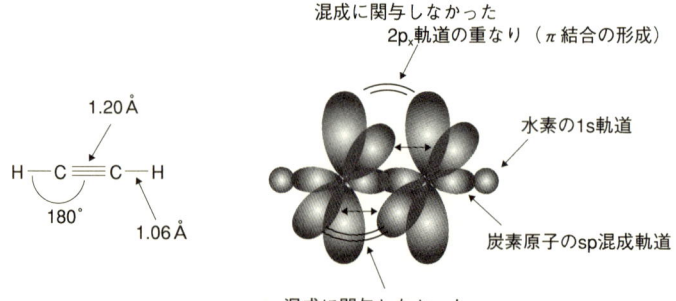

図2.6 アセチレンの構造とsp混成軌道を用いたアセチレンの電子構造の表記

が形成される．このように，アセチレンの炭素—炭素三重結合は，1個の σ 結合と2個の π 結合から形成されていることが理解される．2個の π 結合により，アセチレンの分子軸のまわりに電子が存在する空間領域は，円筒形の対称性をもつことになる（図 2.6）．

一般に，2個の原子と結合を形成している炭素原子は，2個の σ 結合と2個の π 結合をもち，直線形を基本構造とする構造をもっている．このような炭素原子を，**sp 混成炭素**という．

2.3 共役と共鳴

混成軌道の概念を用いることにより，有機分子における炭素原子の構造を，量子論によって記述された炭素原子の電子配置にもとづいて表現することができた．このモデルでは，共有結合を形成する電子対は，2個の原子核に束縛され，その結合のまわりに存在している．しかし，以下に述べるように，電子対が特定の結合に束縛されずに分子全体を動き回ると考える方が，その分子の構造や性質をよく表現できる場合があることが明らかにされた．このような有機分子を記述するためには，さらに新しい概念が必要になる．

2.3.1 水素化熱と分子の安定性

同一の原子組成をもつ有機化合物，すなわち異性体の相対的な安定性は，ある化学反応によりそれらを同じ化合物に誘導し，その際に発生，あるいは吸収される熱量を比較すればわかる．有機化合物の炭素—炭素二重結合は，触媒の存在下に水素 H_2 と反応して炭素—炭素単結合に変換される．この反応を**水素化反応**といい，この際，熱が発生する．炭素—炭素二重結合をもつ有機化合物の 1 mol を水素化した際に発生する熱量を，**水素化熱**という．水素化熱は，二重結合をもった有機化合物の相対的な安定性を調べるために，しばしば用いられる．

$$\text{C=C} + H_2 \xrightarrow{\text{触媒}} -\underset{H}{\overset{|}{C}}-\underset{H}{\overset{|}{C}}- + Q\ (\text{水素化熱, kJ mol}^{-1})$$

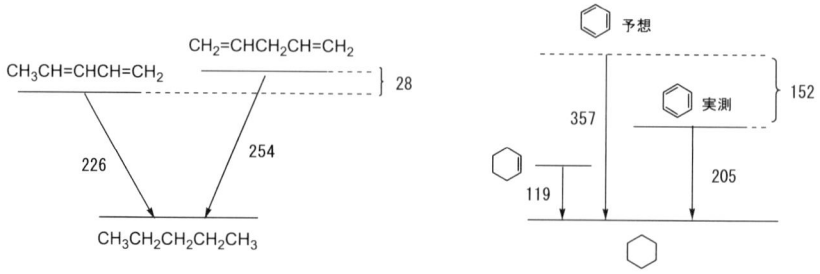

図 2.7 水素化熱による分子の安定性の評価（単位：kJ mol^{-1}）

　1 分子中に 2 個の二重結合をもつ化合物の相対的な安定性を比較したところ，二重結合の位置によって安定性に差があることが明らかになった．たとえば，1,3-ペンタジエン CH$_3$—CH=CH—CH=CH$_2$ の水素化熱は 226 kJ mol^{-1} であるのに対して，1,4-ペンタジエン CH$_2$=CH—CH$_2$—CH=CH$_2$ の水素化熱は 254 kJ mol^{-1} である．これら 2 つの化合物は，水素化によっていずれもペンタン CH$_3$—CH$_2$—CH$_2$—CH$_2$—CH$_3$ を与えるので，この結果は，1,3-ペンタジエンは 1,4-ペンタジエンに比べて 28 kJ mol^{-1} 安定であることを意味している（図 2.7 左）．

　また，6 個の炭素原子から形成される環に 1 個の炭素—炭素二重結合をもつシクロヘキセン C$_6$H$_{10}$ の水素化熱は 119 kJ mol^{-1} である．したがって，6 個の炭素原子から形成される環に 3 個の二重結合をもつ化合物シクロヘキサトリエン C$_6$H$_6$ において，3 個の二重結合が互いに独立であれば，その水素化熱は 119×3＝357 kJ mol^{-1} と予想される．しかし，シクロヘキサトリエンは一般に**ベンゼン** C$_6$H$_6$ とよばれている化合物であるが，その水素化熱の実測値は 205 kJ mol^{-1} であり，予想値より 152 kJ mol^{-1} も少ない．すなわち，実在するベンゼンは，私たちが予想した 3 個の炭素—炭素二重結合が 3 個の単結合を介して環状に連結した構造をもつ分子よりも 152 kJ mol^{-1} も安定であることがわかる（図 2.7 右）．

　以上の 2 つの事実から，二重結合が単結合をはさんで連結した構造，すなわち -CH=CH—CH=CH- のような構造をもつ有機化合物は，二重結合が孤立して存在する化合物と比べて，安定であることが示唆される．この安定性は何に由来するのだろうか．

2.3.2 共役と電子の非局在化

二重結合が単結合をはさんで連結している場合，すなわち -CH＝CH—CH＝CH- のように二重結合と単結合が交互に連結している場合，二重結合が**共役している**といい，このような構造を**共役系**という．共役系を構成する炭素原子は，すべて sp^2 混成炭素であるので，電子を1個もつp軌道をもっている．図2.8左に示したように -CH＝CH—CH＝CH- の構造は，C1とC2のp軌道の電子がそれぞれの炭素原子に共有されてC1—C2間に π 結合が形成され，C3とC4のp軌道の電子がそれぞれの炭素原子に共有されてC3—C4間に π 結合が形成されることを表している．しかし，図を見ると，C2のp軌道とC3のp軌道も隣り合って位置しているので，C2のp軌道の電子がC3の束縛を受け，またC3のp軌道の電子がC2の束縛を受けることも可能であることがわかる．この結果，C1—C2 π 結合を形成していた電子対はC3あるいはC4の束縛も受けることができるようになり，またC3—C4 π 結合を形成していた電子対はC1あるいはC2の束縛も受けることができるようになる．

このようにして，共役系を構成する炭素原子のp軌道の電子は，1つの炭素—炭素二重結合に縛られているのではなく，共役系全体に広がって存在することができる．これを，**電子の非局在化**という．電子が非局在化すると，多くの原子核の束縛を受けることになり，系は安定化する．これが共役系のもつ安定性の理由である．

ベンゼンが，3個の二重結合が単結合をはさんで環状に連結した構造から予想されるよりも著しく安定であるのも，電子の非局在化に由来する．ベン

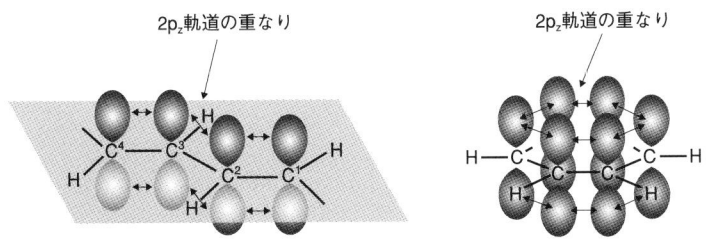

図2.8 共役二重結合 -CH＝CH—CH＝CH- およびベンゼン C_6H_6 における $2p_z$ 軌道の重なり
　$2p_z$ 軌道の重なりにより電子は非局在化する．

ゼンは環状に配列した6個のsp²混成炭素から構成されており，sp²軌道の電子が隣接する炭素原子に共有されることによって，六角形の骨格が形成されている．図2.8右に示すように，混成に関与しない2p軌道は炭素原子がつくる平面に垂直の方向に張り出しており，環状の共役系が形成されている．この結果，2p軌道の電子は，隣接する炭素原子に束縛されて2個の炭素原子間にπ結合を形成するのではなく，6個の炭素原子からなる共役系に非局在化する．6個の2p軌道の電子が6個の炭素原子上に非局在化することにより，ベンゼンは，炭素原子が形成する平面の上下に，連続したドーナツ形の電子雲（電子が存在する確率の高い空間領域）をもつことになる．

2.3.3 共鳴の概念

上述したとおり，共役系においては，π結合を形成する電子対は1つの炭素—炭素二重結合に束縛されているのではなく，共役系に広がって存在している．このことは，このような構造をもつ分子では，2個の原子が電子対を共有することによって結合が形成されるという，共有結合の概念が破綻していることを意味している．

言い換えれば，電子が非局在化している分子では，ルイスのオクテット則にもとづくモデル，すなわち炭素原子は4個の共有結合を形成することにより分子を形成するという考え方では，その構造を表現することはできない．たとえば，ベンゼンC_6H_6の構造をルイスのモデルにもとづいて表記すると，二重結合と単結合が交互に存在する構造Iあるいは構造IIとなる．しかし，これらの構造は，π結合を形成している電子対が特定の炭素—炭素結合に束縛されていることを意味しており，上述したようなベンゼンの真の電子状態が表現されていない．また，エタンCH_3—CH_3の炭素—炭素単結合距離が1.52Å，エチレンCH_2=CH_2の炭素—炭素二重結合距離が1.34Åであることを考慮すると，構造Iおよび構造IIでは，ベンゼンの炭素骨格は長い結合と短い結合が交互に並んだゆがんだ六角形になるはずであるが，ベンゼンの炭素骨格は1.39Åの炭素—炭素結合距離をもつ正六角形であることが知

I　　　　　II

られている．このように，構造Ⅰおよび構造Ⅱはベンゼンの構造を正しく表していないことがわかる．

前節で述べたように，原子軌道を用いて分子軌道を記述する際には，共有結合によって分子が形成されることにもとづいていた．したがって，この方法では，電子が非局在化した分子については，その真の電子状態を表す波動関数を記述することができない．この問題に対して，1931年にポーリングは，"分子の真の構造を単一の構造で表現できない場合には，仮想的な複数の構造の重ね合わせで真の構造を表現する" ことを提案した．この考え方を，**共鳴**という．ある分子 X の真の構造が，仮想的な構造 A と構造 B の重ね合わせで表されるとき，"X は構造 A と構造 B の**共鳴混成体**として存在する" と表現し，また，"構造 A と構造 B は X に**寄与している**" という．構造 A および構造 B を，X の**共鳴構造**あるいは**極限構造**とよぶ．さらに，[A ↔ B] のように構造 A と構造 B を両頭の矢印で結ぶことによって，それらが共鳴構造の関係にあることを表す．

たとえば，ベンゼンは上記のように，構造Ⅰおよび構造Ⅱのどちらを用いてもその分子の本質を表現することはできない．このような場合，ベンゼンを

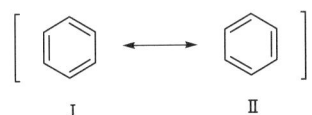

のように表して，"ベンゼンは構造Ⅰと構造Ⅱの共鳴混成体として存在する" と考える．これによって，ベンゼンが正六角形の構造をもち，また 2p 軌道の電子は特定の炭素―炭素二重結合に束縛されず，6個の炭素原子上に非局在化していることが表現される．

分子 X が複数の共鳴構造の共鳴混成体として描かれることは，分子 X において，電子が非局在化していることを意味している．したがって，分子 X の真の構造は，それぞれの共鳴構造よりも安定であり，この安定化エネルギーを，**共鳴エネルギー**，あるいは**非局在化エネルギー**という．ベンゼンでは，前節で述べた6個の2p軌道電子が3個の二重結合に局在した構造をもつシクロヘキサトリエンに予想される水素化熱と，実在するベンゼンの水素化熱との差 152 kJ mol^{-1} が，ベンゼンの共鳴エネルギーに他ならない．

共鳴の概念は，"分子の真の電子状態を表す波動関数を，原子軌道を用いて記述できる複数の構造の波動関数の線形結合によって表現する"ことを意味している．分子 X が構造 A と構造 B の共鳴混成体として存在するとき，分子 X の真の電子状態を表す波動関数 $\varPhi_X$ は，$\varPhi_X = \alpha\varPhi_A + \beta\varPhi_B$ と記述される．ここで，$\varPhi_A$ および $\varPhi_B$ は構造 A および構造 B を表す波動関数であり，これらは，それぞれを構成する原子の波動関数を用いて正しく記述できる波動関数である．α および β は，X に対する構造 A および構造 B の寄与の大きさを表す．

なお，電子が非局在化している分子の構造式を描く場合には，一般に，最も寄与の大きい共鳴構造を用いる．たとえば，ベンゼンの構造式は，上記のベンゼンの本質を理解したうえで，便宜的に構造 I，あるいは構造 II を用いて表記される．

2.4 分子軌道法による有機分子の記述

2.4.1 原子価結合法と分子軌道法

シュレーディンガーの波動方程式の解として得られる原子軌道によって，原子における電子の振る舞いを完全に記述することができた．分子における電子の振る舞いを記述する分子軌道も，分子についての波動方程式を解くことによって得られる．水素原子の原子軌道を用いて水素分子の分子軌道を表したように，有機分子においても，それぞれ電子 1 個をもつ原子軌道間の相互作用によって分子軌道を表すことができる．ただし，すでに述べたように，分子軌道を表す際に炭素原子の原子軌道はそのままでは用いられないため，混成軌道の概念が必要となり，さらに，電子が非局在化した分子を表現するためには共鳴の概念を用いなければならなかった．このような分子軌道の記述方法は，まさにルイスの共有結合の概念を波動関数を用いて表現したものであり，この手法を**原子価結合法**という．

これに対して，最初から分子軌道 $\varPsi$ を原子軌道を用いて，

$$\varPsi = c_1\phi_1 + c_2\phi_2 + \cdots + c_n\phi_n \qquad (2.1)$$

($\phi_1, \phi_2, \cdots$ は原子軌道，$c_1, c_2, \cdots$ は係数)

と表し，波動方程式を解くことによって適切な係数を求めることにより，分

子軌道 Ψ を得る方法が考案された．この手法では結合の概念は失われるが，大きな分子にも容易に適用できるため，分子軌道を求める手法として広く用いられている．この手法を**分子軌道法**という．

分子軌道法に関する理論の発展と計算機の進歩によって，現在では，かなり大きな有機分子であっても，比較的容易に信頼性の高い分子軌道を得ることが可能になっている．分子軌道，すなわち分子における電子の振る舞いを記述する関数を得ることができると，分子の構造，物性，あるいは反応性に関する重要な情報が得られ，実験結果の体系的な説明が可能になるのみならず，未知物質におけるそれらの予測が可能になる．本書でも，随時，有機化合物の構造や反応性について，分子軌道法にもとづいた説明を行なう．

2.4.2　分子軌道法の手法

分子軌道法では，式 (2.1) のように，分子軌道 Ψ を原子軌道の線形結合で表す．これを，**LCAO** (linear combination of atomic orbitals) **近似**とよぶ．式 (2.1) を波動方程式

$$H\Psi = E\Psi \tag{2.2}$$

（H はエネルギーを求めるための演算子，E はエネルギー固有値）に代入し，変分法とよばれる数学的な近似法にもとづいてこれを解くことによって，エネルギー E と，分子軌道 Ψ を構成する原子軌道 $\phi_1, \phi_2, \cdots, \phi_n$ の係数 $c_1, c_2, \cdots, c_n$，すなわちその分子軌道におけるそれぞれの原子軌道の寄与を求めることができる．以下にその概略を示す．

変分法によると，一組の係数 $c_1, c_2, \cdots, c_n$ は，n 個の連立一次方程式

$$c_1(H_{1j} - ES_{1j}) + c_2(H_{2j} - ES_{2j}) + \cdots + c_n(H_{nj} - ES_{nj}) = 0 \tag{2.3}$$

$$(j = 1, 2, \cdots, n)$$

の解として与えられる．ここで H_{ij} および S_{ij} は，それぞれ

$$H_{ij} = \int \phi_i H \phi_j \mathrm{d}\tau \qquad S_{ij} = \int \phi_i \phi_j \mathrm{d}\tau$$

$$(i = 1, 2, \cdots, n, \quad j = 1, 2, \cdots, n,$$

$$\int \mathrm{d}\tau \text{ は全空間にわたって積分することを表す)}$$

で表される原子軌道に関する積分である．H_{ij} は，$i = j$ のとき**クーロン積分**とよばれる．これは，原子軌道 ϕ_i のもつエネルギーに他ならない．$i \neq j$ のときには H_{ij} は**共鳴積分**とよばれ，原子軌道 ϕ_i と ϕ_j のあいだで電子を交換

した際に放出されるエネルギーを表す．S_{ij} は原子軌道 ϕ_i と ϕ_j の重なりを表し，**重なり積分**とよばれる．原子軌道 $\phi_1, \phi_2, \cdots, \phi_n$ は，原子に関する波動方程式の解として数式として与えられるので，H_{ij} および S_{ij} は数値として計算できる値となる．

一方，式 (2.3) に示した n 個の連立一次方程式が $c_1 = c_2 = \cdots = c_n = 0$ 以外の解をもつための条件として，係数 $H_{ij} - ES_{ij}$ を成分とする n 次の行列式の値が 0 でなければならないことから，式 (2.4) が得られる．

$$\begin{vmatrix} H_{11} - S_{11}E & H_{12} - S_{12}E & \cdots & H_{1n} - S_{1n}E \\ H_{12} - S_{12}E & H_{22} - S_{22}E & \cdots & H_{2n} - S_{2n}E \\ \vdots & \vdots & & \vdots \\ H_{1n} - S_{1n}E & H_{2n} - S_{2n}E & \cdots & H_{nn} - S_{nn}E \end{vmatrix} = 0 \quad (2.4)$$

これは E に関する n 次方程式であり，**永年方程式**とよばれる．この方程式を解くことによって，n 個のエネルギー固有値 $E_i (i = 1, 2, \cdots, n)$ が得られる．そして，それぞれの E_i について連立一次方程式 (2.3) を解くことによって，エネルギー E_i に対する係数の組 $c_{i1}, c_{i2}, \cdots, c_{in}$ が得られ，分子軌道 Ψ_i を求めることができる．

上記の手法により，n 個の原子軌道の線形結合をつくることによって，n 個の分子軌道が得られる．そして，原子の場合と同様に，エネルギーの低い分子軌道から順に，パウリの排他原理に従って 1 つの軌道に 2 個ずつ電子を収容させていくことによって，分子の電子配置が完成する．電子が含まれる軌道のうち最もエネルギーの高い軌道を**最高被占軌道**（HOMO, highest occupied molecular orbital，一般にホモと称する），電子が含まれない軌道のうち最もエネルギーの低い軌道を**最低空軌道**（LUMO, lowest unoccupied molecular orbital，一般にルモと称する）という．後述するように，これらの軌道は，分子の物性や反応性の発現に中心的な役割を果たす．

また，分子の構造とは，最も低い全電子エネルギーを与える原子核の配置なので，分子軌道法によってある分子の構造を得るためには，さまざまな原子核の配置に対して分子軌道を求めて全電子エネルギーを計算し，その値が最小となる配置を捜す．この方法を**分子構造の最適化**といい，このようにして得られた分子の構造を**最適化構造**とよぶ．

2.4.3 分子軌道法の種類

分子軌道法は，原子軌道に関する積分 H_{ij} および S_{ij} をどのように取り扱うか，また分子軌道を構成する原子軌道としてどのような軌道を用いるか，によってさまざまな種類がある．

(a) 非経験的分子軌道法と経験的分子軌道法

数学的な関数で与えられた原子軌道を用いて，計算機によって H_{ij} および S_{ij} を数値的に計算する分子軌道法は，**非経験的分子軌道法**，あるいは *ab initio*（アブ・イニシオ）分子軌道法とよばれる．分子軌道を構成するための原子軌道には，価電子を含む軌道はもちろん，結合に関与しない内殻電子の軌道も考慮し，さらに電子の広がりを表現するために，たとえば炭素原子に 3s 軌道や 3p 軌道を含める場合もある．非経験的分子軌道法は，最もよく実験を再現する結果を与える手法であるが，長い計算時間を必要とするため，その使用は，比較的小さな分子を精密に取り扱う場合に限定される．

一方，最も簡単な分子軌道法は，H_{ij} および S_{ij} を計算せずにパラメーターとして扱うものであり，**経験的分子軌道法**とよばれる．1931 年，ヒュッケル（E. A. A. J. Hückel, 1896-1980）は，p 軌道のみを考慮した経験的分子軌道法を発表した．この方法を，**ヒュッケル分子軌道法**という．ヒュッケルは，以下のような近似を用いることにより，永年方程式を解く際の計算を簡略化した．

(1) すべての炭素原子について，クーロン積分は $H_{ii}=\alpha$ とする．
(2) すべての隣接する炭素—炭素結合について，共鳴積分は $H_{ij}=\beta$ とする．結合を形成していない炭素原子間の共鳴積分は $H_{ij}=0$ とする．
(3) すべての重なり積分は $S_{ii}=1$，$S_{ij}=0$ $(i \neq j)$ とする．

この方法では，エネルギーを数値的に得ることはできないものの，計算の簡便さにもかかわらず，異性体の相対的なエネルギー関係や，反応に関与する分子軌道における原子軌道の係数分布など，共役系分子の性質がこの手法によって見事に説明される．最も簡単な共役系分子である 1,3-ブタジエン $CH_2=CH-CH=CH_2$ について，ヒュッケル分子軌道法によって求めた分子軌道とそのエネルギーを示す．

この方法では，4 個の 2p 軌道のみを用いて 1,3-ブタジエンの電子状態が記述される．永年方程式を解くことによって 4 個の分子軌道が得られ（エネ

表 2.1 ヒュッケル分子軌道法による 1,3-ブタジエンの分子軌道

エネルギー	分子軌道*
$\alpha - 1.618\beta$	$\Psi_4 = 0.371\phi_1 - 0.601\phi_2 + 0.601\phi_3 - 0.371\phi_4$
$\alpha - 0.618\beta$	$\Psi_3 = 0.601\phi_1 - 0.371\phi_2 - 0.371\phi_3 + 0.601\phi_4$
$\alpha + 0.618\beta$	$\Psi_2 = 0.601\phi_1 + 0.371\phi_2 - 0.371\phi_3 - 0.601\phi_4$
$\alpha + 1.618\beta$	$\Psi_1 = 0.371\phi_1 + 0.601\phi_2 + 0.601\phi_3 + 0.371\phi_4$

* $\phi_1 \sim \phi_4$ は 1,3-ブタジエン $CH_2=CH-CH=CH_2$(左末端の炭素原子から順に 1〜4 と番号をつける)の $2p_z$ 原子軌道関数を表す.

ルギーの低い方から $\Psi_1 \sim \Psi_4$ とする),パウリの排他原理にもとづいて 4 個の電子を配置させると,分子軌道 Ψ_1 と Ψ_2 に 2 個ずつ電子が配置された状態がこの分子の最も安定な電子状態となる.1,3-ブタジエンでは,Ψ_2 が HOMO,Ψ_3 が LUMO となる.

sp^2 混成軌道の項で述べたように,π 電子は,σ 電子に比べて原子核による束縛が弱いので,外部からの物理的,あるいは化学的刺激に対して感応性が高い.すなわち,π 電子をもつ有機分子の物性,あるいは反応性には,ほとんど π 電子が関与する.したがって,π 電子をもつ有機分子では,2p 軌道のみを用いて構成される分子軌道によって,その分子を近似的に記述することができる.このような手法を,**π 電子近似**という.

(b) 半経験的分子軌道法

有機分子の構造や性質の理解,あるいは予測のために,最も実用的に用いられる分子軌道法は,**半経験的分子軌道法**とよばれる方法である.この方法では,H_{ij} および S_{ij} を,よく知られた分子の計算結果が,その分子の構造やイオン化ポテンシャルなどの実験値を再現するように数値として定めたり,原子間距離の関数に置き換えることによって,計算を簡略化する.H_{ij} や S_{ij} の定め方によって,半経験的分子軌道法には,MINDO 法,AM1 法,PM3 法などとよばれるいくつかの方法がある.さらに,半経験的分子軌道法では,分子軌道を構成するための原子軌道として,価電子を含む軌道のみを考慮する.これらの近似により,比較的大きな有機分子についても,短い計算時間で,その分子軌道を求めることが可能となる.現在では,分子の構造を入力,あるいは出力するためのグラフィカルインターフェースや,分子構造の最適化を行なうプログラムが連結された汎用のプログラムパッケージも開発されており,普通のパーソナルコンピュータを用いて簡便に分子軌道

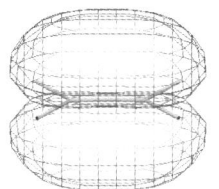 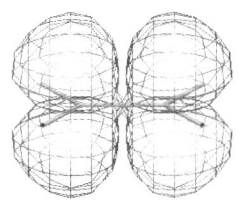

図 2.9 半経験的分子軌道法（PM3法）によって計算されたエチレンの最高被占軌道（左）と最低空軌道（右）のグラフィック表示
電子の存在確率の高い空間領域が示されている．軌道エネルギーは，それぞれ -10.64，$1.23\,\mathrm{eV}$ と計算される．

計算を行なえる環境が整っている．本書でも，しばしば，この手法を用いて有機分子の反応性を議論する．

たとえば，エチレン $CH_2=CH_2$ を半経験的分子軌道法で扱うと，炭素原子については 2s 軌道と 3 個の 2p 軌道，水素原子については 1s 軌道を考慮するため，計 12 個の原子軌道から分子軌道が構成される．価電子のみを考慮するので全電子数は 12 個であり，エネルギーの低い方から 6 番目の軌道が最高被占軌道（HOMO），7 番目の軌道が最低空軌道（LUMO）になる．図 2.9 は，PM3 法によって得られたエチレンの HOMO と LUMO を表示させた結果を示しており，それぞれ sp^2 混成軌道に関与しなかった $2p_z$ 軌道から形成される結合性の π 軌道，および反結合性の π 軌道に相当することがわかる．反結合性の π 軌道を，**π^* 軌道**という．

また，この方法を用いた分子構造の最適化によると，エチレンの炭素─炭素結合距離，および C─C─H 結合角は，それぞれ $1.322\,\text{Å}$，$123.1°$ となり，マイクロ波分光法によって求めた実測値 $1.339\,\text{Å}$，および $121.3°$ を比較的よく再現している．

2.5 立体異性体

2.5.1 立体配座異性体

(a) エタンのコンホメーション

エタン $CH_3\text{─}CH_3$ にみられるような 2 個の sp^3 混成炭素原子間で形成さ

れる σ 結合の電子は，炭素原子核を結ぶ軸のまわりに円筒形の対称性をもって分布している．したがって，その軸のまわりに回転が起こっても，結合の強さは変化しない．エタンにおいて炭素—炭素単結合の回転が起こると，2 個のメチル基 CH_3- の相対的な位置関係がさまざまに変化する．単結合のまわりの回転によって生じる置換基の相対的な位置関係を，**コンホメーション**，または**立体配座**という．1955 年にニューマン（M. S. Newman, 1908-1993）は，コンホメーションの表記には，図 2.10 右のような，結合の延長上から分子を投影した図を使うことを提案した．この表記法を，**ニューマン投影式**という．

　無数にあるエタンのコンホメーションのうち，最も安定な構造は，ニューマン投影式において炭素—水素結合が互いに 60° ずれた**ねじれ形コンホメーション**であり，これは，炭素—水素結合を形成する電子対の反発が最小となる構造である．一方，炭素—水素結合が完全に重なった構造が最も不安定な構造であり，**重なり形コンホメーション**とよばれる．最も安定なねじれ形コンホメーションに対して，炭素—炭素単結合のまわりの回転によって生ずる不安定化のエネルギーを，**ねじれひずみ**という．

　さて，エタンの動的な挙動について考えてみよう．エタンにおけるねじれひずみ，すなわち，ねじれ形と重なり形のエネルギー差は 12 kJ mol^{-1} 程度であり，室温では分子の衝突によって十分に供給できる値である．後述する反応速度論によると，12 kJ mol^{-1} の自由エネルギー障壁をもつ反応では，室温（25℃）におけるその反応速度定数は 4.9×10^{10} s^{-1} と計算される．したがって，エタンは，ねじれ形コンホメーションで存在するが，室温におけるその寿命は 20 ps（ピコ秒：10^{-12} 秒）程度であり，炭素—炭素単結合のまわりの速やかな回転によって，別のねじれ形コンホメーションに変換している．このような低いエネルギー障壁にもとづく sp^3 混成炭素原子間の結合のまわりの速やかな回転を，**自由回転**とよんでいる．

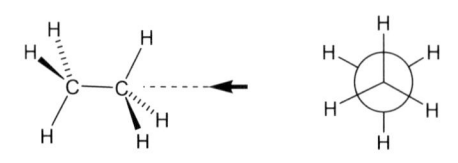

図 2.10 エタンのねじれ形コンホメーションのニューマン投影式
　矢印の方向から分子を投影する．手前の炭素原子は点で，後方の炭素原子は円で表す．

2.5 立体異性体

(b) ブタンのコンホメーション

ブタン $CH_3-CH_2-CH_2-CH_3$ もすべて sp^3 混成炭素から形成されている．エタンと同様，ブタンの炭素—炭素単結合は自由回転しており，最も安定なコンホメーションはねじれ形である．しかし，ブタンの中央の炭素—炭素単結合に関するコンホメーションを考えると，エタンではみられなかった現象として，図 2.11 に示すように，3 個のねじれ形コンホメーションがすべて異なった構造をもつことがわかる．ニューマン投影式においてメチル基 CH_3- が 180° 離れた構造を**アンチ形コンホメーション**，60° 離れた構造を**ゴーシュ形コンホメーション**という．2 個のゴーシュ形は重ね合わせることはできない異なった構造であるが，互いに鏡像の関係にあり，同一のエネルギーをもっている．

アンチ形コンホメーションは，ゴーシュ形コンホメーションより $3.5\,\mathrm{kJ\,mol^{-1}}$ ほど安定である．ブタンの中央の炭素—炭素単結合の回転に伴うエネルギーの変化を図示すると，図 2.12 のようになる．すなわち，ブタンは，エネルギー極小に位置する 3 種類のねじれ形コンホメーションの混合物として存在するが，それらのあいだの変換に必要なエネルギーはエタンにおける回転の障壁と同様に非常に小さいので，室温では互いに速やかに相互変換している．後述する化学平衡論によると，$3.5\,\mathrm{kJ\,mol^{-1}}$ のエネルギー差をもつアンチ形とゴーシュ形の室温（25℃）における平衡存在比は，ゴーシュ形が図 2.11 に示したように 2 種類あることも考慮すると，［ゴーシュ形］/［アンチ形］＝0.49 と計算される．ブタンにおけるアンチ形とゴーシュ形のように，sp^3 混成炭素原子間の結合の回転によって生ずる異性体を，**立体配座異性体**，または**コンホマー**という．

ブタンのアンチ形とゴーシュ形のエネルギー差は，何に出来するのだろうか．ニューマン投影式でもわかるように，ゴーシュ形では 2 個のメチル基

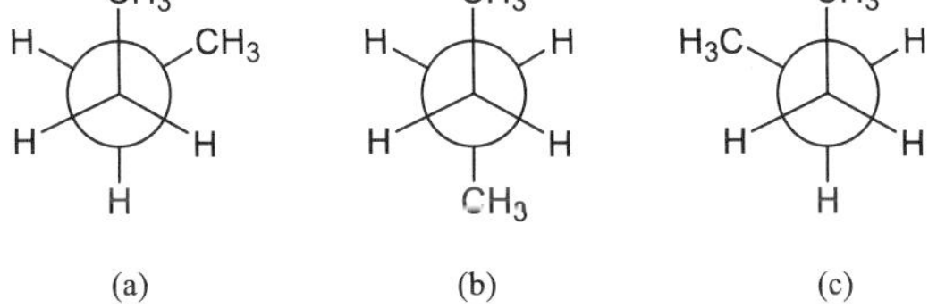

図 2.11 ブタンのねじれ形コンホメーション
(a)と(c)はゴーシュ形，(b)はアンチ形コンホメーション．

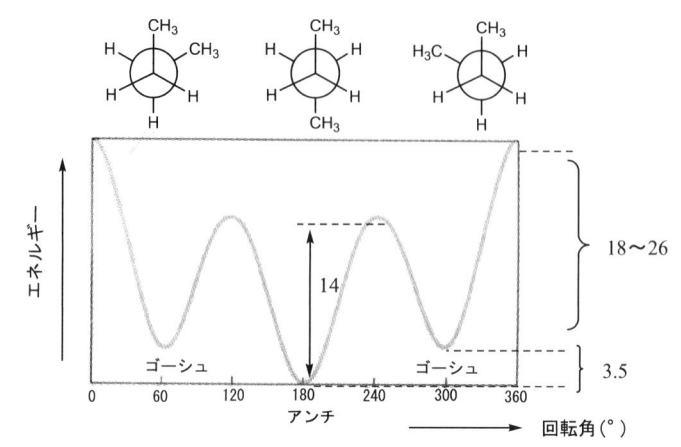

図 2.12 ブタンの C_2—C_3 結合の回転に伴うエネルギーの変化
（単位：$kJ\ mol^{-1}$）

CH_3 が接近して存在する．1870年代にファン・デル・ワールス（J. D. van der Waals, 1837-1923）は，気体分子間には引力と反発力が働くことを示したが，分子内の結合していない原子間にもそれと同様の力が働く．分子内のある原子に注目すると，その原子は結合していない他の原子に対して，引力と反発力がつりあうことによって，その原子に特有の"有効な大きさ"をもつことになる．この大きさを，**ファン・デル・ワールス半径**という．分子内において，2つの原子がそれぞれのファン・デル・ワールス半径の和よりも近づくと，大きな反発力が働く．この力による分子の不安定化を，**ファン・デル・ワールスひずみ**，または**立体ひずみ**という．図2.13に半経験的分子軌道法によって計算されたブタンの最適化構造を示した．この図は水素原子のファン・デル・ワールス半径を考慮して描かれており，ゴーシュ形では2個のメチル基に含まれる水素原子が互いに接触している様子がわかる．すなわち，ブタンにおけるゴーシュ形のアンチ形に対する不安定性は，2個のメチル基に含まれる水素原子間のファン・デル・ワールスひずみに由来する．

(c) 立体配座解析

これまでに述べてきたことを総合すると，ブタンの立体構造を決定する要因は，次の4つのエネルギーであることがわかる．

(1) 結合エネルギー E_l：C—C および C—H 結合距離を支配し，電子が2

図 2.13 半経験的分子軌道法によって計算されたブタンの最適化構造 (a)ゴーシュ形，(b)アンチ形（ゴーシュ形ではメチル基の水素が接触し，ファン・デル・ワールスひずみによる不安定化があることがわかる．アンチ形にはそのような不安定化はない）．

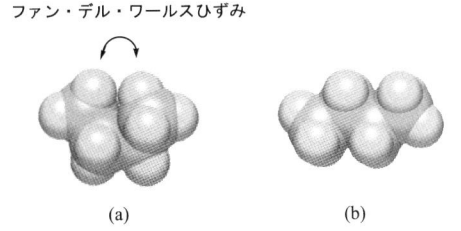

個の原子によって共有されることによって生じる安定化エネルギーと，原子核間および電子間の反発エネルギーによって決まる．

(2) 角度ひずみ E_θ：H—C—H および H—C—C 結合角を支配し，sp^3 混成炭素のもつ4個の結合電子対間の反発が最小になる構造をとる．

(3) ねじれひずみ E_t：炭素—炭素結合のまわりの回転にもとづくコンホメーションを支配し，X—C—C—X (X=H または C) の関係にある C—X 結合電子対間の反発が最小となるねじれ形コンホメーションをとる．

(4) ファン・デル・ワールスひずみ E_{vdw}：結合していない原子間の反発力に由来し，それらがファン・デル・ワールス半径の和を越えて空間的に接近することを妨げる．

ブタンに限らず一般の分子においても，分子の立体構造はこれら4つのエネルギーによって支配されるといってよい．ただし，分子に炭素，水素以外の原子が含まれる場合には，結合していない原子間には，ファン・デル・ワールスひずみを与える反発力に加えて，双極子—双極子相互作用などの静電的な力が働くため，上記の (4) はより一般には，**非結合性原子間相互作用**と表記しなければならない．そして，分子の安定な立体構造は，これら4つのエネルギーの和，すなわち

$$E = E_l + E_\theta + E_t + E_{vdw}$$

が最小となる原子核の位置として与えられる．これらのエネルギーを考慮することによって，分子の安定な立体構造を求めることを，**立体配座解析**という．

実際に，それぞれのエネルギーを原子核の座標を変数とする適切な関数で表記し，E の極小値を与える座標を数学的に求めることによって，実験結果をよく再現する分子構造を得ることができる．このようにして分子の安定

構造を求める手法を，**分子力学法**という．これは，前節で述べた波動方程式を解くことによって分子の安定構造を求める量子論的な方法とは本質的に異なった手法であり，いわば古典的な方法といえる．分子力学法は，量子論的な手法に比べて，計算時間がきわめて短いことが利点であるが，E_{vdw} の評価が困難などの理由により適用できる分子に制限があり，一般性に欠ける．

(d) シクロアルカンの立体配座解析

シクロアルカンは sp^3 混成炭素が環状に連結した構造をもつ炭化水素である．その立体構造は，(c)で述べた4つのエネルギーの和が最小になる構造として理解することができる．

3個の sp^3 混成炭素からなるシクロプロパン C_3H_6 の炭素骨格は必然的に平面となるが，それ以外のシクロアルカンは非平面構造をとる．これは平面構造をとると，すべての炭素—炭素結合に関するコンホメーションが重なり形になり，ねじれひずみ E_t がきわめて大きくなるためである．一方，環を形成する C—C—C 結合角は，角度ひずみ E_θ をできるだけ小さくするために，sp^3 混成炭素の理想的な結合角である 109.5° に近い値をとろうとする．このような E_t と E_θ の兼ね合いにより，たとえば，4個の sp^3 混成炭素から形成されるシクロブタン C_4H_8，5個の sp^3 混成炭素からなるシクロペンタン C_5H_{10} では，それぞれ，蝶々形，封筒形とよばれる構造がそれぞれ最も安定な立体構造となる（図2.14）．

6個の sp^3 混成炭素から形成されるシクロヘキサン C_6H_{12} では，図2.15 (a) (b)に示したように，ほとんど角度ひずみ E_θ のない2種類の構造が存在する．これらを，**いす形コンホメーション**，および**舟形コンホメーション**という．しかし，舟形コンホメーションでは，図からも明らかなように，2個の炭素—炭素結合について重なり形配座となっているため，ねじれひずみ E_t が大きく，さらに向かい合う水素原子間の距離が 1.83 Å であり，ファン・デル・

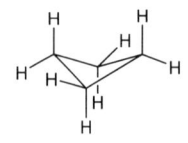

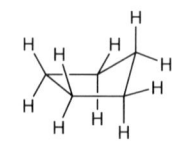

シクロブタン（蝶々形）　シクロペンタン（封筒形）

図 2.14 シクロブタンとシクロペンタンの安定構造

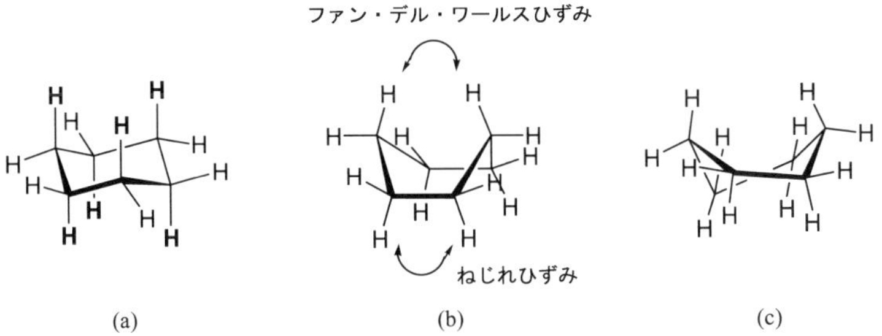

図 2.15 シクロヘキサンのコンホメーション
(a) いす形 (太字で示した水素はアキシアル水素, そのほかはエクアトリアル水素), (b) 舟形, (c) ねじれ舟形.

ワールス半径の和 (2.5 Å) よりもずっと接近しているため, 大きなファン・デル・ワールスひずみ E_{vdw} をもつ. このため, 舟形コンホメーションはエネルギー極大に位置する構造と考えられており, 環をねじることによってそれらのひずみを解消させた構造が, エネルギー極小に位置する構造とされている. この構造を, **ねじれ舟形コンホメーション**という (図 2.15 (c)). しかし, ねじれ舟形は, いす形よりも 23 kJ mol^{-1} 不安定であり, したがって, シクロヘキサンの最も安定な立体構造はいす形である.

いす形コンホメーションでは, シクロヘキサンの 12 個の水素原子の位置は, 2 種類に分類される. 6 個の炭素原子をほぼ同一平面内にあるとみなすと, その平面内にある 6 個の水素原子を**エクアトリアル水素**といい, その平面の上下にある 6 個の水素原子を**アキシアル水素**という.

環を形成している炭素—炭素単結合は, 単独にはそのまわりに回転することはできないが, 協同して回転することができ, それによってさまざまなコンホメーションは相互変換できる. シクロヘキサンでは, 最も安定ないす形から, 最もエネルギーの高い半いす形, さらにねじれ舟形, 舟形を経由して, ふたたびいす形へとコンホメーションの変換が起こる (図 2.16 左). いす形と半いす形のエネルギー差は 46 kJ mol^{-1} 程度とされており, 室温では分子の衝突によって十分に供給される値である. これらのことから, シクロヘキサンは, ほとんど完全にいす形コンホメーションで存在しており, 炭素—炭素結合の回転によって, 室温では速やかにもう 1 つのいす形へと相互変換している. この動的過程を**シクロヘキサンの反転**という. この変化により, ア

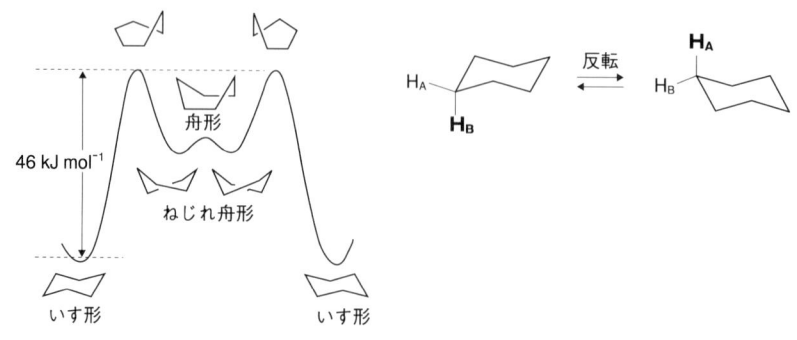

図 2.16 シクロヘキサンの反転

反転により，エクアトリアル水素 H_A はアキシアル水素 H_A に，アキシアル水素 H_B はエクアトリアル水素 H_B になる．

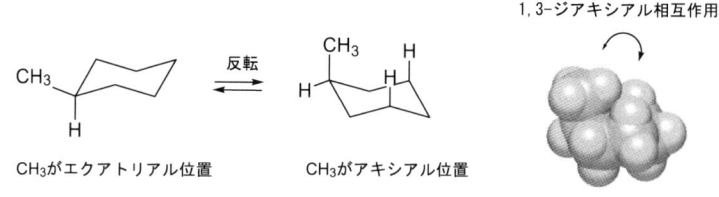

図 2.17 メチルシクロヘキサンの立体配座異性体と半経験的分子軌道法（PM3法）によって構造最適化されたメチル基をアキシアル位置にもつ異性体の構造

キシアル水素はエクアトリアル水素に，エクアトリアル水素はアキシアル水素になる（図 2.16 右）．

シクロヘキサンの水素原子を炭化水素基 R で置換した分子 $C_6H_{11}R$ においても，いす形が最も安定なコンホメーションである．ただし，この分子では，炭化水素基 R がエクアトリアル位置にあるか，アキシアル位置にあるかによって，2 種類の立体配座異性体が存在する．メチルシクロヘキサン $C_6H_{11}CH_3$ における 2 種類の立体配座異性体を図 2.17 に示す．これらは，反転によって相互に変換する関係にあり，したがって，メチルシクロヘキサンはこれら 2 種類の立体配座異性体の平衡混合物として存在する．これらはいずれも，ほとんど角度ひずみ E_θ，およびねじれひずみ E_t のない構造であるが，ファン・デル・ワールスひずみ E_{vdw} に違いがある．すなわち，メチル基がアキシアル位置にある異性体では，メチル基の水素原子と他のアキシアル水素とのあいだが接近しており，これらのあいだに反発力が生じている．

2.5 立体異性体

図2.17に付記した水素原子のファン・デル・ワールス半径を考慮した図を見ると，メチル基の水素原子とアキシアル水素が接近している様子がよくわかる．この相互作用を**1,3-ジアキシアル相互作用**という．これにより，メチル基がエクアトリアル位置を占める異性体の方が，アキシアル位置を占める異性体よりも，相対的に安定となる．これら2つの立体配座異性体のエネルギー差は $7\,\mathrm{kJ\,mol^{-1}}$ とされており，後述する化学平衡論にもとづいて室温（25℃）における平衡比を求めると，95：5となる．

シクロヘキサン誘導体 $C_6H_{11}R$ における2種類の立体配座異性体のエネルギー差は，炭化水素基Rが立体的にかさ高くなるほど増大し，平衡比はRがエクアトリアル位置を占める異性体にかたよる．たとえば，Rが t-ブチル基（$R=C(CH_3)_3$）の場合には，エネルギー差は $20\,\mathrm{kJ\,mol^{-1}}$ 以上となり，99.9％以上が t-ブチル基がエクアトリアル位置を占める異性体として存在する．

炭素原子数が7以上の環式化合物では，ふたたびねじれひずみ E_t が増大する．これは，これらの分子では，どのようなコンホメーションをとっても，環をはさんで向かい合う水素原子が接近してしまうので，それによるファン・デル・ワールスひずみ E_{vdw} を避けるために，すべての炭素—炭素結合がねじれ形をとることができないためである．シクロデカン $C_{10}H_{20}$ の最も安定とされる立体配座異性体の構造を図2.18に示した．環をはさんで向かい合う水素原子どうしが近い距離に位置している様子がわかる．

この結果，シクロアルカンの1つの炭素原子あたりの全ひずみエネルギーは，炭素原子数6，すなわちシクロヘキサンで最小となる．その後，炭素原子数が7から9にかけて増大するが，さらに炭素原子数が増えると減少し，非常に大きな環式化合物ではシクロヘキサンと同程度の，ほとんどひずみのないコンホメーションをとることが可能となる．

図 2.18 シクロデカンの舟いす舟形立体配座異性体とその半経験的分子軌道法（PM3法）によって最適化された構造

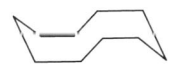

2.5.2 シス-トランス異性体

エチレンの炭素—炭素二重結合を形成している炭素原子は sp² 混成炭素であり，それぞれの炭素原子がもつ混成に関与しなかった p 軌道の電子が 2 個の炭素原子によって共有されることにより π 結合が形成されている（図2.5）．2 個の炭素原子の p 軌道の重なりが大きいほど，安定化のエネルギーが大きくなるので，最大の安定化エネルギーを得るために 2 個の p 軌道の軸は平行になる．この結果，2 個の sp² 混成炭素が形成する平面は同一となり，エチレンのすべての原子は同一平面上に存在することになる．

以上のことから，炭素—炭素二重結合のまわりに回転が起こると，π 結合を形成している p 軌道の重なりが小さくなる，すなわち π 結合が切断されることがわかる．このため，炭素—炭素二重結合のまわりの回転に必要なエネルギーはきわめて大きくなり（290 kJ mol⁻¹ 程度），室温では分子どうしの衝突によっては供給されない．したがって，炭素—炭素二重結合のまわりの回転は，室温では束縛されている．この結果，エチレンの 2 個の炭素原子に結合している 2 個の水素原子の一方が他方と異なる場合には，立体異性体が生じることになる．たとえば，水素原子の一方をメチル基 CH_3- で置き換えた 2-ブテンでは，図 2.19 に示した 2 個の立体異性体が室温で安定な化合物として存在する．このように二重結合の回転が束縛されていることによって生じる立体異性体を，**シス-トランス異性体**，あるいは**幾何異性体**という．二重結合の同じ側に置換基をもつ異性体を**シス異性体**，また置換基が二重結合の反対側に位置する異性体を**トランス異性体**という．図からわかるように，シス異性体では，トランス異性体に比べて置換基が接近して存在するのでファン・デル・ワールスひずみが大きく，安定性が低い．実際，cis-2-ブテン，$trans$-2-ブテンの水素化熱は，それぞれ 118.5 kJ mol⁻¹，114.6 kJ mol⁻¹

シス異性体
cis-2-ブテン
融点 −139.3 ℃
沸点   3.7 ℃

トランス異性体
$trans$-2-ブテン
融点 −105.8 ℃
沸点   0.9 ℃

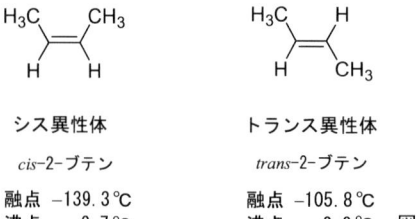

図 2.19 2-ブテンのシス-トランス異性体

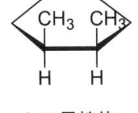

2.5 立体異性体

図2.20 1,2-ジメチルシクロヘキサンのシス-トランス異性体

シス異性体
cis-1,2-ジメチルシクロヘキサン
沸 点 129-130℃
屈折率(n_D^{20}) 1.436

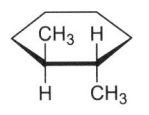

トランス異性体
trans-1,2-ジメチルシクロヘキサン
沸 点 123-124℃
屈折率(n_D^{20}) 1.427

であり，*trans*-2-ブテンの方が4 kJ mol^{-1}程度安定であることが明らかにされている．

シス-トランス異性体は，環式化合物における立体配置異性体を区別する際にも用いられる．たとえば，シクロヘキサンにおいて，隣り合った2個の炭素原子に結合した水素原子をメチル基CH$_3$-で置き換えた1,2-ジメチルシクロヘキサンC$_6$H$_{10}$(CH$_3$)$_2$では，シクロヘキサン環を平面とみたとき，2個のメチル基がその平面に対して同一側にあるものと，異なった側に位置するものが存在する（図2.20）．二重結合の場合と同様に，2個の置換基が同一側にあるものを**シス異性体**，異なった側にあるものを**トランス異性体**という．シス-トランス異性体を前述の立体配座異性体と混同してはならない．立体配座異性体は炭素—炭素結合のまわりの回転によって相互に変換するが，*cis*-1,2-ジメチルシクロヘキサンとそのトランス異性体は，結合を切断しない限り決して同一の構造にはならない．したがって，それぞれ異なった性質をもつ安定な化合物として存在する．これと同種の立体異性体は，置換基がメチル基でなくても，またシクロヘキサン環以外の環式化合物でも存在する．

2.5.3 鏡像異性体

(a) エナンチオマー

sp^{3}混成炭素は正四面体構造をもっているため，その炭素原子に結合している4個の原子，あるいは原子団がすべて異なる場合には，それらの空間的な配置が異なる2種類の立体異性体が存在する．これらは互いに鏡に映した関係にあるため，これらを**鏡像異性体**という．鏡像異性体は，**エナンチオマー**ともよばれる．また，後述するように，これらは光学的な性質が異なるため，**光学異性体**ともよばれる．4個の異なる原子，あるいは原子団と結合し

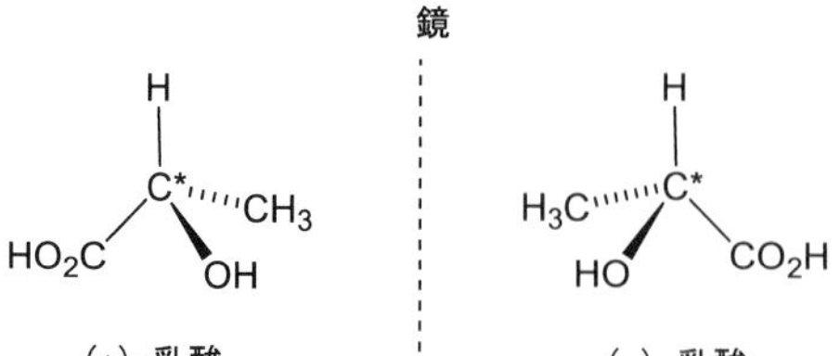

鏡

(+)-乳酸

融　点　　53℃
比旋光度$[\alpha]_D^{25}$　+3.82

(−)-乳酸

融　点　　53℃
比旋光度$[\alpha]_D^{25}$　−3.82

図 2.21　乳酸の鏡像異性体
不斉炭素原子は C* で示した.

ている sp³ 混成炭素を**不斉炭素原子**という．図 2.21 に乳酸 $CH_3CH(OH)CO_2H$ の 1 対の鏡像異性体の構造式を示す．

また，分子がそれ自体の鏡像と一致しないとき，その分子は**キラル**であるという．キラルな分子には鏡像異性体が存在する．不斉炭素原子は，キラル炭素原子，あるいはより一般的には**キラル中心**ともよばれる．分子が対称面や対称心をもつとキラルではなくなる．キラルではない分子を，**アキラル**な分子という．

鏡像異性体は，平面偏光，すなわち電場あるいは磁場の振動方向がただ 1 つの面（偏光面）に限られている光に対して，それぞれ偏光面を反対の方向に回転させる性質をもつ．平面偏光の偏光面を回転させる性質を**旋光性**といい，旋光性を示す物質を**光学活性**な物質という．偏光面を右に回転させる性質を**右旋性**といい，(+) で表す．一方，左に回転させる性質を**左旋性**といい，(−) で表す．回転の大きさは，10 cm の試料管に入れた 1 g mL⁻¹ の濃度の試料溶液が示す回転の度数 α を用いて $[\alpha]_D^{20}$ と表記する．ここで 20 は 20℃ で測定したことを表し，D はナトリウム D 線（589 nm）を測定に用いたことを表す．$[\alpha]_D^{20}$ は**比旋光度**とよばれ，化合物に特有な 1 つの物性値となる．エナンチオマーの一方が右旋性であれば，他方は左旋性である．エナンチオマーの性質の違いは，ただこの偏光面の回転方向のみであり，融点，沸点，屈折率など他の物理的性質はまったく同じである．回転の大きさ，すなわち比旋光度の絶対値も等しい．また，一般の試薬に対するエナンチオマーの化学的な反応性もまったく同一である．

2 つのエナンチオマーの等量混合物を**ラセミ体**という．一方のエナンチオマーによって引き起こされた偏光面の回転が，他方のエナンチオマーによる

同じ大きさの逆方向の回転によって打ち消されるため，ラセミ体は光学不活性である．エナンチオマーの混合物において，一方のエナンチオマーの存在比が高い場合は光学活性となる．純粋なエナンチオマーの比旋光度に対するその混合物の比旋光度の割合を，**エナンチオマー過剰率**といい，英語のenantiomer excess を略して，一般に ee と表す．エナンチオマー過剰率は2つのエナンチオマーの存在比の差に等しい．たとえば，80 % ee とは，一方のエナンチオマーが 90 %，他方のエナンチオマーが 10 %の混合物を意味する．

(b) ジアステレオマー

2個の不斉炭素原子をもつ分子では，一般に 4 個の立体異性体が可能となる．これらは 2 組のエナンチオマー対に分かれる．すなわち，1つの立体異性体に注目すると，残りの3つの立体異性体のうち，1つとは鏡像関係にあり，他の2つとは鏡像関係にはない．互いに鏡像関係にない立体異性体を，**ジアステレオマー**という（図 2.22）．ジアステレオマーの物理的性質，すなわち融点，沸点，屈折率，溶媒に対する溶解度などは異なる．また，ジアステレオマーの化学的な反応性も異なっている．

2個の不斉炭素原子をもつ分子では，その構造によって分子内に対称面が生じる場合がある．このような分子はその鏡像と一致することになり，アキラルな分子となる．このように，キラル中心が存在するにもかかわらず，ア

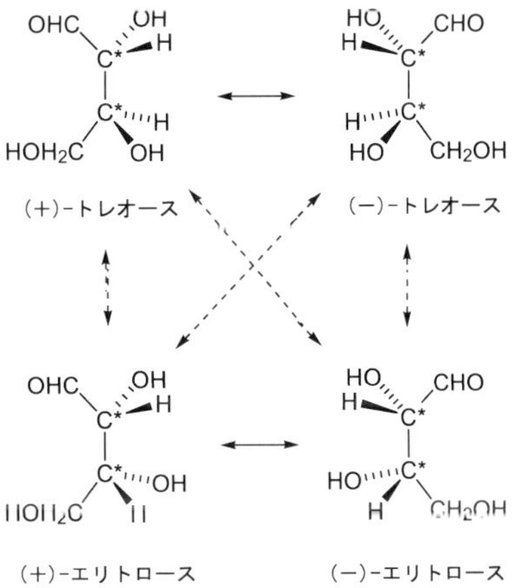

図 2.22 トリオール $HOCH_2CH(OH)CH(OH)CHO$ の 4 種類の立体異性体とその相互関係

実線矢印がエナンチオマーの関係，破線矢印がジアステレオマーの関係．不斉炭素原子は C^* で示した．

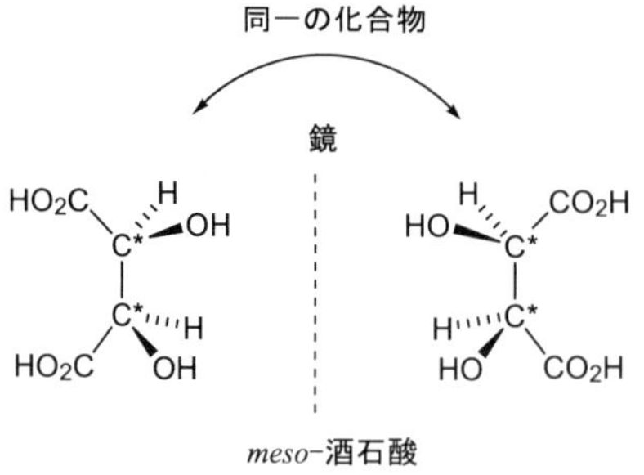

図 2.23 メソ化合物
不斉炭素原子は C* で示した.

meso-酒石酸

キラルな分子を，**メソ化合物**という（図 2.23）．メソ化合物では，1つの不斉炭素原子による偏光面の回転が，分子内のもう一方の不斉炭素原子による同じ大きさの逆方向の回転によって打ち消されることになる．このため，メソ化合物は，光学不活性である．

一般に，n 個のキラル中心をもつ化合物は，2^n 個の立体異性体が存在し，それらは 2^{n-1} 個のエナンチオマー対に分かれる．ただし，上記のように，分子内に対称面が生じる場合には，エナンチオマー対に相当する化合物が同一となるため，立体異性体の総数は 2^n 個より少なくなる．

(c) 光学分割と不斉合成

エナンチオマーの混合物をそれぞれのエナンチオマーに分割することを，**光学分割**という．前述したように，エナンチオマーの融点，沸点，溶媒に対する溶解度など物理的性質はまったく同じなので，蒸留や再結晶などの通常用いられる分離手段では光学分割はできない．エナンチオマーを分離するためには，キラルな物質の助けを借りなければならない．これは，エナンチオマーのそれぞれがキラルな物質と相互作用すると鏡像の関係にはなくなるので，物理的，あるいは化学的性質に差が現れることを利用している．たとえば，カルボン酸 RCOOH のエナンチオマーを光学分割するためには光学活性なアルコール R*OH（R* はキラルな炭化水素基）とエステル RCOOR* を形成させる．得られたエステルはジアステレオマーとなるので，物理的性質が異なり，再結晶や蒸留などの手段で分離することが可能である．ジアステレオマーのエステルを分離した後，それぞれを加水分解することによってエナンチオマーのカルボン酸を得ることができる．そのほか，光学活性な物質を担体とするクロマトグラフィーも光学分割の手法としてよく用いられる．

2.5 立体異性体

これに対して，合成によってエナンチオマーの一方だけを得る手法を，**不斉合成**という．アキラルな分子からキラルな分子が生成する合成反応では，通常の試薬を用いる限り，必ずエナンチオマーの等量混合物，すなわちラセミ体が得られる．不斉合成を行なうためには，やはりキラルな物質の助けを借りなければならない．たとえば，炭素－炭素二重結合をもつアキラルな分子を水素によって還元してキラルな分子が得られる反応では，キラルな分子を還元触媒に用いると，一方のエナンチオマーが過剰に得られる．これは，反応の過程においてアキラルな分子とキラルな触媒が相互作用すると，エナンチオマーのそれぞれを与える反応の中間状態が鏡像関係ではなくなるので，エネルギーに差が生じ，それぞれのエナンチオマーの生成速度が異なるためである．

生体においてはさまざまな化学反応が行なわれているが，鏡像異性体が関わる反応のほとんどは，エナンチオマーの一方だけが反応に関与している．たとえば，われわれの体内では筋肉の収縮により乳酸 $CH_3CH(OH)CO_2H$ が生成するが，生成されるのは右旋性の乳酸だけである．果実に含まれる酸の1つであるリンゴ酸 $HOCOCH_2CH(OH)CO_2H$ は，左旋性のものだけが自然界に存在する．これは，生体における化学反応の触媒である**酵素**がキラルなためである．また，このように生体反応はキラルな環境で行なわれるため，生体はそれぞれのエナンチオマーに対して異なった作用を示すことが多い．たとえば，自然界にあってわれわれの食物となるグルコースは右旋性を示すが，われわれは（－）-グルコースを代謝することはできない．われわれの体内で血圧の上昇などのホルモン作用を引き起こすアドレナリンは左旋性であり，これに対して（＋）-アドレナリンのホルモン活性は著しく低い．このように，エナンチオマーの物理的，および化学的性質の違いは，生体との関わり合いにおいて重要な意味をもつ．

第 3 章
電子とエネルギー

3.1 結合の分極と分子の極性

化学反応では，反応する分子の結合が開裂し，新たな結合が形成されて生成物となる．化学反応に伴う結合の開裂を理解するためには，結合を形成している電子の振る舞いに目を向けなければならない．

3.1.1 結合の分極

共有結合を形成している電子対は，2個の原子が同一元素の場合には，それぞれに等しく共有されている．しかし，異なる元素のあいだで形成される共有結合では，電子対は等しく共有されているわけではない．これは，原子核が異なると，原子核が電子を引きつける強さが異なるためである．二原子分子における結合を例にとると，たとえば，フッ化水素 HF では H と F が共有結合を形成しているが，それらの原子核の電子を引きつける強さは H よりも F の方が圧倒的に強いので，共有結合を形成している電子対はフッ素原子核の方に引き寄せられている．この結果，電子の分布は非対称になり，共有結合に電子のかたよりが生じる．これを，結合の**分極**という．HF の場合には，H が正電荷を，また F が負電荷をもつように分極する．結合の分極によって生じた電荷を**部分電荷**といい，$\delta+$（デルタプラス），あるいは $\delta-$（デルタマイナス）を用いて表す．すなわち，HF における分極は，$H^{\delta+}-F^{\delta-}$ と表現される．

結合の分極によって部分電荷が発生すると，結合は**双極子**，すなわち大きさが等しく符号が反対で一定の距離を保った2個の電荷としての性質を帯びる．双極子の方向は，電磁気学では負から正と定義されるが，有機化学では

正から負の方向へ向かう矢印 ├─→ で示されることが多い．この表示方法では，矢印は電子が引き寄せられている方向を示すことになる．

双極子の大きさは，**双極子モーメント**によって表される．双極子モーメント μ の単位にはデバイ (D) が用いられ，これは部分電荷の大きさ e (10^{-10} esu 単位；1 esu = 3.33564×10^{-10} C) と電荷の中心間の距離 l (Å 単位；1 Å = 10^{-10} m) の積に等しい (式 (3.1))．

$$\mu = e \times l \tag{3.1}$$

双極子モーメントは測定可能な物理量であり，分子固有の物性値となる．HF の双極子モーメントは，1.826 D と求められている．

結合の分極は，原子価結合法では，共鳴におけるイオン構造の寄与として理解される．HF の例では，HF は，共有結合性の H—F とイオン結合性の H^+F^- の共鳴混成体として存在する，と解釈される．

$$[\ H–F \ \longleftrightarrow \ H^+\ F^-\ ]$$

したがって，HF の真の電子状態を表す波動関数 Φ_{HF} は，共有結合をもつ HF の波動関数 Φ_{H-F} とイオン結合をもつ HF の波動関数 $\Phi_{H^+F^-}$ の線形結合によって表される (式 (3.2))．

$$\Phi_{HF} = c_{cov}\Phi_{H-F} + c_{ion}\Phi_{H^+F^-} \tag{3.2}$$

ここで係数 c_{cov} と c_{ion} は，それぞれ HF における共有結合とイオン結合の寄与を表すので，HF のイオン結合性 P_{ion}(%) は式 (3.3) によって表される．

$$P_{ion} = 100 \cdot c_{ion}^2 / (c_{cov}^2 + c_{ion}^2) \tag{3.3}$$

HF の双極子モーメントの大きさから，HF のイオン結合性は 40 % 程度と見積もられている．

一方，分子軌道の観点からは，結合の分極はどのように表現されるであろうか．図 3.1 に，H の 1s 軌道と F の 2p 軌道の相互作用によって，HF の分子軌道を組み立てた様子を示す．HF の結合軸を z 軸とすると，HF の結合性 σ 軌道は H の 1s 軌道と F の $2p_z$ 軌道の線形結合で表されるが，H の 1s 軌道より F の $2p_z$ 軌道の方がエネルギーが低いことを反映して，HF の結合性 σ 軌道においては，F の $2p_z$ 軌道の寄与の方が H の 1s 軌道よりも大きくなる．このため，H に比べて F 上の電子密度が高くなり，結合に分極があ

3.1 結合の分極と分子の極性　　　43

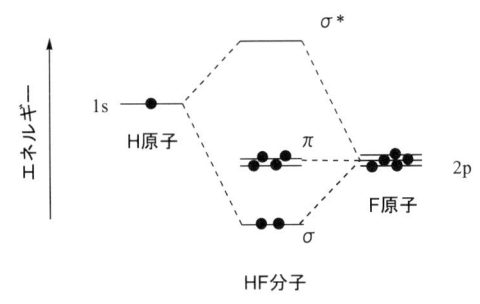

図 3.1 水素原子の 1s 軌道とフッ素原子の 2p 軌道の相互作用によるフッ化水素 HF の分子軌道の形成
　HF の σ 軌道は F の 2p 軌道の寄与が大きい.

ることが示される．なお，F の $2p_x$ と $2p_y$ 軌道は H の 1s 軌道と相互作用せず，非結合性軌道となり，F の非共有電子対が収容される．

3.1.2 電気陰性度

　共有結合を形成している原子が，その結合に関与している電子を引きつける程度を，その原子の**電気陰性度**という．電気陰性度の大きな原子ほど，電子を引きつける性質が強い．また，電気陰性度の差が大きいほど，結合に関与している電子は一方の原子に引きつけられ，結合の極性は大きくなる．

　1932 年にポーリングは，結合解離エネルギーの測定値を用いて，電気陰性度を定量的に表した．すなわち，結合 A—B，A—A，B—B の結合解離エネルギー（kJ mol^{-1}）をそれぞれ D_{AB}，D_{AA}，D_{BB} とするとき，式 (3.4) のように Δ_{AB} を求め，原子 A，B の電気陰性度 X_A，X_B を式 (3.5) によって定義した．

$$\Delta_{AB} = D_{AB} - (D_{AA} + D_{BB})/2 \tag{3.4}$$

$$|X_A - X_B| = \sqrt{\Delta_{AB}}/96.5 \tag{3.5}$$

　一方，マリケン（R. S. Mulliken, 1896-1986）は，原子 A のイオン化エネルギー I_A と電子親和力 E_A を用いて，原子 A の電気陰性度 X_A を式 (3.6) のように定義することを提案した．

$$X_A = (I_A + E_A)/2 \tag{3.6}$$

それぞれの定義による電気陰性度は数値的には異なっているが，両者のあいだにはよい相関関係があることが知られている．

　すでに述べたように，電気陰性度は結合の極性の尺度となり，化合物の物理的，および化学的性質を理解するための重要な概念である．電気陰性度が

比較的高い原子を**電気陰性な原子**，また比較的低い原子を**電気陽性な原子**という．ポーリングの定義により希ガスを除くすべての元素について電気陰性度が求められているが，有機化学でしばしば現れる元素については，電気陰性度の大きな順に，

$$F > O > Cl \cong N > Br > C \cong H > 金属原子$$

となる．有機化学反応を理解するためには，この程度の定性的な理解で十分である．

有機化学は炭素化合物の化学であるから，有機化学において電気陰性な原子といえば炭素原子より電気陰性度の大きな酸素，窒素原子やハロゲン原子をさし，これらの原子と結合した炭素原子は正の部分電荷をもつことになる．すなわち，炭素原子が電気陰性な原子 X と結合すると，結合の形成に関わる電子は X に引きつけられ，結合は $C^{\delta+}-X^{\delta-}$ と分極する．一方，金属原子 M は電気陽性な原子であり，炭素―金属原子の結合電子対は金属原子から炭素原子へと押しやられ，その結果，結合は $C^{\delta-}-M^{\delta+}$ と分極し，炭素原子は負の部分電荷をもつことになる．また，炭素原子と水素原子の電気陰性度はあまり違わないので，炭素―水素結合には電荷のかたよりはほとんどない．

3.1.3 分子の極性

共有結合は，その結合を構成している原子の電気陰性度の違いによって分極している．分子に複数の結合が含まれる場合，それぞれの結合の分極によって生じる負電荷の中心と正電荷の中心が一致しなければ，分子全体として双極子モーメントをもつことになる．このようにして生じた分子における電荷のかたよりを，分子の**極性**という．

分子の双極子モーメントの方向は，結合の分極によって生じた双極子モーメントの方向を考慮した総和，すなわちベクトル和によって説明できる．たとえば，正四面体構造をもつ塩化メチル CH_3Cl では，炭素―水素結合にはほとんど分極がないので，分子は $C^{\delta+}-Cl^{\delta-}$ の分極にもとづく双極子モーメントをもち，その方向は炭素―塩素結合の方向と一致する．これに対して，同様の構造をもつ四塩化炭素 CCl_4 では，4個の炭素―塩素結合の双極子モーメントが分子の対称性によって打ち消されてしまうため，分子の双極子モ

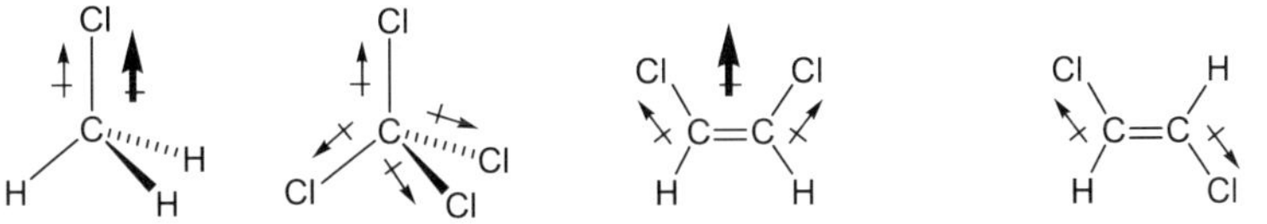

3.1 結合の分極と分子の極性　　45

| μ = 1.89 D | μ = 0 D | μ = 1.89 D | μ = 0 D |
| 塩化メチル | 四塩化炭素 | cis-1,2-ジクロロエチレン | trans-1,2-ジクロロエチレン |

図 3.2 分子の双極子モーメント
太い矢印は分子の双極子モーメントの方向を，細い矢印は結合の分極を表す．

ーメントはゼロとなる．同様に，1,2-ジクロロエチレンのシス異性体は比較的大きな双極子モーメントをもつが，そのトランス異性体は双極子モーメントをもたない事実を説明することができる（図 3.2）．なお，非共有電子対をもつ分子では，この電子対が，分子の双極子モーメントの方向と大きさに大きな寄与をする場合がある．

　分子全体に電荷のかたよりがあり双極子モーメントをもつ分子を**極性分子**，電荷のかたよりのない分子を**無極性分子**という．分子の極性は，化合物の融点，沸点，溶解度などの物理的性質，さらに化学的反応性にも大きな影響を与える．たとえば，沸点は，分子間に相互作用のある液体と相互作用のない気体とが相互に変化する温度なので，分子間相互作用の大きさが鋭敏に反映される．極性分子では分子間に双極子—双極子相互作用が働くため，無極性分子に比べて分子間相互作用が大きい．このため，水素結合などの他の分子間相互作用のない同程度の大きさの分子を比較すると，極性分子の方が沸点は高くなる．たとえば，無極性分子のプロパン $CH_3CH_2CH_3$ の沸点は $-42°C$ であるが，それと同程度の大きさをもつ極性分子のジメチルエーテル CH_3OCH_3 は $-24°C$ の沸点を示す．また，1,2-ジクロロエチレンのシス-トランス異性体の沸点を比較すると，シス体が $60°C$ であるのに対してトランス体は $48°C$ であり，双極子モーメントをもつシス体の方が高い．

3.1.4　置換基の電子的効果とその伝達

　すでに述べたように，炭素原子にハロゲン原子のような電気陰性な原子 X が結合すると，結合に関与している電子は X に引きつけられ，結合は $C^{\delta+}-X^{\delta-}$ と分極し，炭素原子は正の部分電荷をもつことになる．このよ

に，炭素原子に結合している置換基，すなわち原子あるいは原子団は，炭素と置換基の結合を形成している電子を引きつけたり，あるいは逆に押しやることによって，その炭素原子に電気的な影響を与える．これを，置換基の**電子的効果**，あるいは**極性効果**とよぶ．結合を形成している電子を自らの方へ引きつける傾向をもつ置換基を，**電子求引性置換基**という．一方，結合を形成している電子を炭素原子の方へ押しやる傾向をもつ置換基を，**電子供与性置換基**という．

置換基が電子的効果を引き起こす機構として，次の2種類の効果があることが知られている．1つは，炭素原子とそれに結合している原子の電気陰性度の違いによって，σ 結合を通じて電子が引きつけられたり，押しやられたりする効果である．これを**誘起効果**，あるいは**I 効果**という．I は，誘起効果を意味する英語の Inductive effect に由来する．前述したように，ハロゲン原子 X は高い電気陰性度をもつので，電子求引性の誘起効果を示し，炭素—ハロゲン結合は $C^{\delta+}$—$X^{\delta-}$ と分極する．このことを，「ハロゲン原子は負の誘起効果（−I 効果）を示す」，あるいは「ハロゲン原子は −I 置換基である」という．多くの有機化合物において，水素原子と置換する元素は炭素より電気陰性度が高いので，ほとんどの置換基はハロゲン原子と同様に負の誘起効果を示す．たとえば，酸素原子が結合したヒドロキシ基 -OH，窒素原子が結合したアミノ基 -NH$_2$，ニトロ基 -NO$_2$，さらに炭素原子を介して酸素原子や窒素原子が結合したアルデヒド基 -CH=O，シアノ基 -C≡N なども −I 置換基である．これに対して，炭素原子に金属原子 M が結合すると，M は炭素原子より電気陰性度が低いので C−M 結合の電子は炭素原子によって求引され，結合は $C^{\delta-}$—$M^{\delta+}$ と分極する．このとき，「金属原子は正の誘起効果（+I 効果）を示す」，あるいは「金属原子は +I 置換基である」という．+I 効果，すなわち電子供与性の誘起効果を示す置換基として，メチル基 -CH$_3$，エチル基 -CH$_2$CH$_3$ などのアルキル基がある．置換基の誘起効果は置換基が結合している炭素原子に及ぼされるだけではなく，σ 結合を通じて遠くまで伝達される．しかし，その大きさは結合を経由するたびに著しく減少する．

置換基が電子的効果を引き起こすもう1つの機構は，置換基と π 電子系の共役によるものである．この機構では，π 電子の非局在化によって置換基

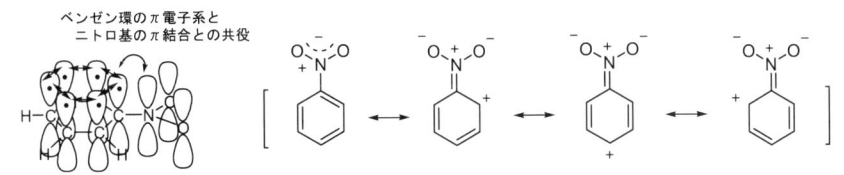

図 3.3 ベンゼン環とニトロ基の共役，およびニトロ基の電子求引性メソメリー効果の共鳴による表現

の電子的効果が伝達される．これを**メソメリー効果**，あるいは**共鳴効果**という．メソメリー効果は，その英語表記である Mesomeric effect の頭文字をとって，**M 効果**ともよばれる．ニトロ基 $-NO_2$ がベンゼン環に結合すると，ニトロ基の窒素一酸素結合を形成している π 結合がベンゼン環の π 電子系と共役する．その結果，ベンゼン環の π 電子は π 結合を通じてニトロ基の酸素原子によって求引され，ベンゼン環は正の部分電荷をもつことになる．共鳴の考え方を用いると，これは図 3.3 のように表記される．

このことを，「ニトロ基は負のメソメリー効果（$-M$ 効果）を示す」，あるいは「ニトロ基は $-M$ 置換基である」という．アルデヒド基 $-CH=O$ やシアノ基 $-C\equiv N$ など，電気陰性原子を含む π 結合性置換基は $-M$ 効果を示す置換基となる．これに対して，メトキシ基 $-OCH_3$ がベンゼン環に結合すると，酸素原子の非共有電子対がベンゼン環の π 電子系と共役する．その結果，酸素原子の非共有電子対はベンゼン環に供与されることになり，ベンゼン環は電子が豊富となる．これを共鳴の考え方を用いて表すと，図 3.4 のようになる．

このことを，「メトキシ基は正のメソメリー効果（$+M$ 効果）を示す」，あるいは「メトキシ基は $+M$ 置換基である」という．アミノ基 $-NH_2$ やハ

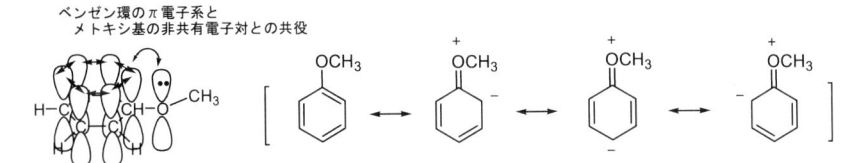

図 3.4 ベンゼン環とメトキシ基の非共有電子対との共役，およびメトキシ基の電子供与性メソメリー効果の共鳴による表現

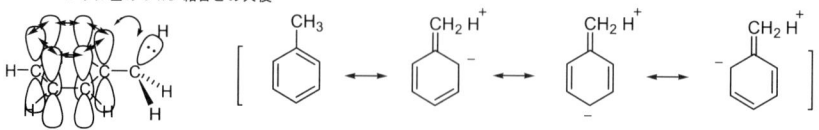

図 3.5 ベンゼン環とメチル基の超共役，およびメチル基の電子供与性メソメリー効果の共鳴による表現

ロゲン原子など，π電子系と共役できる非共有電子対をもつ置換基は +M 効果を示す．

　アルキル基，たとえばメチル基 $-CH_3$ がベンゼン環と結合すると，C—H σ 結合とベンゼン環の π 電子系が共役することによって，メチル基は +M 効果を示すことがさまざまな実験結果から支持されている．このように σ 結合が関与する共役を，一般に，**超共役**とよんでいる．ベンゼン環とメチル基の超共役を共鳴の考え方を用いて表すと図 3.5 のようになる．

　置換基のメソメリー効果は共役を通じて π 結合の非局在化によって伝達されるため，その置換基の効果は，誘起効果と比較して，より遠くまで及ぶ．ただし，上記のニトロ基やメトキシ基が結合したベンゼンの共鳴構造式をみるとわかるように，メソメリー効果は共役系の特定の位置に現れることに注意しなければならない．すなわち，ベンゼン環に結合した置換基のメソメリー効果は，**オルト位**（o-位）とよばれる置換基が結合している炭素に隣接した位置，および**パラ位**（p-位）とよばれる置換基と向かいあった位置に伝達される．置換基が結合している位置に対して炭素原子を 1 つはさんだ位置は**メタ位**（m-位）とよばれるが，置換基のメソメリー効果はその位置には伝達されない．これは，σ 結合を介して伝達される誘起効果が，置換基との距離が短い位置ほど有効に伝達されることと対照的である．

3.1.5　電子的効果による官能基の分類

　置換基の電子的効果には，誘起効果とメソメリー効果の 2 種類の機構があり，それぞれ正と負，すなわち電子供与と電子求引の効果があることを述べた．このような置換基の電子的な性質にもとづいて，有機分子がもつさまざまな官能基を分類することができる．官能基の分類は，官能基の置換が分子

3.1 結合の分極と分子の極性

表 3.1 電子的効果による官能基の分類

		誘起効果	
		電子求引性 (−I 置換基)	電子供与性 (+I 置換基)
メソメリー効果	電子求引性 (−M 置換基)	ニトロ基 −NO$_2$ アルデヒド基 −CH=O ケトン基 −C(=O)R カルボキシル基 −C(=O)OH エステル基 −C(=O)OR シアノ基 −C≡N スルホ基 −SO$_3$H	該当する置換基はない
	電子供与性 (+M 置換基)	ハロゲン原子 −F, −Cl, −Br, −I ヒドロキシ基 −OH アルコキシ基 −OR アミノ基 −NH$_2$, −NHR, −NR$_2$ チオール基 −SH アリール基 −Ar (フェニル基 −C$_6$H$_5$ など)	アルキル基 −R (メチル基 CH$_3$, エチル基 CH$_2$CH$_3$ など)
	M効果をもたない	トリアルキルアンモニオ基 −$^+$NR$_3$	金属原子 (Li, Na など)

の物理的性質,あるいは化学的反応性にどのような影響を与えるかを理解するために有用である.

代表的な官能基について,それらの電子的効果にもとづいた分類を表 3.1 に示す.

このように官能基を分類すると,2 種類の機構で正と負が異なる官能基があることがわかる.すなわち,ハロゲン原子や −OH 基,−NH$_2$ 基などは,誘起効果によって電子を求引するが,メソメリー効果では電子を供与する.これらの官能基は,実際の有機分子に対してどのように働くのであろうか.有機分子に結合した置換基の電子的効果の働きに関しては,次のような原則がある.

(1) 置換基が sp^3 混成炭素原子に結合している場合,すなわち σ 結合から形成されている分子に対しては,置換基の誘起効果のみが働く.

(2) 置換基が sp^2 あるいは sp 混成炭素原子に結合している場合,すなわち置換基が π 電子系と共役している分子に対しては,置換基の誘起効

果とメソメリー効果の両方が働く．2つの効果が相反する場合，一般に，メソメリー効果が誘起効果をうわまわる．ただし，ハロゲン原子 -F, -Cl, -Br, -I は例外であり，誘起効果がメソメリー効果をうわまわる．
　一般に，メソメリー効果が誘起効果をうわまわるのは，メソメリー効果が原子核の束縛の弱い π 電子によって伝達されるため，σ 電子によって伝達される誘起効果より強く現れ，また遠くまで伝達されるからである．ところが，ハロゲン原子についてはこの原則が成り立たない．これは，ハロゲン原子は電気陰性度が高く，比較的強い誘起効果をもつことと，それらの非共有電子対と炭素原子の π 電子系との共役の程度が低く，メソメリー効果が弱いことに起因している．たとえば，ベンゼン環に結合した塩素原子 -Cl の非共有電子対は 3p 軌道にあり，ベンゼン環の π 電子系を構成する 2p 軌道とはエネルギーの差が大きく軌道の重なりが小さい．このため，塩素原子の +M 効果は十分に伝達されず，高い電気陰性度にもとづく -I 効果がうわまわることになる．これに対して，ベンゼン環に結合したヒドロキシ基 -OH やアミノ基 -NH$_2$ では，酸素原子や窒素原子の非共有電子対は 2p 軌道にあり，ベンゼン環の π 電子系との共役が大きく，置換基の +M 効果が十分に発揮されて -I 効果をうわまわる．この結果，ベンゼン環に結合した -OH 基や -NH$_2$ 基は，電子供与性置換基として働くことになる．

3.2　結合の開裂と反応の様式

3.2.1　結合開裂の様式

　有機化合物の反応には，共有結合の開裂が伴うことが多い．共有結合は 2 個の電子からできているので，たとえば原子あるいは原子団 A と B から形成される結合 A—B の開裂様式には次の 2 種類がある．
① 2 個の電子が A と B のそれぞれに 1 個ずつ移動して，結合が対称的に切断される．

$$A:B \longrightarrow A\cdot + B\cdot$$

この結合開裂の様式を，**ホモリシス**，あるいは**均一開裂**という．ホモリシスによって，対を形成していない電子をもつ化学種が生成する．この化学種を**ラジカル**といい，A・のように分子式に 1 個の点をつけて表記する．ラジ

カルのもつ対を形成していない電子を，**不対電子**という．
② 2個の電子がAあるいはBのどちらか一方に移動して，結合が非対称的に切断される．

$$A:B \longrightarrow A^+ + :B^-$$

この結合開裂の様式を，**ヘテロリシス**，あるいは**不均一開裂**という．ヘテロリシスによって，電荷をもった化学種，すなわちイオンが生成する．正の電荷をもつ化学種を**カチオン**，負の電荷をもつ化学種を**アニオン**という．

ホモリシスによって結合を開裂させるために必要なエネルギーを**結合解離エネルギー**という．有機化合物における炭素―水素結合，あるいは炭素―炭素結合の結合解離エネルギーは 350〜400 kJ mol^{-1} の値となる．一方，結合をヘテロリシスさせるために必要なエネルギーは，これよりさらに 400 kJ mol^{-1} 程度大きい．これは，ヘテロリシスによって生じたカチオンとアニオンは互いにクーロン力によって引き合うため，それらを引き離すためのエネルギーが必要となるからである．このため，気相，および結合開裂によって生ずる化学種とほとんど相互作用のない無極性の溶媒中では，ホモリシスが有利な結合開裂の様式となる．一方，極性の高い溶媒はイオンを安定化する能力をもつため，そのような溶媒中ではヘテロリシスが起こりやすくなる．

有機化学における反応の機構を説明するために，しばしば曲がった矢印（**巻矢印**）が用いられる．巻矢印は，常に電子の動きを表す．巻矢印を用いて結合の開裂を表記するときには，開裂様式によって異なる矢印を用いなければならない．

結合A―Bがホモリシスによって2個のラジカルA・とB・に開裂するとき，2本の片羽矢印を用いて，2個の電子が1個ずつAとBに移動することを表す．

$$A\!\frown\!\!\frown\!B \xrightarrow{\text{ホモリシス}} A\cdot + B\cdot$$
$$\text{ラジカル ラジカル}$$

一方，結合A―BがヘテロリシスによってカチオンA^+とアニオンB^-に開裂するとき，1本の両羽矢印を用いて，2個の電子が両方ともBに移動することを表す．

```
         1個の電子(不対電子)                                    2個の電子を含む
         を含む2p軌道              空の2p軌道                  sp³混成軌道
```

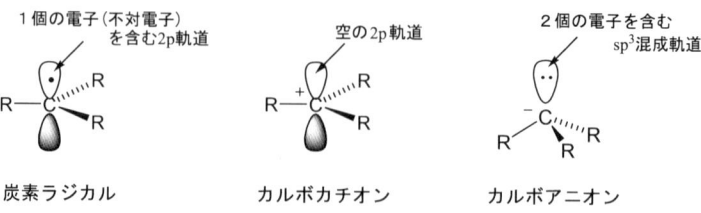

図 3.6 炭素原子を含む反応中間体
Rはアルキル基を表す.

$$A\!-\!B \xrightarrow{\text{ヘテロリシス}} A^+ + B^-$$
カチオン　アニオン

炭素原子を含む結合が開裂すると，3個の結合しかもたない炭素原子を含む化学種が生成するが，結合の開裂様式によって生成する化学種の性質が異なる（図 3.6）．炭素原子を含む結合がホモリシスすると，炭素原子に不対電子をもつラジカルが生成する．このラジカルを，特に，**炭素ラジカル**という．炭素ラジカルの炭素原子は sp^2 混成炭素であり，不対電子は混成に関与しない 2p 軌道に入っていると考えてよい．一方，炭素原子を含む結合がヘテロリシスすると，炭素原子上に電荷をもつ化学種が生成する．炭素原子上に正電荷をもつ化学種を，**カルボカチオン**という．カルボカチオンの炭素原子も sp^2 混成炭素であり，空の 2p 軌道をもっている．一方，炭素原子上に負電荷をもつ化学種を，**カルボアニオン**という．カルボアニオンの炭素原子は sp^3 混成炭素であり，非共有電子対は sp^3 混成軌道の 1 つを占めている．

炭素ラジカル，カルボカチオン，およびカルボアニオンはいずれも，反応の途中に過渡的に存在する化学種であり，それぞれの反応性に従って安定な化合物へと変化する．これらは，**反応中間体**と総称される．

3.2.2　結合開裂様式による有機化学反応の分類

有機化合物 S が化学種 R と反応して別の有機化合物 P を与える場合，すなわち

$$S + R \longrightarrow P$$

のような反応があるとき，S を**反応物**あるいは**反応基質**といい，P を**生成物**

という．Rは**反応試剤**とよばれ，無機物質のときも有機化合物の場合もある．有機化合物の数は多いので，有機化合物の関与する反応の数もきわめて多くなる．しかし，前項で述べた結合の開裂様式に注目してそれらを分類すると，反応の種類としては，わずか4種類があるに過ぎない．

結合のヘテロリシスを含みカチオンやアニオンが関与する反応を，**イオン反応**という．イオン反応はさらに，反応試剤の種類によって求核反応と求電子反応に分類される．また，結合のホモリシスを含みラジカルが関与する反応を，**ラジカル反応**という．一方，反応の途中にイオンやラジカルのような化学種が関与せず，結合の開裂と生成が同時に進行して生成物に至る反応を，**ペリ環状反応**という．

(a) 求核反応

イオン反応のうち，アニオンまたは非共有電子対をもつ中性分子が反応試剤となる反応を**求核反応**といい，それらの反応試剤を**求核剤**という．求核反応では，求核剤が，反応物の電子不足の部位，すなわち正電荷あるいは正の部分電荷をもつ部位を攻撃し，2個の電子を供給することによって反応物と反応試剤とのあいだに共有結合が形成される．たとえば，塩化 t-ブチル $(CH_3)_3C—Cl$ のヘテロリシスによって生成したカルボカチオン $(CH_3)_3C^+$ は，求核剤となる水酸化物イオン OH^- と反応して炭素—酸素結合を形成し，t-ブチルアルコール $(CH_3)_3C—OH$ を生成物として与える．

結合の開裂と同様に，結合の形成も巻矢印を用いて表現することができる．求核反応では，求核剤の電子対が反応物に供給されるので，求核剤から反応物に向かう1本の両羽矢印によって電子対の移動を表す．

$$(CH_3)_3C^+ \quad {}^-OH \longrightarrow (CH_3)_3C—OH$$
求核剤

(b) 求電子反応

イオン反応のうち，カチオンが反応試剤となる反応を**求電子反応**といい，それらの反応試剤を**求電子剤**という．求電子反応では，求電子剤が，反応物の電子豊富な部位，すなわち負電荷あるいは負の部分電荷をもつ部位を攻撃し，2個の電子を受容することによって反応物と反応試剤とのあいだに共有結合が形成される．たとえば，マロン酸ジエチル $CH_2(CO_2C_2H_5)_2$ から誘

導されるカルボアニオン $(C_2H_5OCO)_2CH^-$ は，求電子剤であるプロトン H^+ と反応して炭素—水素結合を形成し，マロン酸ジエチルにもどる．求電子反応では，求電子剤によって反応物の電子対が受容されるので，反応に伴う電子対の移動は，反応物から求電子剤に向かう 1 本の両羽矢印によって表現される．

$$(C_2H_5OCO)_2CH^- \quad H^+ \longrightarrow (C_2H_5OCO)_2CH\text{-}H$$
求電子剤

(c) ラジカル反応

結合のホモリシスによって生成したラジカルが反応に関与する．たとえば，高濃度で生成したメチルラジカル $CH_3\cdot$ は 2 分子間で共有結合を形成し，エタン CH_3-CH_3 を与える．ラジカル反応では，片羽矢印を用いて不対電子の動きを表す．2 個のラジカルによる共有結合の形成は，それぞれのラジカルの不対電子を表す点を出発とする互いに向かい合う 2 個の片羽矢印によって表現される．

$$CH_3\cdot \quad \cdot CH_3 \longrightarrow CH_3-CH_3$$
ラジカル　ラジカル

(d) ペリ環状反応

この反応では，結合のヘテロリシスによるカチオンやアニオンの生成も，ホモリシスによるラジカルの発生もない．反応は，これら反応中間体を経由せずに，一段階で進行する．一般に，このような反応は**協奏的反応**とよばれる．ペリ環状反応は，π 結合をもつ炭化水素の異性化反応やそれらの炭化水素間の反応にみられ，反応基質の π 電子系の組換えによって生成物が与えられる．たとえば，ブタジエン $CH_2=CH-CH=CH_2$ とエチレン $CH_2=CH_2$ が反応すると，反応基質の π 結合の開裂に伴って，新たに 2 個の σ 結合と 1 個の π 結合が生成し，シクロヘキセン C_6H_{10} が得られる．この反応では，反応基質の炭素原子が環状に配列して，結合の開裂と生成が同時に進行し，生成物が得られる．ペリ環状反応も，開裂する結合から出発して生成する結合の位置を指し示す両羽の巻矢印で電子の動きを表すことが多い．ただし，この矢印は，イオン反応のように明確な電子の移動方向を表すもので

はないことに注意する必要がある．

$$\text{CH}_2=\text{CH--CH}=\text{CH}_2 + \text{CH}_2=\text{CH}_2 \longrightarrow \text{cyclohexene}$$

3.2.3　求核剤と求電子剤

　イオン反応の反応試剤となる求核剤，および求電子剤にはさまざまなものがあり，その強さもそれぞれ異なっている．

(a) 求核剤

　求核剤は，反応物に対して2個の電子を供給することによって反応物とのあいだに共有結合を形成する．したがって，求核剤は，アニオンまたは非共有電子対をもつ電気的に中性の分子のような，供給できる電子をもつ化学種，すなわち**電子豊富な化学種**である．有機化学反応でしばしば現れる求核剤として，次のようなものがある．

　　アニオンの求核剤：ハロゲン化物イオン（F^-, Cl^-, Br^-, I^-），水酸化物イオン（HO^-），アルコキシドイオン（RO^-, メトキシドイオン CH_3O^- など），アミドイオン（H_2N^-），シアン化物イオン（NC^-），水素化物イオン（H^-），カルボアニオン（R^-, メチルアニオン H_3C^- など）

　　電気的に中性な求核剤：水（H_2O），アルコール（ROH, メタノール CH_3OH など），アンモニア（NH_3），アミン（RNH_2, R_2NH, R_3N, メチルアミン CH_3NH_2 など）

　求核剤の強さを表すために，**求核性**ということばをつかう．さまざまな求核剤の相対的な求核性は，ある決まった反応基質に対するそれぞれの求核剤の相対的な反応の速さによって評価される．

　求核性が高い求核剤ほど，2個の電子を供与する能力が高い．一般に，負電荷をもつ求核剤は，対応する電気的に中性な求核剤より著しく求核性が高い．たとえば，HO^- は H_2O よりも著しく強い求核剤である．また，供与する電子を保持している求核剤の原子の電気陰性度が高いほど，その求核剤の求核性は低下する．これは，電気陰性な原子ほど電子が原子核によって強く

束縛されるため，電子が供与されにくくなるためである．この結果，第二周期の原子のアニオンを比較すると，求核性は，

$$H_3C^- > H_2N^- > HO^- > F^-$$

の順に低下する．また，同じ族の原子を比較すると，原子の大きさが増大するほど原子核による電子の束縛がゆるくなるため，電子は供与されやすくなり，求核性は増大する．この結果，たとえば，17族元素のアニオンの求核性は，

$$I^- > Br^- > Cl^- > F^-$$

の順に低下する．

(b) 求電子剤

　求電子剤は，反応物から2個の電子を受容することによって反応物とのあいだに共有結合を形成する．したがって，求電子剤は，カチオンのような電子を受容できる化学種，すなわち**電子不足の化学種**である．求電子剤の強さは，**求電子性**ということばで表される．

　有機化学反応で最も重要な求電子剤は，プロトン H^+ である．プロトンは，反応物の電子豊富な部位，たとえば二重結合性化合物の π 電子，あるいはアルコールやカルボニル化合物などの酸素原子の非共有電子対を攻撃し，その電子を受容することによって共有結合を形成する．この過程を，**プロトン化**という．後の章でいくつかの例によって示されるように，プロトン化は，反応物の求核反応に対する反応性を増大させるために，しばしば利用される．反応物の電子供与性が強い場合には，電気的に中性な HBr や，さらに H_2O の正に分極した水素原子もプロトンと同様の求電子剤として作用する．

　有機化学反応で現れるプロトン以外の求電子剤として，硫酸 H_2SO_4 と硝酸 HNO_3 を混合することによって発生するニトロニウムイオン $^+NO_2$ や，亜硝酸ナトリウム $NaNO_2$ などの亜硝酸塩と塩酸 HCl などの強酸との反応で発生するニトロソニウムイオン ^+NO がある．また，ハロゲンの単体 Cl_2 あるいは Br_2 は電気的に中性な分子であるが，原子核による束縛が比較的ゆるい電子をもつため分極しやすく，分極によって求電子剤となる．たとえば，塩素 Cl_2 は電子豊富な反応物と出会うと，反応物の電子との反発により $Cl^{\delta+}-Cl^{\delta-}$ のように分極する．このようにして生じた部分的に正電荷をもったハロゲン原子 $Cl^{\delta+}$ が，求電子剤として反応物に作用する．正電荷をもつ

ハロゲン原子は，ハロゲン単体と鉄 Fe や鉄(III)塩などの電子受容性試剤との反応によっても生成する．さらに，t-ブチルカルボカチオン $(CH_3)_3C^+$ などのカルボカチオン R^+ も，求電子剤として反応に関与する．

3.2.4 反応形式による有機化学反応の分類

3.2.2 項では，反応物の結合がどのような機構で開裂するかに注目することにより，有機化学反応は4種類に分類できることを述べた．一方，反応物の構造がどのように変化するかに注目することにより，有機化学反応は次の4つの形式に分類することができる．

・**置換反応** 反応物中の1つの原子あるいは置換基が，別の原子あるいは置換基によって置き換えられる反応を，**置換反応**という．たとえば，メタン CH_4 と塩素 Cl_2 を反応させると置換反応が進行し，メタンの水素原子が塩素原子に置き換わった塩化メチル CH_3Cl が生成する．

$$CH_4 + Cl_2 \rightarrow CH_3Cl + HCl \quad (置換反応)$$

・**付加反応** 反応物に反応試剤が付け加わることによって，1つの生成物を与える反応を，**付加反応**という．たとえば，エチレン $CH_2=CH_2$ と臭素 Br_2 を反応させると付加反応が進行し，2個の臭素原子がエチレンの二重結合に付け加わった 1,2-ジブロモエタン CH_2Br-CH_2Br が生成する．

$$CH_2=CH_2 + Br_2 \rightarrow CH_2Br-CH_2Br \quad (付加反応)$$

・**脱離反応** 1つの反応物から比較的小さな分子がはずれて，2個の生成物を与える反応を，**脱離反応**という．たとえば，エタノール CH_3CH_2OH は酸の存在下で脱離反応を起こし，エチレン $CH_2=CH_2$ と水 H_2O を与える．

$$CH_3CH_2OH \rightarrow CH_2=CH_2 + H_2O \quad (脱離反応)$$

付加反応と脱離反応は，互いに逆反応の関係にある．

・**転位反応** 1つの反応物が，異なった原子の配列をもつ1つの生成物を与える反応を，**転位反応**という．たとえば，アセトンオキシム $(CH_3)_2C=NOH$ は酸の作用により転位反応を起こし，N-メチルアセトアミド CH_3-$CONHCH_3$ を与える．

$$\underset{CH_3}{\underset{|}{CH_3}}\!\!-\!\!\underset{}{C}\!\!=\!\!N\!\!-\!\!OH \xrightarrow{H^+} CH_3-\underset{\underset{O}{\|}}{C}-NH-CH_3 \quad (転位反応)$$

転位反応は，上に述べた3つの反応形式に付随して起こることがある．たとえば，2,2-ジメチル-1-プロパノール $(CH_3)_3CCH_2OH$ と塩化水素 HCl を反応させると，炭素骨格の転位反応を伴って置換反応が進行し，2-クロロ-2-メチルプロパン $(CH_3)_2CClCH_2CH_3$ が生成する．

$$CH_3-\underset{\underset{CH_3}{|}}{\overset{\overset{CH_3}{|}}{C}}-CH_2-OH + HCl \longrightarrow H_3C-\underset{\underset{Cl}{|}}{\overset{\overset{CH_3}{|}}{C}}-CH_2CH_3 + H_2O$$

（転位反応を伴う置換反応）

　以上のような形式による分類は，先に述べた結合の開裂様式による分類と組み合わせて用いられる場合が多い．たとえば，置換反応の例に挙げたメタン CH_4 と塩素 Cl_2 の反応は，反応中間体としてラジカルが関与するので，**ラジカル置換反応**とよばれる．また，付加反応の例に挙げたエチレン $CH_2=CH_2$ と臭素 Br_2 との反応は，臭素が求電子剤としてエチレンと反応するので，**求電子付加反応**である．これらの反応がどのような過程を経て進行するか，すなわちこれらの反応の**反応機構**については，それぞれの化合物の章で詳しく説明する．

　有機化学反応は，その数としてはきわめて多いが，それらを反応形式と結合の開裂様式によって分類すると，その種類は，たかだか数個しかないことに注目すべきである．このような有機化学反応の分類は，有機化学反応を体系的に理解するために必要な作業である．

3.3　有機化学反応とエネルギー

　本章ではこれまで，有機分子における電子の挙動に注目して，どのように反応物の結合が開裂し，どのように結合が形成されて生成物に至るかについて述べてきた．有機化学反応に関する理解を深めるためには，このような1つの分子の振る舞いに注目した，いわば微視的な視点に加えて，分子の集団的な振る舞い，すなわち巨視的な視点から反応を眺める必要がある．また，一般に行なわれる化学実験は，分子の集団的な振る舞いを観察することが多いので，このような巨視的な視点は，実験によって得られた結果を解釈する

際にも必要となる．このような視点に対して理論的な背景を与える学問が，熱力学と速度論である．本節では，これらの理論体系のうち，有機化学反応の機構を理解するために必要となる事項について述べる．

3.3.1 反応に伴うエネルギー変化

物質はそれぞれ，物質を構成する分子の運動や，分子内あるいは分子間の相互作用にもとづくエネルギー，さらに分子を構成する原子間の結合に由来するエネルギーをもつ．これらを総称して，**内部エネルギー**といい，U で表す．

さて，反応が起こると，反応物の結合が開裂し，新たな結合が形成されて生成物が得られる．反応物と生成物の結合の種類や数が異なると，反応物と生成物の結合エネルギーの総和に差が生じる．しかし，「いかなる変化であっても，その前後でエネルギーの総和は一定に保たれる」というエネルギー保存則（**熱力学の第一法則**）によって，その差に相当するエネルギーは，反応に伴う熱，すなわち**反応熱**として放出，あるいは吸収される．反応が一定の圧力下で行なわれるとき，反応に伴って周囲と交換される熱量を反応の**エンタルピー変化**といい，ΔH で表す．ΔH は，反応に伴う内部エネルギーの変化 ΔU と外界にした仕事 $p\Delta V$ の和となる．ここに，p は反応の行なわれた圧力，ΔV は反応に伴う体積変化を表す（式 (3.7)）．

$$\Delta H = \Delta U + p\Delta V \tag{3.7}$$

反応のエンタルピー変化 ΔH は，主に，結合の開裂と形成に伴う内部エネルギーの変化に支配される．生成物のもつ結合エネルギーの総和が，反応物のもつ結合エネルギーの総和より大きいとき，すなわち生成物が反応物より熱的に安定になるときは，$\Delta H < 0$ となり，その差は熱として周囲に放出される．このような反応を，**発熱反応**という．一方，生成物のもつ結合エネルギーの総和が，反応物のもつ結合エネルギーの総和より小さいとき，すなわち生成物が反応物より熱的に不安定になるときは，$\Delta H > 0$ となり，その差は熱として周囲から吸収される．このような反応を，**吸熱反応**という．

反応のエンタルピー変化 ΔH は，その反応を進行させる駆動力の1つとなる．$\Delta H < 0$ の反応，すなわち発熱的な反応は自発的に進行しやすい．しかし，ΔH は単に反応前と反応後におけるエネルギーの変化を表すだけで

あり，実際に反応がどのような速さで進むか，あるいは反応がどのような過程を経て進むかについては無関係である．実際に反応が起こるためには，反応物どうしが衝突して高いエネルギー状態になる必要がある．この状態を，反応の**遷移状態**という．反応物と遷移状態とのエネルギー差を**活性化エネルギー**といい，E_aで表す．活性化エネルギーは，反応が起こるために，反応物が獲得すべき最低限のエネルギーである．

このように，反応に伴うエネルギーの変化には，2通りの視点があることに注意しなければならない．1つは，反応物と生成物とのエネルギー差であり，これは反応が，反応物と生成物のどちらの方向に，どの程度進むかを支配する．これに関する理論体系が，**熱力学**である．反応に伴うエネルギー変化のもう1つの視点は，反応物と遷移状態とのエネルギー差であり，これは反応が，どのくらいの速さで進行するかを支配する．これに関する理論体系が，**速度論**である．

3.3.2 反応のエネルギー図と遷移状態

(a) エネルギー図

有機化学反応では，しばしば，同一の反応に対する異なる2つの化合物の反応性，すなわち反応しやすさを比較したり，1つの化合物から得られる複数の生成物の生成量を比較して，その理由を議論する場合がある．このような場合に，反応に伴うエネルギー変化を表した図を用いると便利である．このような図を，反応の**エネルギー図**という．

有機化学反応では，安定な，すなわちエネルギー極小にある反応物から，その反応において最大のエネルギーをもつ状態を経由して結合の開裂と形成が起こり，ふたたびエネルギー極小の生成物に至る．反応における最大のエネルギーをもつ状態が遷移状態であり，エネルギー図では極大の位置で表される．したがって，反応物のエネルギーを示す位置と極大の位置とのエネルギー差が，反応の活性化エネルギーに相当する．一方，反応に伴うエンタルピー変化 ΔH は，反応物と生成物のエネルギー位置の差によって表され，発熱反応（$\Delta H < 0$）では生成物のエネルギーを示す位置が反応物の位置より低くなり，吸熱反応（$\Delta H > 0$）ではその逆となる．反応のエネルギー図の例を図3.7に示す．

3.3 有機化学反応とエネルギー

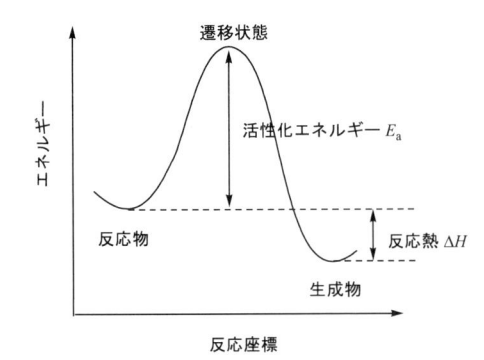

図 3.7 反応のエネルギー図
$\Delta H < 0$, すなわち発熱反応のエネルギー図を示す.

(b) 反応座標

エネルギー図の横軸は**反応座標**とよばれ, 反応の進行の程度を表す. 塩化メチル CH_3Cl と水酸化物イオン OH^- からメタノール CH_3OH と塩化物イオン Cl^- が生成する求核置換反応

$$CH_3Cl + HO^- \longrightarrow CH_3OH + Cl^-$$

を例として, この横軸のもつ意味を考えてみよう. 後述するように, この反応は, HO^- の酸素原子が CH_3Cl の C—Cl 結合に対して塩素原子の反対側から攻撃し, O—C—Cl がほぼ一直線上に並んだ構造を遷移状態として反応が進行することが知られている. この反応のエネルギー図は, 図 3.8 のように描くことができる.

反応の進行, すなわち HO^- の接近に伴って C—Cl 結合は長くなり, ついに解離して生成物に至るが, 図 3.8 に示したエネルギー図の反応座標は C—Cl 原子間距離を意味しているわけではない. これは, 反応の進行に伴って, 反応物の C—H 結合距離や H—C—Cl 結合角といった他の構造因子が C—

図 3.8 求核置換反応 $CH_3Cl + HO^- \rightarrow CH_3OH + Cl^-$ のエネルギー図
遷移状態は, ダブルダガー($\ddagger$)をつけた括弧内に表記されることが多い.

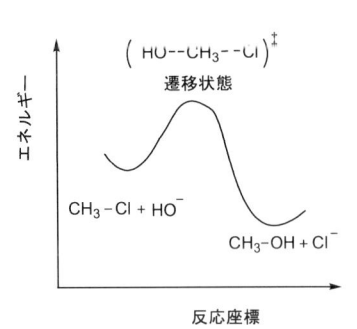

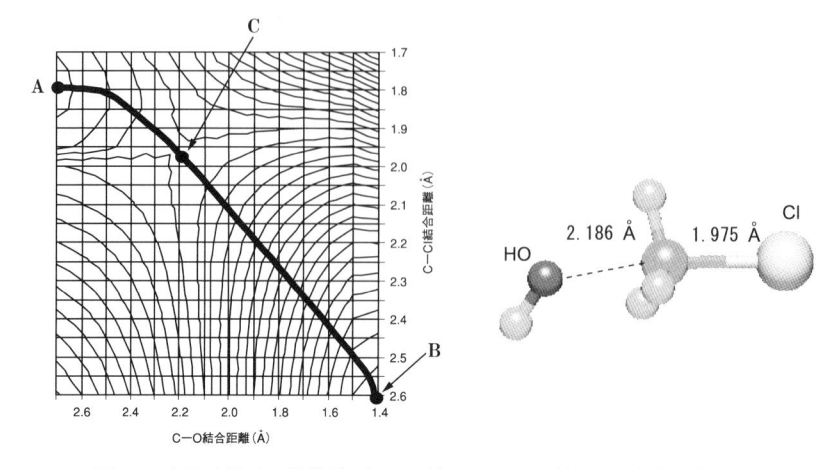

図 3.9 半経験的分子軌道法（PM3法）を用いて計算した求核置換反応 $CH_3Cl + HO^- \rightarrow CH_3OH + Cl^-$ における C—Cl と C—O 距離をパラメーターとするエネルギー変化，および遷移状態の構造

Cl 結合距離とは独立に変化できるため，C—Cl 結合距離だけでは反応に伴うエネルギー変化を記述することができないからである．

　このことを明確に示すために，2つの構造因子を変化させてそれに伴うエネルギー変化を調べてみよう．図 3.9 はこの反応系 $CH_3Cl + HO^-$ について，C—Cl 原子間距離と C—O 原子間距離のそれぞれに対してある値を与えてそれを固定し，半経験的分子軌道法（PM3法）を用いて他の構造因子について最適化を行なった結果を示したものである．与えられた C—Cl 距離と C—O 距離を座標とする2次元の図となっており，得られたエネルギーは，等しいエネルギーをもつ点を結んだ等高線で示されている．図中の A と B はエネルギー極小の位置を示しており，A は反応系 $CH_3Cl + HO^-$ を，一方，B は生成系 $CH_3OH + Cl^-$ を意味している．さて，この図で A から B に至る経路は無数にあり，いずれも B に到達するためには必ず A より高いエネルギーをもつ点を経由しなければならない．そのうちで，B に到達するために必要なエネルギーが最も少なくてすむ経路が，実線の経路である．この経路は，いわば，山間の谷底にある2つの集落 A と B を結ぶ谷に沿った道であり，その道中で最も高い点 C は峠に相当する．この実線の経路がこの反応における反応座標であり，その経路のうちで最もエネルギーの高い点 C

が遷移状態に他ならない．

　図に従ってこの反応を眺め直すと，反応系 A に対して C—O 距離の減少，すなわち HO^- の接近によって C—Cl 距離が変化し，系のエネルギーは増大する．このとき，C—H 距離や Cl—C—H 結合角といった他の構造因子は，その C—O および C—Cl 距離に対して最も安定なエネルギーを与えるように変化する．このように，CH_3Cl は HO^- の接近に伴って，C—Cl 結合距離や Cl—C—H 結合角といった構造因子の値を少しずつ変化させ，変化に必要なエネルギーが最小となるような経路を通って，遷移状態 C に到達する．さらに反応が進行すると，C—Cl 距離が長くなるとともに，他の構造因子も最も安定なエネルギーを与えるように少しずつ変化し，やがて生成系 B に至る．この分子軌道計算によって得られた遷移状態の構造を，図 3.9 に併せて示した．C—Cl および C—O 距離は，それぞれ 1.975 Å，2.186 Å であり，反応物および生成物に対する計算値の 1.765 Å，1.398 Å よりいずれも長くなっている．O—C—Cl 結合角は 162.7°，3 個の H—C—Cl 結合角は 101° から 106° の範囲にあり，ほぼ三方両錘形構造となっている．

　一般のもっと複雑な有機化学反応についても同様に考えてよい．すなわち，反応座標は，反応に伴って反応物の構造が変化する際に必要とするエネルギーが最も少なくてすむ経路であり，その経路の最もエネルギーの高い点が遷移状態である．遷移状態とは，反応座標についてはエネルギー極大に位置するが，他の自由度についてはエネルギー極小となっている状態ということができる．

(c) 反応中間体と遷移状態

　前節において，多くの有機化学反応ではカチオンやアニオン，あるいはラジカルといった過渡的に存在する化学種を経由する場合が多く，これらを反応中間体と称することを述べた．反応中間体と遷移状態を混同してはならない．反応中間体はエネルギー的に不安定であっても，エネルギー極小に位置する化学種である．たとえば，反応中間体は，n（ナノ；10^{-9}）秒あるいは μ（マイクロ；10^{-6}）秒といった有限の寿命をもつので，反応条件を選べば，あるいは測定方法を工夫すれば分光学的に検出することができ，また原理的には単離することも可能である．これに対して，遷移状態はエネルギー極大に位置する状態であり，実験的に検出することも単離することもできない．

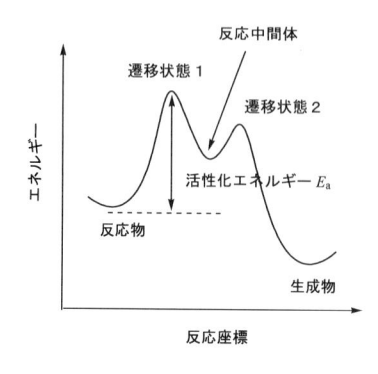

図 3.10 反応中間体を含む反応のエネルギー図
反応物から反応中間体に至る段階が全体の反応の律速段階となる場合を示している．

　反応中間体が介在する反応のエネルギー図は，図 3.10 のようになる．反応に反応中間体が介在する場合には，反応は必然的に，1) 反応物から反応中間体が生成する段階，2) 反応中間体から生成物が生成する段階，の二段階となる．エネルギー図からすぐわかるように，それぞれの段階に遷移状態が存在するが，そのうちの高いエネルギーをもつ遷移状態と反応物とのエネルギー差が，反応全体の活性化エネルギーとなる．すなわち，反応が複数の段階を経て進行する場合，最も高いエネルギーの遷移状態をもつ段階が，全体の反応がどの程度の速さで進むかを支配する．この段階を**律速段階**という．図 3.10 は 1 つの反応中間体を含む場合のエネルギー図を示しているが，複数の反応中間体を経由する多段階の反応も多い．

3.3.3　エントロピーと自由エネルギー

　3.3.1 項で反応のエンタルピー変化 ΔH，すなわち反応に伴う熱エネルギーの放出が，反応を推し進める力になることを述べた．しかし，身のまわりを眺めてみると，熱の放出を伴わないにもかかわらず，自発的には必ずある決まった方向へしか進まない現象がいくつもあることに気づく．たとえば，氷は周囲から熱を奪いながら融解して水になるが，水が周囲に熱を放出して氷になることは決してない．砂糖を水に投じると周囲から熱を奪いながら溶解して砂糖水となるが，砂糖水から自然に砂糖の結晶が生じることは決してない．これらのことは，熱エネルギーの放出だけが，自然現象の進む方向を決める要因ではないことを意味している．

　氷の融解や砂糖の溶解のような自発的に進行する過程は，無秩序さ・乱雑

さの増大を伴っている．自然現象の進む方向を決めるこの要因は，1850年代にクラウジウス（R. J. E. Clausius, 1822-1888）によって定式化され，**エントロピー**と名づけられた．エントロピーは無秩序さ・乱雑さの尺度であり，エントロピーが増大する方向，すなわちエントロピー変化 ΔS が正（$\Delta S > 0$）となる方向が，自発的に進行する過程である．これを，**熱力学の第二法則**という．化学反応においても同様であり，エントロピーの増大は，反応を推し進める力の1つとなる．

多くの化学反応は，周囲と熱の出入りが可能なことによって温度が一定に保たれ，また大気圧にさらされた一定の圧力下で行なわれることが多い．ギブズ（J. W. Gibbs, 1839-1903）は，このような温度と圧力が一定の条件下においてある現象の進む方向を決定する指標として，式（3.8）のように定義される変数 G を導入した．

$$G = H - TS \tag{3.8}$$

G を，**ギブズ自由エネルギー**という．G には，すでに述べた自発的に進行する方向を決める2つの要因であるエンタルピー H とエントロピー S が考慮されている．T は系の絶対温度を表す．

さて，一定の温度，圧力の条件で進行する反応に伴うギブズ自由エネルギー変化 ΔG は，その反応に伴うエンタルピー変化 ΔH およびエントロピー変化 ΔS を用いて，式（3.9）で表される．

$$\Delta G = \Delta H - T\Delta S \tag{3.9}$$

そして，ΔG が負になること（$\Delta G < 0$）が，温度，圧力が一定の条件下で，その反応が自発的に進行するかどうかの判定基準となる．すでに述べたように，反応に伴って熱エネルギーが放出される反応（$\Delta H < 0$），およびエントロピーが増大する反応（$\Delta S > 0$）は自発的に進行しやすい．$\Delta G < 0$ は，これらを総合的に評価した判定基準になっていることがわかる．

3.3.4 熱力学と平衡定数

(a) 平衡状態

熱力学は，すでに述べた熱力学の第一法則と第二法則のみを基本法則として，巨視的な観点から物質の物理的，化学的変化を記述する学問体系である．熱力学によって，その変化に伴うエネルギー関係や変化の方向を知ることが

できる.ある物質の物理的な状態や,化学反応において反応物と生成物の量が時間とともに変化しないとき,それらの状態は**平衡状態**にあるという.熱力学は,平衡状態を取り扱う学問体系ということもできる.

　反応物AがB生成物に変化する化学反応A→Bを考えよう.もし,生成物Bが反応物Aに戻る反応B→Aも進行する場合には,ある時点でAとBの量は変化することなく一定となる,すなわち反応は平衡状態となる.反応が平衡状態にあることは,両方向の矢印を用いた化学反応式で表す.

$$A \rightleftarrows B$$

　平衡状態における A, B それぞれの濃度を $[A]_{eq}$, $[B]_{eq}$ とすると,それらの比率 K は,温度と圧力が一定の条件下では,常に一定の値となる.

$$K = [B]_{eq}/[A]_{eq} \tag{3.10}$$

　K は**平衡定数**とよばれ,両方向に進行する反応が,平衡状態においてどちらにどれだけかたよっているかを表す.$K>1$ は,平衡状態において,生成物Bの濃度が反応物Aの濃度よりも大きいことを意味している.AからBへの変換を効率よく進行させるためには,大きな K の値が必要である.

(b) 平衡定数とギブズ自由エネルギー

　平衡状態においては,反応はどちらの方向にも進行しないから,前項で定義したギブズ自由エネルギーの変化はない,すなわち $\Delta G=0$ である.このとき,平衡定数 K とギブズ自由エネルギー変化のあいだには,式 (3.11) のような重要な関係がある.

$$\Delta G° = -RT \ln K \tag{3.11}$$

ここで $\Delta G°$ は標準状態,すなわち 25℃,1 atm (1.013×10^5 Pa) におけるギブズ自由エネルギー変化であり,**標準ギブズ自由エネルギー変化**とよばれる.R は気体定数 ($R = 8.3144$ J K^{-1} mol^{-1}) である.

　標準ギブズ自由エネルギー変化 $\Delta G°$ は,反応物と生成物の**標準生成ギブズ自由エネルギー変化** $\Delta G_f°$ の差から求めることができる.

$$\Delta G° = \Delta G_f°(生成物) - \Delta G_f°(反応物) \tag{3.12}$$

ある化合物の $\Delta G_f°$ は,標準状態において,元素からその化合物を生成する反応のギブズ自由エネルギー変化である.多くの化合物について $\Delta G_f°$ が求められており,その例を表 3.2 に示した.

　このようにしてある反応の標準ギブズ自由エネルギー変化 $\Delta G°$ がわかる

表 3.2 有機化合物の標準生成ギブズ自由エネルギー $\Delta G_f°$ （25℃）

物 質*	$\Delta G_f°$ kJ mol^{-1}	物 質*	$\Delta G_f°$ kJ mol^{-1}
メタン CH$_4$(g)	-50.3	メタノール CH$_3$OH(l)	-166.8
エタン CH$_3$CH$_3$(g)	-31.9	エタノール C$_2$H$_5$OH(l)	-173.9
エチレン CH$_2$=CH$_2$(g)	68.4	アセトン (CH$_3$)$_2$CO(l)	-156.4
アセチレン CH≡CH(g)	210.7	酢酸 CH$_3$COOH(l)	-640.9
ベンゼン C$_6$H$_6$(l)	124.5	フェノール C$_6$H$_5$OH(s)	-50.3

* g, l, s は，その物質の状態が，それぞれ気体，液体，固体であることを表す．

と，式 (3.11) によって，その反応が平衡状態に到達したときに，どちらにどの程度反応が進行するかを知ることができる．平衡状態で生成物が有利（$K>1$）となるためには，$\Delta G°$ は負でなければならない．たとえば，アセチレン HC≡CH の三量化によってベンゼン C$_6$H$_6$ が生成する反応の標準ギブズ自由エネルギー変化 $\Delta G°$ は，表 3.2 を用いて，

$$\Delta G° = \Delta G_f°(\text{ベンゼン}) - 3 \times \Delta G_f°(\text{アセチレン}) = -507.6 \text{ kJ mol}^{-1}$$

と求められ，負となることがわかる．したがって，平衡状態はベンゼンにかたよっており，この反応はベンゼンの合成反応に利用できることがわかる．一方，$\Delta G°>0$ の反応では $K<1$ となるので，その反応が平衡状態に到達しても，決して生成物の濃度が反応物の濃度を超えることはない．

3.3.5 速度論と反応速度

(a) 反応速度

前項で述べたように，熱力学によって物質の物理的，化学的変化がどの程度進行するかを知ることができるが，その変化がどの程度の時間で起こるのかについては，熱力学は教えてくれない．変化の速さを取り扱う学問体系が，速度論である．

化学反応の速さは，単位時間に消費される反応物の物質量，あるいは生成する生成物の物質量によって定義され，**反応速度**とよばれる．一般に，反応速度は，時間に対する反応物あるいは生成物の濃度の変化量で表される．たとえば，反応 A → B の反応速度 v は，反応物の濃度 [A] を用いて $v=-d[\text{A}]/dt$，あるいは生成物の濃度 [B] を用いて $v=d[\text{B}]/dt$ と表記される．$d[\text{A}]/dt$ に負号がつくのは，A は消費されるのでその変化量 $d[\text{A}]$ は負と

なるためである．

さて，反応物の初期濃度を変えて反応速度 v を測定することによって，v が反応物の濃度にどのように依存するかを調べることができる．たとえば，反応 $A+B \rightarrow C$ において，反応速度 v が A および B の濃度に比例することがわかれば，式 (3.13) が成り立つ．

$$v = k[A][B] \tag{3.13}$$

このような反応物の濃度と反応速度 v の関係を表した式を**反応速度式**とよび，比例定数 k を**反応速度定数**という．v が反応物 A の濃度の x 乗に比例するとき，「反応は A の濃度に対して x 次である」という．v が式 (3.13) で表されるときは，反応は A, B それぞれについて一次反応であり，全体として二次の反応である．

反応速度式は実験によって決定されるものであり，化学反応式から推定することはできない．たとえば臭化 t-ブチル $(CH_3)_3CBr$ の水酸化物イオン OH^- による求核置換反応，

$$(CH_3)_3CBr + OH^- \rightarrow (CH_3)_3COH + Br^-$$

の反応速度 v は OH^- の濃度 $[OH^-]$ に依存しないことが知られている．すなわち，反応速度式は，

$$v = k[(CH_3)_3CBr] \tag{3.14}$$

と表記され，2 つの反応物が関与する反応にもかかわらず，全体として一次の反応となる．反応速度式は，その反応がどのような機構で進行するかに関して重要な情報を与える．

(b) アレニウスの式

1889 年，アレニウス (S. A. Arrhenius, 1859–1927) は，反応速度定数 k と絶対温度 T のあいだに，式 (3.15) の関係があることを示した．

$$k = A \exp(-E_a/RT) \tag{3.15}$$

この式を**アレニウスの式**という．A および E_a は反応に固有の定数であり，R は気体定数である．E_a はすでに述べた活性化エネルギーであり，因子 $\exp(-E_a/RT)$ は，反応を引き起こすために必要なエネルギー E_a をもつ反応物分子の割合を表す．一方，A は**頻度因子**とよばれ，単位時間あたりの，反応を引き起こすために有効な反応物分子間の衝突回数を表している．温度 T を変えて反応速度定数 k を測定することにより，式 (3.15) から，その

反応の E_a と A を求めることができる．たとえば，trans-1,2-ジクロロエチレンのシス異性体への異性化反応の活性化エネルギーと頻度因子は，それぞれ 231 kJ mol^{-1}，$10^{12.7}$ と求められている．

(c) アイリングの式

また，1935 年にアイリング（H. Eyring, 1901-1981）は，反応の遷移状態を，反応物と平衡状態にある活性化複合体とみなすことにより，反応速度定数 k は式 (3.16) のように表されることを示した．

$$k = (k_B T/h)\exp(-\Delta G^\ddagger/RT) \qquad (3.16)$$

この式を**アイリングの式**という．ここで，k_B，h はそれぞれ，ボルツマン定数（$k_B = 1.38066 \times 10^{-23}$ J K^{-1}），プランク定数（$h = 6.6262 \times 10^{-34}$ J s）である．$\Delta G^\ddagger$ は遷移状態と反応物のギブズ自由エネルギーの差であり，**活性化自由エネルギー**とよばれる．$\Delta G^\ddagger$ は，熱力学における ΔG と同様に，**活性化エンタルピー** $\Delta H^\ddagger$ と**活性化エントロピー** $\Delta S^\ddagger$ に分離され，

$$\Delta G^\ddagger = \Delta H^\ddagger - T\Delta S^\ddagger \qquad (3.17)$$

の関係がある．温度 T を変えて反応速度定数 k を測定することにより，式 (3.16) および (3.17) から，$\Delta H^\ddagger$ と $\Delta S^\ddagger$ が得られる．たとえば，塩化 t-ブチル (CH$_3$)$_3$CCl の 50％アセトン水溶液中の水 H$_2$O による求核置換反応

$$(CH_3)_3CCl + H_2O \rightarrow (CH_3)_3COH + HCl$$

の $\Delta H^\ddagger$ と $\Delta S^\ddagger$ は，それぞれ 86.94 kJ mol^{-1}，-23 J K^{-1} mol^{-1} と報告されている．

このようにアイリングの式を用いて反応を解析することにより，反応物が遷移状態に移り変わる際の，熱エネルギー変化 $\Delta H^\ddagger$ とエントロピー変化 $\Delta S^\ddagger$ を求めることができる．すでに述べたように，反応の遷移状態を実験的に観測することはできないが，$\Delta H^\ddagger$ および $\Delta S^\ddagger$ は，遷移状態の構造を推測するための重要な手がかりを与える．

3.3.6 熱力学支配と速度論支配

すでに繰り返し述べたように，反応の進行については 2 つの視点がある．1 つは反応系と生成系のエネルギー差，より正確には反応に伴うギブズ自由エネルギー変化であり，これは反応が進行する可能性を支配する．もう 1 つは反応の活性化自由エネルギーであり，これは反応がどのくらいの速さで進

行するかを支配する．さて，SとRが反応して，2種類の生成物P1および P2が生成する反応を考えよう．このような反応では，反応温度によってP1 と P2 の生成比が異なる場合がある．これはどのような理由によるのであろ うか．

一般に，反応物Sと試薬Rが反応し生成物Pを与える反応（S+R→ P；**正反応**という）において，生成物Pと反応系S+Rのエネルギー差を ΔG，この反応の活性化エネルギーを $\Delta G^{\ddagger \mathrm{f}}$ とする．このとき，PがS+R に戻る反応（P→S+R；**逆反応**という）の活性化エネルギー $\Delta G^{\ddagger \mathrm{b}}$ は，式 (3.18)で与えられる．

$$\Delta G^{\ddagger \mathrm{b}} = \Delta G^{\ddagger \mathrm{f}} + \Delta G \tag{3.18}$$

すなわち，逆反応の活性化エネルギーは，正反応の活性化エネルギーより も生成系と反応系のエネルギー差だけ大きい．

さて，2種類の生成物P1とP2を与える反応において，正反応のみなら ず逆反応の活性化エネルギーも十分に供給されるような高い温度で反応を行 なうと，両方向の反応が進行し，反応は平衡状態に到達する．このような場 合，反応は**可逆的**であるという．

$$\mathrm{S + R} \rightleftarrows \mathrm{P1 \ または \ P2}$$

2種類の生成物のうちエネルギー的に安定な方，すなわち正反応のギブズ 自由エネルギー変化 ΔG がより大きな負となる方がP1のとき，平衡定数 $K1 = [\mathrm{P1}]/[\mathrm{S}][\mathrm{R}]$ と $K2 = [\mathrm{P2}]/[\mathrm{S}][\mathrm{R}]$ を比較すると，式（3.11）より $K1 > K2$ となる．すなわち，このような反応条件では，エネルギー的に安 定な生成物P1が優先して生成することになる．このとき，反応は**熱力学支 配**であるといい，P1を**熱力学支配生成物**という．

これに対して，反応温度が低く，逆反応に十分なエネルギーが供給されな いとき，正反応のみが進行して平衡状態には達しない．このような場合，反 応は**不可逆的**であるという．

$$\mathrm{S + R} \longrightarrow \mathrm{P1 \ または \ P2}$$

2種類の生成物のうち，P2の方が生成する反応の活性化エネルギー $\Delta G^{\ddagger}$ が小さいとき，P1およびP2を与える反応速度定数 $k1$ および $k2$ を比較す

3.3 有機化学反応とエネルギー

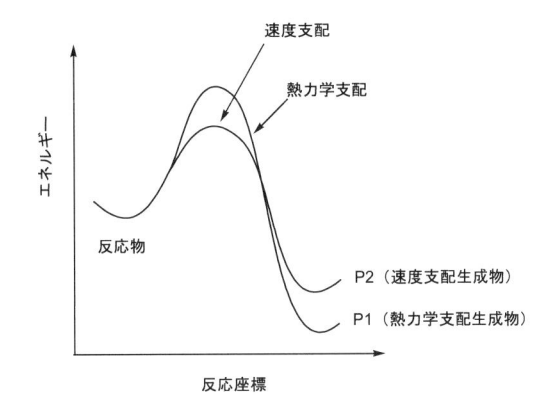

図 3.11 熱力学支配と速度支配を示すエネルギー図

ると，式 (3.16) より $k1<k2$ となる．すなわち，このような反応条件では，より速く生成する生成物 P2 が優先して生成することになる．このとき，反応は**速度支配**であるといい，P2 を**速度支配生成物**という．

このように，複数の生成物を与える可能性のある反応では，反応が熱力学支配であるか，速度支配であるかによって，生成物が異なる場合が多い．P1 が熱力学支配生成物，P2 が速度支配生成物であるときの反応のエネルギー図を，図 3.11 に示す．このような反応の例として，1,3-ブタジエン $CH_2=CH-CH=CH_2$ に対する臭化水素 HBr の付加反応や（9.3.6 項(b)），ナフタレン $C_{10}H_8$ のスルホン化がある（10.3.1 項(c)）．

第4章

酸と塩基

1887年にアレニウスは,「水素を有し,水に溶解すると水素イオン H^+ とアニオンに解離する物質」を**酸**と定義し,「ヒドロキシ基を有し,水に溶解すると水酸化物イオン OH^- とカチオンに解離する物質」を**塩基**と定義した.1923年には,ブレンステッド(J. N. Brønsted, 1879-1947)とローリー(T. M. Lowry, 1874-1936)によって,酸・塩基の定義は,プロトンの授受に着目したものに拡張された.酸・塩基は,有機化学だけでなく,化学全体において重要な概念である.酸・塩基の強さは,分子構造の変化を鋭敏に反映するので,それを体系的に理解するための良い指標となる.また,酸や塩基は,化学反応を円滑に進行させるための反応試剤や触媒として用いられることも多い.

前章では,有機化学反応を体系的に理解するために,有機分子における置換基の電子的効果を分類して述べた.その考え方は,有機分子における酸・塩基の強さと分子構造の関係を理解するために,そのまま適用することができる.実は,歴史的には,酸・塩基の強さと有機分子の構造との関係の研究が端緒となって,前述したような置換基の電子的効果が体系的に理解されたのである.

4.1 酸

4.1.1 酸とその強さ

酸を一般的にHAと表すと,HAは水中において,次式のように解離している.

$$HA + H_2O \rightleftarrows H_3O^+ + A^-$$

ブレンステッド-ローリーの定義によると，HA はプロトン H^+ を供与しているので酸であり，水 H_2O は H^+ を受容しているので塩基である．逆反応を見ると，H_3O^+ が酸となり，A^- が塩基となっている．このように，酸 HA が H^+ を放出して生じるアニオン A^- は塩基として作用するので，A^- をもとの酸 HA の**共役塩基**という．

酸 HA の強さは，上式の解離平衡定数で評価される．水 H_2O は大過剰に存在するので，水の濃度 $[H_2O]$ は一定とすると，解離平衡定数は式 (4.1) で表される．

$$K_a = [H_3O^+][A^-]/[HA] \tag{4.1}$$

平衡定数 K_a を，**酸解離定数**という．また，酸の強さの比較のためには，式 (4.2) のように定義される pK_a を用いる場合も多い．

$$pK_a = -\log_{10} K_a \tag{4.2}$$

酸解離平衡が解離の方向にかたよるほど酸として強いから，K_a が大きいほど，また pK_a が小さいほど強い酸となる．

4.1.2 酸の強さを支配する因子

酸の強さは何によって支配されるのであろうか．式 (4.1) を見ると，K_a の大きさは，酸 HA とその共役塩基 A^- の相対的な安定性によって決まることがわかる．特に，共役塩基 A^- は負電荷をもつので，A^- の電荷を安定化させることができれば，酸解離平衡は解離の方向にかたより，HA は強い酸となる．このように，酸 HA の強さは，その共役塩基 A^- の安定性に支配されるといってよい．

アニオン A^- は，負電荷を担う原子が電気陰性な原子の方がより安定となる．したがって，たとえば第二周期の原子のアニオンを比較すると，安定性は，

$$F^- > HO^- > H_2N^- > H_3C^-$$

の順に低下するので，酸としての強さは，

$$HF > H_2O > NH_3 > CH_4$$

の順に低下することになる．実際，フッ化水素 HF の pK_a は水中，25℃で 3.17 とこれらの中では最も強い酸であり，水 H_2O，アンモニア NH_3，およびメタン CH_4 の pK_a は，それぞれ，16，33，および 48 程度と評価されて

いる．
　したがって，有機化合物においても，原子団 OH をもつ化合物は強い酸性を示すことが期待される．このような化合物として，**ヒドロキシ基** OH を官能基としてもつ**アルコール** ROH と，**カルボキシル基** COOH を官能基としてもつ**カルボン酸** RCOOH がある（R は炭化水素基，および置換基をもつ炭化水素基を一般的に示す）．なお，ROH において，R がアリール基，すなわちベンゼン環や置換基をもつベンゼン環の場合には**フェノール**とよび，アルコールとは区別する．実際，アルコール ROH，およびカルボン酸 RCOOH は，それぞれ，水中で次のような解離平衡にあり，これらの官能基をもたない有機化合物と比較して強い酸性を示す．

$$\text{ROH} + \text{H}_2\text{O} \rightleftarrows \text{H}_3\text{O}^+ + \text{RO}^-$$

$$\text{RCOOH} + \text{H}_2\text{O} \rightleftarrows \text{H}_3\text{O}^+ + \text{RCOO}^-$$

しかし，アルコールとカルボン酸では，酸性の強さに著しい差がある．酢酸 CH_3COOH やプロピオン酸 $\text{CH}_3\text{CH}_2\text{COOH}$ などのアルキル基の置換したカルボン酸の pK_a が 4.6〜4.7（水中，25℃）であるのに対して，メタノール CH_3OH やエタノール $\text{CH}_3\text{CH}_2\text{OH}$ の pK_a は 16 程度であり，カルボン酸の方がアルコールに比べて圧倒的に強い酸である．アルコールとカルボン酸の解離によって生じる共役塩基 A^- は，どちらも酸素原子上に負電荷をもつにもかかわらず，HA の酸性に著しい差が現れるのはなぜであろうか．
　カルボン酸 RCOOH が解離すると，その共役塩基であるカルボン酸アニオン RCOO^- が生じるが，その構造は図 4.1 のように表される．

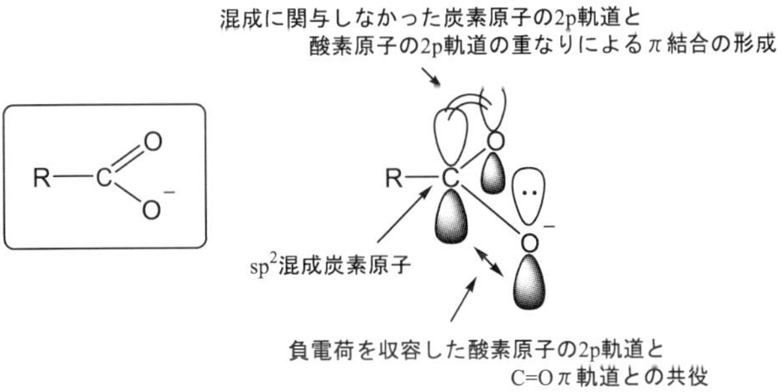

図 4.1　カルボン酸アニオン RCOO^- の構造式と軌道の表記

すなわち，$RCOO^-$ の炭素原子は sp^2 混成炭素であり，1つの酸素原子と二重結合を形成している．負電荷はもう1つの酸素原子の 2p 軌道に収容されるが，図からわかるように，その軌道は，炭素—酸素二重結合を形成する π 軌道と共役している．これによって，負電荷は π 軌道上に非局在化することができるため，安定化を受ける．共鳴の概念を用いると，カルボン酸アニオンは，

$$\left[\begin{array}{c} R-C \begin{array}{c} O \\ \\ O^- \end{array} \\ \text{I} \end{array} \longleftrightarrow \begin{array}{c} R-C \begin{array}{c} O^- \\ \\ O \end{array} \\ \text{II} \end{array} \right]$$

のように表される．このように，カルボン酸アニオン $RCOO^-$ は，等価な2つの極限構造 I および II の共鳴混成体として存在している．アルコール ROH が解離して生じる共役塩基 RO^- を**アルコキシドイオン**というが，アルコキシドイオンでは，このような共鳴による安定化はない．以上のように，カルボン酸とアルコールの著しい酸性の違い，すなわちそれぞれから生成する共役塩基の著しい安定性の差は，カルボン酸アニオンにおける負電荷の非局在化に由来する．

アルコール ROH の炭化水素基 R がベンゼン環となったフェノール C_6H_5OH の pK_a は 9.82（水中，25℃）であり，メタノールなどのアルキル基をもつアルコールと比較して，強い酸となる．これも，フェノールの解離によって生成する**フェノキシドイオン**とよばれる共役塩基 $C_6H_5O^-$ の負電荷の非局在化に由来している．図 4.2 にフェノキシドイオンの軌道と，負電荷の非局在化を表す共鳴構造式を示す．

このように，$C_6H_5O^-$ では，負電荷を担う非共有電子対を収容した酸素原

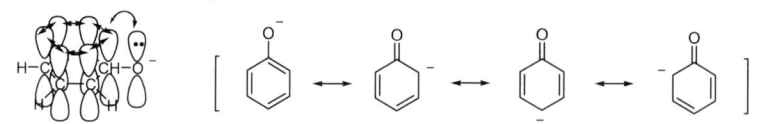

図 4.2 フェノキシドイオン $C_6H_5O^-$ における軌道の重なり，および負電荷の非局在化の共鳴による表現

子の 2p 軌道がベンゼン環の π 電子系と共役できるため，負電荷がベンゼン環に非局在化して安定化を受けている．

4.1.3　酸の強さと置換基効果

前項で述べたように，酸 HA の強さはその共役塩基 A^- の安定性に支配される．さらに，負電荷が同一の原子上にある A^- を比較すると，その負電荷の非局在化の程度が大きいほど A^- は安定となり，HA は強い酸となる．したがって，たとえば，カルボン酸 RCOOH の酸性の強さは，置換基 R の電子的効果を反映したものとなる．このことを，メチル基の水素原子をさまざまな官能基 X で置換した酢酸 XCH_2COOH，および p-位の水素原子をさまざまな官能基で置換した安息香酸 $p\text{-}XC_6H_4COOH$ について見てみよう．

(a) 置換酢酸の pK_a

表 4.1 にさまざまな官能基 X をもつ酢酸 XCH_2COOH の pK_a を示す．XCH_2COOH は水中で下式のように解離するので，XCH_2COOH の酸性の強さは，XCH_2COO^- の安定性を反映したものとなる．

$$XCH_2COOH + H_2O \rightleftarrows H_3O^+ + XCH_2COO^-$$

さて，XCH_2COO^- の負電荷はカルボン酸アニオンの 2 個の酸素原子に非局在化しており，官能基 X が電子求引性をもてば，負電荷は $X-C-C\sigma$ 結合を通じてさらに非局在化することができるため，安定化する．したがって，σ 結合を通じて伝達される X の電子求引性が強いほど，すなわち官能基の誘起効果（I 効果）による電子求引性が強いほど XCH_2COOH の酸性は強くなる．

表 4.1 を見ると，$X=CH_3$ を除いて，すべての官能基 X に対して $XCH_2\text{-}$

表 4.1　置換酢酸 XCH_2COOH の pK_a（水中，25℃）

X	pK_a	X	pK_a
H-	4.76	F-	2.66
$O_2N\text{-}$	1.68	Cl-	2.86
$CH_3(C=O)\text{-}$	3.58	Br-	2.86
$N\equiv C\text{-}$	2.47	I-	3.12
$(CH_3)_3N^+\text{-}$	1.83	$CH_3\text{-}$	4.88
HO-	3.83	$C_6H_5\text{-}$	4.31

COOH は酢酸（X＝H）より強い酸となっている．これは前章で述べたとおり（表3.1 参照），アルキル基以外の官能基 X はすべて，電子求引性の誘起効果を示す置換基であることを反映している．このように，置換酢酸 XCH_2COOH の pK_a は，官能基 X の誘起効果の定量的な指標となることがわかる．たとえば，フルオロ酢酸 FCH_2COOH（pK_a 2.66）はクロロ酢酸 $ClCH_2COOH$（pK_a 2.86）より強い酸であるが，これは電気陰性度が F＞Cl であるため，電子求引性誘起効果も Cl より F の方が大きいことを反映している．

また，前章で誘起効果は σ 結合を通じて伝達されるため，結合を経由するたびに減少することを述べた．このことは，α-クロロ酪酸，β-クロロ酪酸，γ-クロロ酪酸の pK_a がこの順に大きくなることに現れている．すなわち，電子求引性誘起効果をもつ Cl の結合位置が COOH から離れるにつれて，その効果は急速に弱められ，カルボン酸アニオンの安定化に対する効果も小さくなる．

```
CH₃-CH₂-CH-COOH      CH₃-CH-CH₂-COOH      CH₂-CH₂-CH₂-COOH
        |                    |              |
        Cl                   Cl             Cl
   α-クロロ酪酸           β-クロロ酪酸         γ-クロロ酪酸
    pKa 2.86              pKa 4.05           pKa 4.53
```

(b) p-置換安息香酸の pK_a

表4.2にさまざまな官能基 X をもつ安息香酸 $p\text{-}XC_6H_4COOH$ の pK_a を示す．$p\text{-}XC_6H_4COOH$ は水中で次ページの式のように解離するので，$p\text{-}XC_6H_4COOH$ の酸性の強さは，$p\text{-}XC_6H_4COO^-$ の安定性を反映したものとなる．

表 4.2　p-置換安息香酸 $p\text{-}XC_6H_5COOH$ の pK_a（水中，25℃）

X	pK_a	X	pK_a
H-	4.20	Cl-	3.98
O_2N-	3.42	Br-	4.01
$CH_3(C=O)$-	3.68	HO-	4.61
N≡C-	3.53	CH_3O-	4.47
F-	4.04	CH_3-	4.36

$$\text{X}-\!\!\left\langle\!\!\bigcirc\!\!\right\rangle\!\!-\text{COOH} + \text{H}_2\text{O} \rightleftarrows \text{H}_3\text{O}^+ + \text{X}-\!\!\left\langle\!\!\bigcirc\!\!\right\rangle\!\!-\text{COO}^-$$

置換酢酸と同様に，官能基 X の電子求引性が強いほど $p\text{-XC}_6\text{H}_4\text{COOH}$ は強い酸となる．しかし，置換酢酸と異なるのは，置換安息香酸では，置換基 X とベンゼン環が共役しているため，置換基の誘起効果のみならず，メソメリー効果（M 効果）も作用することである．しかも，前章で述べたように，誘起効果とメソメリー効果が相反する場合には，ハロゲン原子を例外として，メソメリー効果が支配的となる．

さて，表 4.2 を見ると，これらの効果が見事に反映されていることがわかる．すなわち，ニトロ基 $\text{O}_2\text{N}-$，アセチル基 $\text{CH}_3(\text{C}=\text{O})-$，シアノ基 $\text{N}\equiv\text{C}-$ の置換した安息香酸は，それらの $-\text{I}$ および M 効果によって置換基のない安息香酸（X＝H）より強い酸となっている．これらのなかでは p-ニトロ安息香酸が最も強い酸であるが，これは，ニトロ基が最も強い電子求引性をもつ置換基であることを示している．また，I 効果と M 効果が相反する置換基については，ヒドロキシ基 HO- とメトキシ基 $\text{CH}_3\text{O}-$ では，電子供与性メソメリー効果（$+\text{M}$ 効果）が電子求引性誘起効果（$-\text{I}$ 効果）をうわまわった結果，置換基のない安息香酸より弱い酸になっている．一方，$-\text{I}$ 効果が優先するハロゲン原子が置換した安息香酸では，酸性が強くなっている．また，$+\text{I}$ および $+\text{M}$ 効果をもつメチル基が置換すると，酢酸と同様，安息香酸の酸性は弱められる．このように，p-置換安息香酸 $p\text{-XC}_6\text{H}_4\text{COOH}$ の $\text{p}K_\text{a}$ は，ベンゼン環と共役した官能基 X の電子的効果の定量的な指標となることがわかる．

4.2 塩基

4.2.1 塩基とその強さ

塩基を一般的に B と表すと，B は水中でプロトンを受容し，次式のような解離平衡となる．

$$\text{B} + \text{H}_2\text{O} \rightleftarrows \text{BH}^+ + \text{OH}^-$$

塩基 B がプロトンを受容して生じるカチオン BH^+ を，もとの塩基 B の**共役酸**という．塩基 B の強さは，酸と同様に，上式の解離平衡定数で評価される．式 (4.3) で定義される平衡定数 K_b を**塩基解離定数**といい，pK_b が塩基の強さの比較のためによく用いられる（式 (4.4)）．

$$K_b = [BH^+][OH^-]/[B] \qquad (4.3)$$
$$pK_b = -\log_{10} K_b \qquad (4.4)$$

B がプロトンを受容する方向に解離平衡がかたよるほど塩基として強いから，K_b が大きいほど，また pK_b が小さいほど強い塩基となる．

塩基 B の強さを，その共役酸 BH^+ の pK_a で表す場合も多い．BH^+ の酸解離平衡は次式で表されるので，

$$BH^+ + H_2O \rightleftarrows H_3O^+ + B$$

BH^+ の pK_a は，式 (4.5) で表される．

$$\begin{aligned} pK_a &= -\log_{10} K_a \\ &= -\log_{10}([H_3O^+][B]/[BH^+]) \end{aligned} \qquad (4.5)$$

式 (4.4) と式 (4.5) から，

$$K_a \cdot K_b = [H_3O^+][OH^-] \qquad (4.6)$$

が得られる．式 (4.6) の右辺は水のイオン積 K_w であり，25℃では 10^{-14} $(mol\ L^{-1})^2$ であるから，塩基 B の pK_b とその共役酸 BH^+ の pK_a には，式 (4.7) の関係が成立する．

$$pK_a + pK_b = 14 \qquad (4.7)$$

共役酸 BH^+ の pK_a が大きいほど，すなわち BH^+ の酸性が弱いほど，B は強い塩基となる．

4.2.2　塩基の強さと置換基効果

塩基 B の強さはその共役酸 BH^+ の強さで評価できるので，塩基の強さを支配する因子も，前述した酸の場合とまったく同じである．酸 HA の共役塩基 A^- は塩基として作用するが，HA が弱い酸であるほど A^- の塩基性は強くなる．このようにアニオンは一般に塩基となるが，非共有電子対もプロトン受容性をもつので，非共有電子対をもつ電気的に中性な分子も塩基として作用する．特に，窒素原子の非共有電子対は高いプロトン受容性をもち，

4.2 塩基

アミノ基 $-NH_2$ などの窒素を含む官能基をもつ有機化合物は，電気的に中性でも比較的強い塩基となる．アミノ基をもつ有機化合物を一般に**アミン**という．アミン RNH_2 について，炭化水素基 R と塩基性の強さの関係を考えてみよう．

アミン RNH_2 は水中で，次式のような塩基解離平衡にある．

$$RNH_2 + H_2O \rightleftarrows RNH_3^+ + OH^-$$

したがって，R が電子供与性であると RNH_3^+ が安定化されるため，RNH_2 の塩基性は強くなる．実際，R として電子供与性のメチル基をもつメチルアミン CH_3NH_2 の共役酸の pK_a は 10.64（水中，25℃）であり，アンモニア NH_3（共役酸の pK_a 9.24）より塩基性が強い．これに対して，ベンゼン環が置換したアニリン $C_6H_5NH_2$ では，その共役酸の pK_a は 4.65 であり，著しく弱い塩基となる．これは，アニリンの窒素原子上の非共有電子対とベンゼン環との共役によって説明される．

図 4.3 にアニリンの構造を示した．窒素原子上の非共有電子対は 2p 軌道に収容されており，ベンゼン環の π 電子系と共役できるため，ベンゼン環に非局在化して安定化を受ける．これに対して，アニリンの共役酸 $C_6H_5NH_3^+$ では，プロトンを受容することによって非共有電子対が消失し，窒素原子は sp^3 混成となるためベンゼン環との共役の程度は著しく減少する

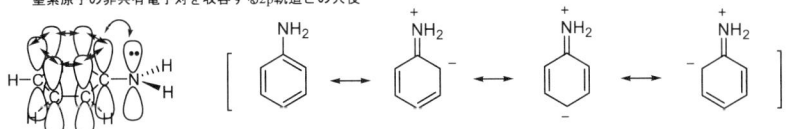

図 4.3 アニリン $C_6H_5NH_2$ におけるベンゼン環と非共有電子対の共役，およびそれによる非共有電子対の非局在化の共鳴による表現

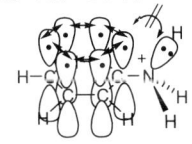

図 4.4 アニリンの共役酸 $C_6H_5NH_3^+$ の構造

表 4.3 p-置換アニリン p-XC$_6$H$_4$NH$_2$ の共役酸の pK_a (水中, 25℃)

X	pK_a	X	pK_a
H-	4.65	CH$_3$O-	5.30
O$_2$N-	0.99	H$_2$N-	6.15
Cl-	3.99	CH$_3$-	5.23

(図 4.4).すなわち,アニリンでは,中性の状態においてのみ,電子の非局在化による大きな安定化があるため,プロトンの受容性,すなわち塩基性が著しく低下する.

安息香酸の場合と同様に,アニリンの p-位の水素をさまざまな官能基で置換すると,アニリンの塩基性の強さも著しく変化する.表 4.3 にさまざまな官能基 X をもつアニリン p-XC$_6$H$_4$NH$_2$ の共役酸の pK_a を示す.

p-置換アニリン p-XC$_6$H$_4$NH$_2$ は,水中で次式のように解離する.

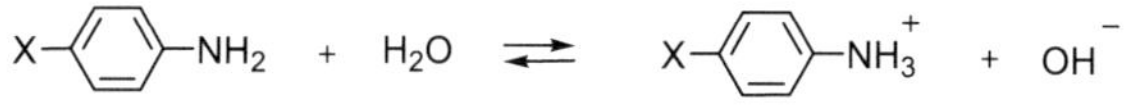

$$X-\text{C}_6\text{H}_4-\text{NH}_2 + \text{H}_2\text{O} \rightleftarrows X-\text{C}_6\text{H}_4-\text{NH}_3^+ + \text{OH}^-$$

したがって,その共役酸 p-XC$_6$H$_4$NH$_3^+$ の酸性は中性分子 p-XC$_6$H$_4$NH$_2$ が安定なほど強くなる.図 4.3 の共鳴構造式に示されるように,アニリンの窒素原子上の非共有電子対はベンゼン環に非局在化しているので,p-位に電子求引性置換基を導入すると非局在化の程度がより大きくなり,さらに安定化する.すなわち,p-位に置換した官能基 X の電子求引性が大きいほど,置換アニリンの共役酸 p-XC$_6$H$_4$NH$_3^+$ の酸性は強くなり,置換アニリン p-XC$_6$H$_4$NH$_2$ の塩基性は弱くなると考えられる.

表 4.3 をみると,置換アニリン p-XC$_6$H$_4$NH$_2$ の塩基性の強さは,上述したような置換基 X の電子的効果にもとづく予想と一致していることがわかる.置換アニリン p-XC$_6$H$_4$NH$_2$ の塩基性は,X が,

H$_2$N- > CH$_3$O- > CH$_3$- > H- > Cl- > O$_2$N-

の順に低下しており,これは,官能基 X がもつ誘起効果とメソメリー効果の両方を考慮した電子求引性が強くなる順と一致している.

4.2.3 塩基性と求核性

前項で述べたように,塩基として作用する物質は,アニオンまたは非共有

電子対をもつ電気的に中性の化合物である．これらは，3.2.3項で述べた求核剤とまったく同一の物質である．塩基と求核剤の定義をもう一度確認すると，塩基はプロトンH^+を受容する物質であり，求核剤は反応物の炭素原子に対して電子を供与する物質である．すなわち，これは同一の物質がその作用，あるいは機能によって，塩基にも求核剤にもなるということを意味している．実際，後述するように，アニオンA^-を反応試剤とする反応において，同一の反応物Sに対して，A^-が塩基としてSに作用して生成した化合物と，A^-が求核剤となってSと反応した化合物の2種類の生成物が，同時に得られる場合もある．

塩基としての強さ，すなわち塩基性と，求核剤としての強さ，すなわち求核性のあいだには，関係があるのだろうか．すでに述べたように，第二周期の原子のアニオンを比較すると，塩基性も求核性も，

$$H_3C^- > H_2N^- > HO^- > F^-$$

の順に低下する．また，17族元素のアニオンを比較すると，塩基性も求核性も，

$$I^- > Br^- > Cl^- > F^-$$

の順に低下する．一般に，塩基性と求核性のあいだにはよい相関があることが知られている．電子対の安定性，すなわち原子核による電子対の束縛の程度が低く，電子を供与する能力が高い物質ほど，塩基性も求核性も高くなる．ただし，塩基が水素原子を攻撃するのに対して，求核剤が攻撃する対象は，比較的分子の内部に位置する炭素原子であるという違いがあるため，求核性は，反応における立体的な効果を大きく受ける．このため，強い塩基でありながら，求核性がきわめて低い物質を設計することができ，有機化学反応に有効に用いられている．これについても，後に，実際の例にもとづいて説明する．

第5章
有機化学反応の考え方

　有機化学反応を理解するとは，その反応の**反応機構**，すなわち，その反応がどのような過程を経て進行するのかについて，これまでに得られている体系化された考え方と照らし合わせて合理的な説明を与えることである．前章までで，有機化学反応を，反応に関与する分子の電子的な性質にもとづいて理解するための，必要な基本的事項はすべて出そろったといってよい．次章以降では，さまざまな有機化合物を取り上げて，これらの事項が，実際の有機化学反応にどのように適用されるのかを見ていくことにする．その前に，有機化学反応を体系的に理解するための考え方をまとめておきたい．有機化学反応を体系的に理解するためには，大きく分けて2つの立場がある．1つは，**有機電子論**とよばれ，膨大な実験結果の積み重ねから導きだされた経験的な理論にもとづいて複雑な有機化学反応を整理し，反応の定性的な理解と予測を可能にしたものである．もう1つは，**分子軌道論**であり，量子化学にもとづいた理論的な取り扱いによって有機化学反応を定量的に理解しようとするものである．

　2つの考え方といっても，両者は決して相反するものではなく，有機化学反応の体系的な理解のために相補的に用いられる．現在においては，経験的・定性的な考え方である有機電子論が，分子軌道論によって理論的な裏付けと定量性を与えられたと見ることができる．しかし，有機電子論が，より一般性の高い分子軌道論によって取って替わられたわけではなく，現在でも複雑な有機化学反応の定性的な理解は，まず有機電子論によって行なわれる．本書でも，次章以降，有機化学反応を基本的には有機電子論で説明し，分子軌道論は補助的に用いる．本章では，それぞれの考え方のあらましを述べ，考え方の違いを明確にしたい．

5.1 有機電子論

有機電子論は 1930 年代に，英国の化学者であるロビンソン（R. Robinson, 1886-1975）とインゴールド（C. K. Ingold, 1893-1970）によってまとめられた．この考え方は，有機化学反応を理解するために，有機分子の電子のかたよりに注目し，反応を電子の移動によって説明しようとするものである．第 3 章の 3.1 節および 3.2 節に述べた事項，すなわちイオン反応とラジカル反応，求電子剤と求核剤，誘起効果とメソメリー効果といった概念や用語は，すべてロビンソンとインゴールドによって提唱されたものである．有機電子論は，これらの概念や用語によって表現される有機分子における電子のかたよりに注目し，求核剤，すなわち電子豊富な化学種が，求電子剤，すなわち電子不足の化学種を攻撃すると考えることによって，有機化学反応を理解する．前述した巻矢印を用いて電子対の移動を表現し，それによって結合の開裂と形成を説明する手法が，まさに有機電子論のやり方である．

カルボニル化合物を例にとって，有機化合物の反応を有機電子論にもとづいて解釈してみよう．塩化メチル CH_3Cl とリチウム Li やマグネシウム Mg のような金属との反応によって生成するメチルアニオン H_3C^- に対して，アセトン $(CH_3)_2C=O$ を反応させた後，水を加えて反応を停止させると，t-ブチルアルコール $(CH_3)_3COH$ が得られる．

$$H_3C^- + (CH_3)_2C=O \xrightarrow{H_2O} (CH_3)_3COH$$
　　メチルアニオン　　アセトン　　　　　　　　t-ブチルアルコール

まず，反応物における電荷のかたよりを明確にしなければならない．アセトンのカルボニル基 $\mathord{>}C=O$ は炭素原子と酸素原子の電気陰性度の差によって，炭素原子が正，酸素原子が負に分極している．そこで，それぞれに $\delta+$，$\delta-$ を付記しよう（$(CH_3)_2C^{\delta+}=O^{\delta-}$）．さて，$H_3C^-$ は電子豊富な化学種なので，求核剤として電子不足部位であるカルボニル炭素 $C^{\delta+}$ を攻撃することができる．これを，H_3C^- から $C^{\delta+}$ に向かう巻矢印で表す．H_3C^- の電子対がカルボニル炭素に供給され，炭素原子間に σ 結合が形成される．それに伴い，炭素—酸素二重結合を形成している π 結合が開裂し，電子対は酸素原子に引き取られ，その結果，酸素は負電荷を帯びる．これを，二重結合

から酸素原子に向かう巻矢印で表す．すなわち，この反応は正電荷を帯びたカルボニル炭素に対する H_3C^- の求核反応であり，その一連の電子の流れは巻矢印を用いて，下式のように表すことができる．

$$H_3C^- \quad \overset{H_3C}{\underset{H_3C}{>}}C\overset{\delta+}{=}\overset{\delta-}{O} \longrightarrow H_3C-\underset{CH_3}{\overset{CH_3}{|}}C-O^-$$

　以上が，H_3C^- とアセトンとの反応の有機電子論にもとづく説明である．このように，有機電子論では，反応物の電子のかたよりに着目し，電子の流れを示す巻矢印を用いて有機化学反応を説明する．巻矢印は，反応物の求核的な部位，すなわち負電荷，非共有電子対，あるいは多重結合から出発し，反応物の求電子的な部位へ向かう．上記の例のように，求核試剤と正電荷をもたない原子とのあいだで新たな結合が形成された場合には，結合の開裂を示す第2の巻矢印が書かれることになる．生成物の電荷の総数は，反応物の電荷の総数と一致しなければならない．

5.2　分子軌道論

　1930年代にマリケンらによって創始された分子軌道法は，ヒュッケルによって共役系有機化合物に適用され，さらに半経験的分子軌道法の開発など理論の発展，および計算機の技術的な進歩に伴って，その適用範囲を広げていった．すでに述べたように，分子軌道法を用いて有機分子を計算すると，その分子に固有の**分子軌道**が得られる．たとえば，ベンゼン C_6H_6 は，炭素原子の内殻電子（1s軌道の電子）まで考慮すると42電子をもつ分子であるが，それらの電子は，エネルギーの低い分子軌道から順にパウリの排他原理に従って1つの分子軌道に2個ずつ収容され，21個の分子軌道を占有している．分子軌道論による有機化学反応の解釈とは，このような**軌道概念**にもとづいて分子を眺め，分子軌道の広がりとその軌道のもつエネルギーから，有機化学反応を理解しようとするものである．

　分子軌道論による有機化学反応の解釈で最もよく用いられる考え方は，**フロンティア電子理論**である．1952年，わが国の福井謙一（1918-1998）は共

役系有機化合物の置換反応に関して，次のような理論を提唱した．

「反応物と反応試剤とのあいだで受け渡される電子は，高いエネルギーをもつ特定の軌道に属する電子のみであり，低いエネルギーをもつ軌道に属する電子は考慮する必要はない．」

この反応に関与する特定の軌道を**フロンティア軌道**，この軌道に属する電子を**フロンティア電子**という．そして，福井は，「反応は，フロンティア電子密度が最大の位置で起こる」とした．

フロンティア電子理論は，共役系有機化合物の置換反応だけではなく，一般の有機化学反応に広く適用できることが実験的に示されている．フロンティア軌道とは，具体的には，HOMO あるいは LUMO のことである．すなわち，フロンティア電子理論では，有機化学反応を，反応物あるいは反応試剤の一方の HOMO の電子が，他方の LUMO に移動する過程とみなし，それらの軌道の広がりとエネルギーの大きさから，反応物の反応性の差や生成物の選択性を説明する．

前述したメチルアニオン H_3C^- とアセトン $(CH_3)_2C=O$ の反応を，フロンティア電子理論で解釈してみよう．図 5.1 は半経験的分子軌道法（PM3 法）によって求められた H_3C^- とアセトンのそれぞれの HOMO と LUMO のエネルギーと軌道の広がりを示したものである．

H_3C^- の HOMO とアセトンの LUMO のエネルギー差が，H_3C^- の LUMO とアセトンの HOMO のエネルギー差より圧倒的に小さいので，この反応は，H_3C^- の HOMO の電子がアセトンの LUMO に移動する反応である，と説明される．すなわち，この反応のフロンティア軌道は，H_3C^- の HOMO とアセトンの LUMO である．次に，それぞれの軌道の広がりをみると，H_3C^- が攻撃する位置は，アセトンの LUMO の広がりが最も大きい，すなわちフロンティア軌道である LUMO に電子が配置されたときの電子密度が最も高くなるカルボニル炭素となることがわかる．こうして，H_3C^- とアセトンとの反応によって，炭素—炭素結合が形成されることが説明される．さらに，H_3C^- は，その HOMO とアセトンの LUMO との重なりを最大にして，電子の共有による最大の安定化エネルギーを獲得するために，アセトンの分子平面外から接近することが予想される（図 5.2）．このように，分子軌道論にもとづいて反応を解釈すると，有機電子論では得られない反応に関

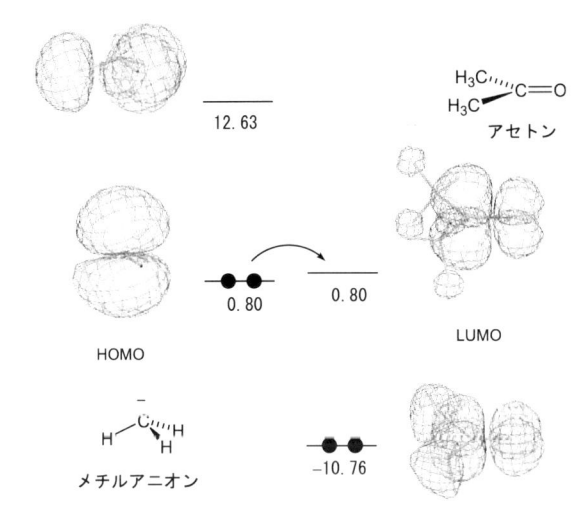

図5.1 半経験的分子軌道法（PM3法）によって得られた H_3C^- と $(CH_3)_2C=O$ の HOMO および LUMO のエネルギーと軌道の広がり

数字はそれぞれの軌道のエネルギーを示す（単位：eV）．

図5.2 H_3C^- とアセトンの反応におけるフロンティア軌道の広がりにもとづく H_3C^- の攻撃方向の予想

H_3C^- ─C─O 角が 90°のときに軌道間の最大の重なりが得られるが，実際には，CH_3^- とカルボニル酸素上の負電荷との反発により H_3C^- ─C─O 角は 90°より広がることが知られている．

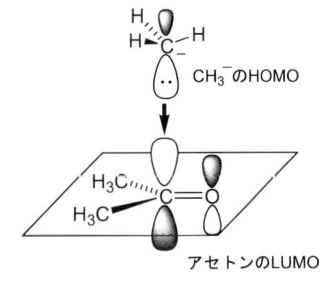

する理解が得られる場合がある．

　有機電子論とフロンティア電子理論との対応を考えてみよう．有機電子論によって「反応試剤 R が求核剤となって，反応物 S の電子不足の部位（求電子的部位）を攻撃する」と記述される反応は，フロンティア電子理論では，「R の HOMO の電子が S の LUMO に移動する反応」となる．一方，「反応試剤 R が求電子剤となって，反応物 S の電子豊富な部位（求核的部位）を攻撃する」と記述される反応は，フロンティア電子理論では，「R の LUMO

がSのHOMOの電子を受け入れる反応」となる．また，有機電子論でいう「電子供与性の物質」とは，分子軌道論の立場からみると，エネルギーの高いHOMOをもつ分子であり，「電子受容性の物質」とは，エネルギーの低いLUMOをもつ分子ということになる．

さて，両者の決定的な違いは，有機電子論が分子における電荷のかたより，すなわち全電子密度で反応を理解しているのに対して，フロンティア電子理論では，ある特定の軌道に属する電子の分布，すなわちフロンティア電子密度で反応を理解している点である．全電子密度には，フロンティア電子理論では反応に関与しないとされた，エネルギーの低い軌道に属する電子も寄与していることに注意しなければならない．また，フロンティア電子理論は，有機電子論では取り扱いが難しい電荷のかたよりのない有機分子の反応にも適用できる点で，有機電子論よりも一般性が高い．これについては，芳香族化合物の置換反応において詳しく述べる．

このように分子軌道論は，分子軌道法にもとづく計算が必要ではあるものの，有機化学反応を理解するためにきわめて有用である．しかし，分子軌道法による計算では，反応に関与する個々の分子が単独に存在する状態，いわば気相における電子状態が記述されることに注意しなければならない．有機化学反応では，次章以降いくつかの例で述べるように，反応に関与する分子固有の電子的効果だけでなく，分子間の相互作用に由来する効果，すなわち**立体効果**や**溶媒効果**が重要な役割を果たす場合が少なくない．有機電子論では，これらを定性的に取り込んで反応を理解することができるが，分子軌道論においてこれらの効果を考慮することは一般に困難である．現在においても，分子軌道論を用いてより精密に有機化学反応を理解するために，分子軌道法を用いた反応の遷移状態の計算や，溶媒分子を考慮した分子軌道計算など，さまざまな試みがなされている．

第 6 章

アルカン

炭素—炭素結合がすべて単結合から形成される炭化水素を，**飽和炭化水素**という．飽和炭化水素のうち，炭素骨格が鎖式構造のみから形成され，環式構造を含まないものを，**アルカン**とよぶ．アルカンはパラフィンともよばれ，有機化合物の基本骨格となる物質である．アルカンから水素原子を1つ除いてできる炭化水素基を**アルキル基**といい，一般にRで表す．環式構造をもつ飽和炭化水素は**シクロアルカン**とよばれる．

6.1 アルカンの構造と性質

6.1.1 アルカンの構造

(a) 構造異性体

アルカンの分子式は，一般式 C_nH_{2n+2} で表される．アルカンでは炭素原子が1つ増加すると，分子式は CH_2 単位で増加する．このように，有機化合物において，CH_2 の数だけが異なる一群の化合物の系列を**同族列**といい，この系列に属する化合物を互いに**同族体**であるという．

炭素数 n が1から3までのアルカンは，それぞれ1種類の化合物が存在するだけであるが，n が4以上になると，同一の分子式をもつが炭素原子の配列の異なった化合物，すなわち**構造異性体**が存在する．たとえば，$n=5$ のアルカンであるペンタン C_5H_{12} では3種類の構造異性体が存在し，それぞれ物理的性質が異なっている（図6.1）．

炭素原子が1本の鎖状に結合している構造を**直鎖構造**とよび，鎖状の炭素骨格を**炭素鎖**と表現する．これに対して，枝分かれのある構造を**分枝構造**といい，枝分かれして炭素鎖に結合しているアルキル基を**側鎖**とよぶ．

構造異性体の数は炭素数 n の増加に伴って急速に増加する．構造異性体

```
CH3-CH2-CH2-CH2-CH3         CH3-CH-CH2-CH3                CH3
                                  |                        |
                                  CH3               CH3-C-CH3
                                                         |
                                                         CH3

       ペンタン                   2-メチルブタン              2,2-ジメチルプロパン
      (n-ペンタン)                 (イソペンタン)                (ネオペンタン)
     沸点 36.1 ℃                 沸点 27.9 ℃                 沸点 9.5 ℃
```

図 6.1 ペンタン C_5H_{12} の構造異性体と IUPAC（国際純正応用化学連合）命名法にもとづく名称
括弧内は慣用名．$n-$ はノルマルと読み直鎖構造であることを意味する．

の数はヘキサン C_6H_{14} で 5，ヘプタン C_7H_{16} で 9，デカン $C_{10}H_{22}$ で 75 となり，さらに，構造上は，ペンタデカン $C_{15}H_{32}$ では 4347，イコサン $C_{20}H_{42}$ では 366319 の構造異性体が可能とされている．

アルカンにおいて，それぞれの炭素原子を，それに結合している炭素原子の数にもとづいて分類しておくと，有機分子の反応性を議論する際に便利である．ただ 1 個の炭素原子と結合している炭素原子を**第一級炭素原子**といい，2 個の炭素原子と結合している炭素原子を**第二級炭素原子**，3 個の炭素原子と結合している炭素原子を**第三級炭素原子**という．4 個の炭素原子と結合している炭素原子は，**第四級炭素原子**とよばれる．

水素原子も同様に分類されている．すなわち，第一級炭素原子に結合している水素原子を第一級水素原子といい，同様に，結合している炭素原子の級数に従って，第二級水素原子，第三級水素原子という．

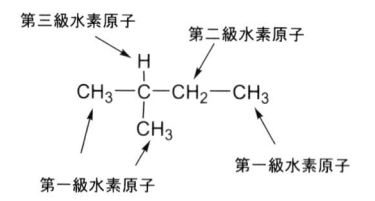

```
         第三級水素原子        第二級水素原子
               ↘            ↙
                H
         CH3—C—CH2—CH3
               |        ↑
               CH3   第一級水素原子
               ↑
         第一級水素原子
```

(b) アルカンの立体化学

アルカンを構成する炭素原子は，すべて sp^3 混成炭素であり，正四面体構造をとっている．結合角は 109.5° であり，炭素―炭素結合距離は 1.53 Å，炭素―水素結合距離は 1.10 Å である．

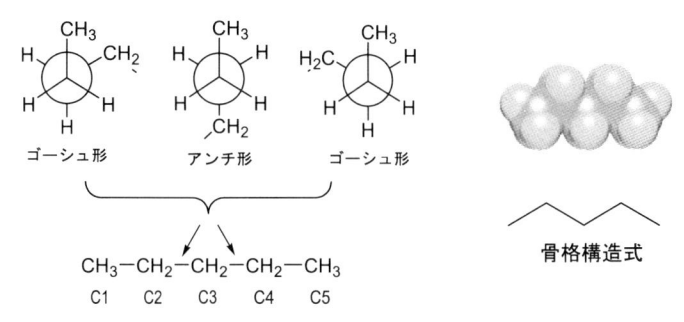

図 6.2 ペンタンのコンホメーション，および最も安定な立体配座異性体の構造とその骨格構造式によるジグザグ形表記

アルカンのすべての炭素—炭素結合は σ 結合であり，室温条件下ではその結合のまわりに自由回転している．第 2 章においてエタン C_2H_6 について述べたように，一般のアルカンについても，炭素—炭素単結合のまわりの構造はねじれ形コンホメーションが安定である．さらに，それぞれの単結合について，ブタン C_4H_{10} と同様，アンチ形とゴーシュ形の安定なコンホメーションがある．したがって，アルカンは速やかに相互変換するきわめて多数の立体配座異性体の平衡混合物として存在していることになる．たとえば，ペンタン $CH_3CH_2CH_2CH_2CH_3$ では，C2—C3 および C3—C4 にそれぞれ 1 個のアンチ形と 2 個のゴーシュ形の安定なコンホメーションがあるので，9 個の立体配座異性体の平衡混合物として存在する（図 6.2 左）．そのうち，最も安定なものは C2—C3，C3—C4 ともアンチ形コンホメーションをとるものであり，その構造の平衡存在比が最も高い．直鎖構造のアルカンを骨格構造式で表記するとき炭素骨格をジグザグ形に表現するが，それはすべての炭素—炭素結合についてアンチ形コンホメーションをとる構造が，最も安定な構造であることを踏まえたものである（図 6.2 右）．

(c) シクロアルカン

シクロアルカンの分子式は，一般式 C_nH_{2n} で表される．シクロアルカンの炭素骨格を表記する際には，水素原子を省略することが多い．また，環を形成する炭素数を環の員数と表現し，n 個の炭素原子から形成される環を n 員環とよぶ．

2 つの環が 2 個以上の炭素原子を共有している場合，その環を**縮合環**とい

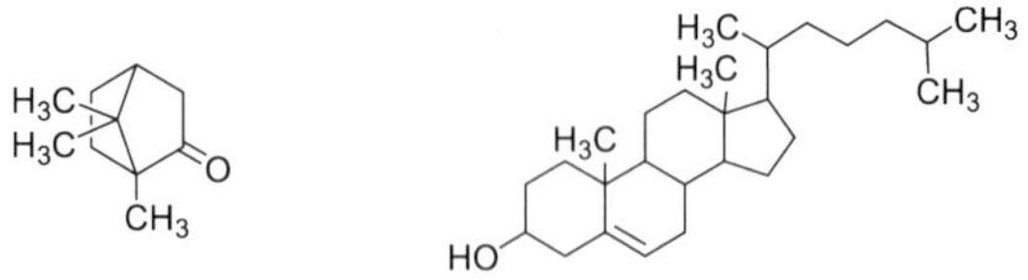

図 6.3 天然に存在する縮合環構造をもつ有機化合物

ショウノウ
クスノキの精油中に存在

コレステロール
ほとんどすべての動物の血液や細胞膜に存在

う．縮合環構造をもつシクロアルカンは，天然に存在する有機化合物の骨格にもみられる（図6.3）．

シクロアルカンもすべて sp^3 混成炭素から形成されているが，その環の員数によって特有の立体構造をとる．これについては，2.5節ですでに述べた．また，複数の置換基をもつシクロアルカンでは，シス-トランス異性体が存在する．

6.1.2 アルカンの性質

アルカンは炭素原子と水素原子だけから構成されているため，結合に分極はほとんどなく，分子全体における電荷のかたよりもない無極性分子である．

アルカンの融点や沸点は，炭素数の増大に伴って上昇する．一般に，同族体の化学的性質は類似しており，また物理的性質は炭素数とともに規則的に変化する場合がある．アルカンの沸点もこの例であり，炭素数 4 以上の直鎖構造のアルカンの沸点は，炭素が 1 個増加するごとに 20〜30℃ 上昇する．

直鎖構造のアルカンでは，常温において，炭素数 1（メタン CH_4，沸点 -161.5℃）から炭素数 4（ブタン C_4H_{10}，沸点 -0.5℃）までは気体，炭素数 5（ペンタン C_5H_{12}，沸点 36.1℃）から炭素数 17（ヘプタデカン $C_{17}H_{36}$，融点 22℃，沸点 301.8℃）までは液体，炭素数 18（オクタデカン $C_{18}H_{38}$，融点 28.2℃，沸点 308℃）以上は固体である．融点や沸点は，分子間相互作用の大きい状態から小さい状態への変化に必要なエネルギーを反映しており，一般に分子間に働く引力的な相互作用が大きいほど，融点や沸点が高くなる．無極性分子であるアルカンの分子間に働く引力的な相互作用は**分散力**とよばれ，瞬間的な電子分布の非対称性に由来する小さな電荷のかたよりにもとづくものである．分散力は分子表面のあいだで作用するので，アルカンにおける炭素数の増大による融点や沸点の上昇は，分子表面が広がることに

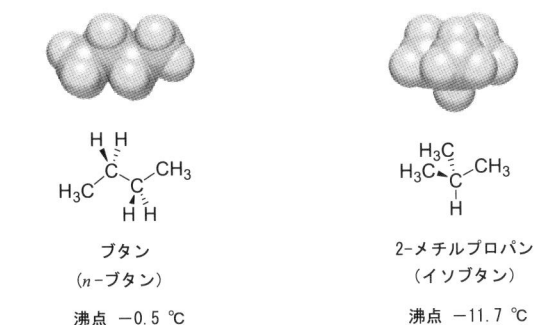

図 6.4 ブタンの構造異性体の立体構造と沸点

分枝構造をもつ 2-メチルプロパンの方が球形に近くなり、分子表面は小さくなる。

ブタン
(n-ブタン)
沸点 −0.5 ℃

2-メチルプロパン
（イソブタン）
沸点 −11.7 ℃

よる分散力の増大を反映している．また，同じ炭素数の構造異性体の沸点を比較すると，分枝構造の異性体の沸点は直鎖構造の異性体の沸点より低い．これも，分子表面が広がると分子間相互作用が増大することを反映している．すなわち，枝分かれが起こると分子は球形に近づくため，分子表面は小さくなる（図 6.4）．

アルカンは無極性分子なので，ベンゼン，エーテル，クロロホルムなどの無極性溶媒に溶け，水やメタノールなどの極性溶媒には溶けない．比重は 0.6〜0.8 であり，すべてのアルカンは水より比重が小さい．

6.2 アルカンの合成

6.2.1 天然資源からの分離

化石燃料とよばれる石油，天然ガス，石炭は，地中深く埋もれた太古の動植物に由来するさまざまな有機化合物が，長い年月にわたる地球内部の圧力と熱の作用によって変化したものであり，さまざまな炭化水素を主成分としている．このうち石油は，炭素数が 1 から 30 あるいは 40 程度のさまざまな構造をもつアルカン，およびシクロアルカンの混合物である．石油は蒸留によって，沸点の異なる，すなわち炭素数の異なるいくつかの留分に分離される．たとえば，沸点 30〜200 ℃ の留分は，ナフサあるいは粗製ガソリンとよばれ，炭素数 4 から 12 程度のアルカンやシクロアルカンの混合物である．ナフサはそのまま燃料として用いられるほか，さらに精密な分離を行なうことによってさまざまなアルカンの原料となる．そのほかの留分も，灯油（沸

点 200〜300℃，炭素数 12〜15），軽油（沸点 300〜400℃，炭素数 15〜25），重油（沸点 400℃以上，炭素数>25）とよばれ，それぞれの性質に適した用途に利用される．天然ガスの主成分はメタン CH_4 であり，エタン C_2H_6 とプロパン C_3H_8 が含まれている．

6.2.2 アルカンの合成

実験室におけるアルカンの合成法として，以下の方法がある．
(1) アルケンに対する水素 H_2 の付加反応（9.3.4 項）
(2) 有機金属化合物を経由するハロゲン化アルキルの還元反応（7.3.4 項）

6.3　アルカンの反応

アルカンを構成する炭素—水素結合はほとんど分極がないので，アルカンではイオン反応は起こりにくい．また，結合を形成する電子は σ 電子であり，原子核の束縛が強く安定である．このため，官能基をもつ有機化合物と比べてアルカンは反応性に乏しい．しかし，反応条件によっては，以下のようなラジカル反応が起こる．

6.3.1　ハロゲン化

メタン CH_4 を塩素 Cl_2 と混合し，紫外光を照射するか，250〜400℃に加熱すると，塩化メチル CH_3Cl が生成し，塩化水素 HCl が副生する．この反応をメタンの**塩素化**という．

$$CH_4 + Cl_2 \xrightarrow{\text{光または熱}} CH_3Cl + HCl$$

塩素が過剰に存在すれば，CH_3Cl はさらに塩素化を受け，ジクロロメタン CH_2Cl_2，クロロホルム $CHCl_3$，四塩化炭素 CCl_4 が生成する．

同様の条件でメタンを臭素 Br_2 と反応させると，メタンの**臭素化**が進行し，臭化メチル CH_3Br などが得られる．

$$CH_4 + Br_2 \xrightarrow{\text{光または熱}} CH_3Br + HBr$$

フッ素 F_2 はメタンと非常に激しく反応するので，反応を制御するためには不活性ガスで反応系を希釈する必要がある．一方，ヨウ素 I_2 はメタンとはまったく反応しない．

(a) ハロゲン化の反応機構

アルカンとハロゲン分子との反応は**ハロゲン化**と総称され，段階的に進行するラジカル置換反応である．以下にメタンの塩素化についてその反応機構を示す．

$$段階① \quad Cl_2 \xrightarrow{光または熱} 2Cl\cdot$$

$$段階② \quad Cl\cdot + CH_4 \longrightarrow HCl + CH_3\cdot$$

$$段階③ \quad CH_3\cdot + Cl_2 \longrightarrow CH_3Cl + Cl\cdot$$

まず，塩素分子の Cl−Cl 結合のホモリシスにより，塩素原子 $Cl\cdot$ が発生する（段階①）．塩素分子の結合解離エネルギーは $243\ kJ\ mol^{-1}$ であり，メタンの C−H 結合の $435\ kJ\ mol^{-1}$ と比較して著しく小さく，反応系に与えられた光または熱エネルギーによって十分に供給される．つづいて，塩素原子 $Cl\cdot$ はメタンから水素原子を引き抜いて塩化水素 HCl を生成すると同時に，メチルラジカル $CH_3\cdot$ が発生する（段階②）．この段階が塩素化の律速段階である．さらに，発生した $CH_3\cdot$ が塩素分子を攻撃し，塩素原子を引き抜くことによって塩化メチル CH_3Cl が生成するとともに，塩素原子 $Cl\cdot$ が再生される．各段階における結合の開裂と形成を巻矢印を用いて表記すると，以下のようになる．

$$段階① \quad Cl\frown Cl \xrightarrow{光または熱} 2Cl\cdot$$

$$段階② \quad Cl\cdot \frown H{-}CH_3 \longrightarrow HCl + CH_3\cdot$$

$$段階③ \quad CH_3\cdot \frown Cl{-}Cl \longrightarrow CH_3Cl + Cl\cdot$$

段階③で再生した塩素原子 $Cl\cdot$ は段階②に戻ってメタンと反応し，ふたたびメチルラジカルを与える．このようにひとたび塩素原子 $Cl\cdot$ が生成すると，段階②と③が繰り返されて，反応は継続的に進行する．このような反応を**連鎖反応**とよび，最初にラジカルが発生する段階①を**連鎖開始反応**，ラジカル

が消費されて別のラジカルが生成する段階②および③を**連鎖成長反応**という．連鎖反応は永遠に継続するわけではなく，次のような反応がときどき起こることによって連鎖が終結する．これらを**連鎖停止反応**という．

$$\text{Cl}\cdot + \text{Cl}\cdot \longrightarrow \text{Cl}_2$$
$$\text{CH}_3\cdot + \text{CH}_3\cdot \longrightarrow \text{CH}_3\text{CH}_3$$
$$\text{CH}_3\cdot + \text{Cl}\cdot \longrightarrow \text{CH}_3\text{Cl}$$

上記の反応機構の妥当性は，(1) メタンの塩素化を起こすために必要な光のエネルギーは，塩素分子を解離させる光のエネルギーと等しい，(2) 光によって解離した塩素分子1個に対して，生成する塩化メチルの分子数は数千個になる，(3) ラジカルと速やかに反応することが知られている酸素 O_2 などが存在すると，塩素化は抑制される，といった実験事実によって支持されている．

他のハロゲン化も同様の反応機構で進行する．ハロゲンの種類による著しい反応性の差は，律速段階である段階②の活性化エネルギーがハロゲンによって異なるためである．

$$\text{段階②} \quad \text{X}\cdot + \text{CH}_4 \longrightarrow \text{HX} + \text{CH}_3\cdot$$

X＝Cl, Br では，この反応の活性化エネルギーは，それぞれ 16，75 kJ mol^{-1} であり，十分な反応速度で進行する．しかし，X＝I ではこの反応は 138 kJ mol^{-1} の吸熱反応となるため，反応にはそれ以上の活性化エネルギーが必要となり，反応速度は著しく低下する．一方，X＝F の場合は，この反応は 134 kJ mol^{-1} の大きな発熱反応となり，反応に必要な活性化エネルギーはきわめて小さくなる．

(b) ハロゲン化における位置選択性

メタン以外のアルカンのハロゲン化もまったく同様の反応機構で進行する．ただし，一般のアルカンではすべての水素原子が等価ではないため，それぞれの水素原子がハロゲン原子に置換された位置異性体の混合物が得られる．たとえば，

$$CH_3CH_2CH_2CH_3 \xrightarrow[\text{光 (25℃)}]{Cl_2} CH_3CH_2CH_2CH_2Cl + CH_3CH_2\underset{Cl}{CH}CH_3$$

ブタン　　　　　　　　　　　　　1-クロロブタン　　　　　2-クロロブタン
　　　　　　　　　　　　　　　　　　　28%　　　　　　　　　72%

$$CH_3\underset{|}{\overset{CH_3}{C}H}CH_3 \xrightarrow[\text{光 (25℃)}]{Cl_2} CH_3\overset{CH_3}{\underset{|}{C}H}CH_2Cl + CH_3\overset{CH_3}{\underset{Cl}{\underset{|}{C}}}CH_3$$

2-メチルプロパン　　　　　　　1-クロロ-2-メチルプロパン　2-クロロ-2-メチルプロパン
　　　　　　　　　　　　　　　　　　64%　　　　　　　　　　36%

　一般に，複数の位置異性体が生成する可能性のある反応において，どの位置異性体が最も生成しやすいかを，**位置選択性**ということばで表現する．アルカンのハロゲン化における位置選択性は，何によって決まるのだろうか．反応機構にもとづいて考えてみよう．

　メタンの塩素化について述べた反応機構をみると，段階②に相当する反応において，塩素原子 Cl· がアルカンのどの水素原子を引き抜くかによって，生成物の構造が決まることがわかる．すなわち，ブタンの塩素化では，塩素原子 Cl· がブタンの第一級水素原子を引き抜くと，ラジカル I を経て 1-クロロブタンが生成する．一方，第二級水素原子を引き抜くと，ラジカル II を経て 2-クロロブタンが生成する．したがって，それらの生成比は，ラジカル I と II の相対的な生成速度によって決定される．

$$CH_3CH_2CH_2CH_3 \begin{array}{c} \xrightarrow{Cl·} CH_3CH_2CH_2CH_2· \xrightarrow{Cl_2} CH_3CH_2CH_2CH_2Cl \\ \text{I} \qquad\qquad \text{1-クロロブタン} \\ \xrightarrow{Cl·} CH_3CH_2\overset{·}{C}HCH_3 \xrightarrow{Cl_2} CH_3CH_2\underset{Cl}{C}HCH_3 \\ \text{II} \qquad\qquad \text{2-クロロブタン} \end{array}$$

　さて，ラジカル I と II の相対的な生成速度は 2 つの因子によって支配される．1 つは，確率因子であり，これはラジカル I と II を与えるブタンの水素原子の数の比を意味する．ラジカル I を与える水素原子は 6 個であり，ラジカル II を与える水素原子は 4 個なので，確率的にはラジカル I が生成しやす

い．しかし，生成速度が確率因子のみで支配されているならば，1-クロロブタンと2-クロロブタンの生成比は6：4になるはずであるが，実際は2-クロロブタンが優先して生成する．これは，生成速度を支配するもう1つの因子である活性化エネルギーが，ラジカルIIの生成に有利なことを示している．

一般に，アルカンの水素原子が引き抜かれてラジカル（アルキルラジカル）を生成する反応では，引き抜かれる水素の級数によって，ラジカルの生成しやすさに著しい差がある．水素原子の引き抜かれやすさは，

$$\text{水素原子の引き抜かれやすさ} \quad R-\underset{R}{\overset{R}{C}}-H \quad > \quad R-\underset{H}{\overset{R}{C}}-H \quad > \quad R-\underset{H}{\overset{H}{C}}-H$$

第三級水素原子　　　第二級水素原子　　　第一級水素原子

の順に低下する．第三級水素原子が最も引き抜かれやすい．表6.1に代表的なアルカンについて，炭素—水素結合の結合解離エネルギーの炭素原子の級数依存性を示した．この表から，水素原子が引き抜かれやすいほど，炭素—水素結合の結合解離エネルギーが小さいことがわかる．

炭素—水素結合の結合解離エネルギーが小さいということは，母体のアルカンを基準として，その水素原子が引き抜かれて生成するラジカルが安定であることを意味する．したがって，ラジカルの安定性は，

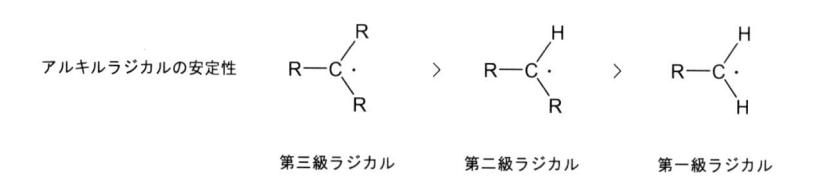

$$\text{アルキルラジカルの安定性} \quad R-\underset{R}{\overset{R}{C}}\cdot \quad > \quad R-\underset{R}{\overset{H}{C}}\cdot \quad > \quad R-\underset{H}{\overset{H}{C}}\cdot$$

第三級ラジカル　　　第二級ラジカル　　　第一級ラジカル

の順に低下する．以上のことから，「安定なラジカルほど，速やかに生成する」ことが結論される．すなわち，ブタンの塩素化において，2-クロロブタ

表6.1 結合解離エネルギー

化合物	結合解離エネルギー kJ mol^{-1}	化合物	結合解離エネルギー kJ mol^{-1}
CH_3-H	435	$(CH_3)_2CH-H$	395
CH_3CH_2-H	412	$(CH_3)_3C-H$	387

ンが確率因子から予想されるよりもきわめて有利に生成したことは，2-クロロブタンを与えるラジカル II が 1-クロロブタンを与えるラジカル I より安定なので，より速やかに生成したためと説明される．

(c) ハロゲン化の遷移状態

3.3 節では，生成物の熱力学的な安定性と生成速度を支配する活性化エネルギーとは，まったく別の概念であることを述べた．しかし，「安定なラジカルほど，速やかに生成する」ということは，「ラジカルの熱力学的な安定性が増加するほど，そのラジカルを生成する反応の活性化エネルギーが低下する」ことを意味している．ラジカル反応では，なぜこのようなことがいえるのだろうか．

ハロゲン原子 X· がアルカンの水素原子を引き抜くことによってアルキルラジカルが生成する反応は，次式のように進行する．

$$R_3C-H + X\cdot \longrightarrow (\overset{\delta\cdot}{R_3C}\text{---}H\text{---}\overset{\delta\cdot}{X})^{\ddagger} \longrightarrow R_3C\cdot + H-X$$
遷移状態

すなわち，遷移状態では炭素―水素結合が部分的に開裂し，水素―ハロゲン結合が部分的に形成されている．したがって，遷移状態においてアルキル基 R_3C は，上式で $\delta\cdot$ で示したように，部分的にラジカルの性質をもつことになる．これにより，生成物であるアルキルラジカル $R_3C\cdot$ の安定性が，部分的にではあるが遷移状態にも反映される．すなわち，安定なラジカルほど遷移状態も安定化されるので，そのラジカルを与える反応の活性化エネルギーも低下することになる．図 6.5 には，より安定な第三級ラジカル $R_3C\cdot$ が，第二級ラジカル $R_2CH\cdot$ よりも速やかに生成する理由を，エネルギー図を用いて示した．

アルカンのハロゲン化によって生成する位置異性体の生成比は塩素化と臭素化で著しく異なり，臭素化は塩素化に比べて，置換される水素原子の選択性が非常に高い．たとえば，

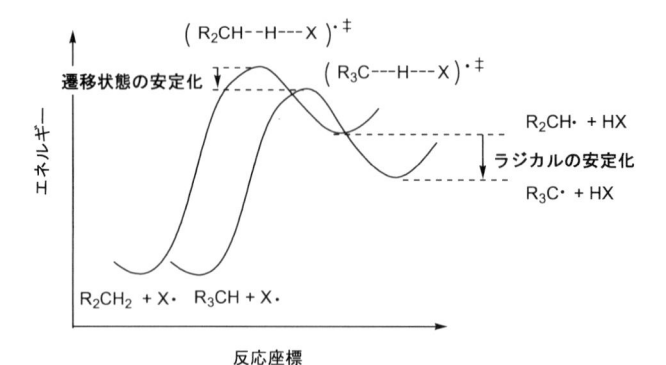

図 6.5 第三級ラジカル $R_3C\cdot$ と第二級ラジカル $R_2CH\cdot$ の生成反応のエネルギー図

遷移状態においてアルキル基が部分的なラジカル性をもつため，ラジカルの安定性を反映して，第三級ラジカルを与える反応の遷移状態が安定化する．それぞれのエネルギー図は比較しやすいようにずらして描いてある．

$$CH_3CH_2CH_2CH_3 \xrightarrow[\text{光 (127°C)}]{Br_2} CH_3CH_2CH_2CH_2Br + CH_3CH_2CHCH_3$$
$$\underset{Br}{|}$$

ブタン　　　　　　　　　　　　　1-ブロモブタン　　　2-ブロモブタン
　　　　　　　　　　　　　　　　　　2%　　　　　　　98%

　このことは，臭素化の遷移状態では塩素化の遷移状態に比べて，ラジカルの安定性が反映される程度が大きい，すなわち，炭素—水素結合がかなり伸びてアルキル基のラジカル性が高くなっていることを示している（図 6.6）．

　これは，塩素原子と臭素原子の反応性の差によって説明される．反応性の高い塩素原子では，反応の活性化エネルギーが低く，反応がそれほど進まないうちに遷移状態になる．これに対して，臭素原子による水素引き抜き反応の活性化エネルギーは高いため，反応がかなり進んでから遷移状態に到達する．

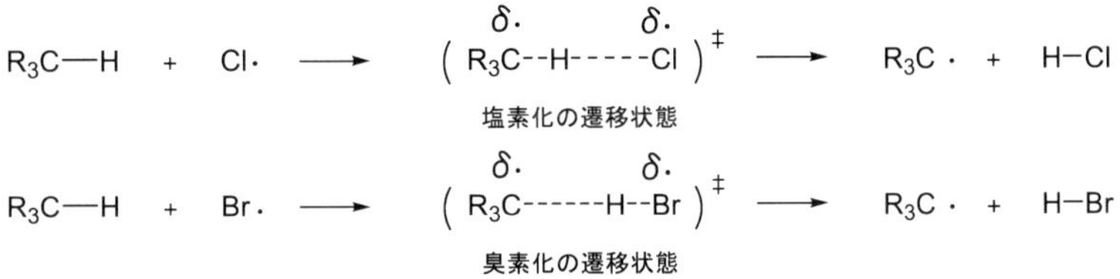

$$R_3C-H + Cl\cdot \longrightarrow \left(R_3C\overset{\delta\cdot}{--}H\cdots\overset{\delta\cdot}{Cl} \right)^{\ddagger} \longrightarrow R_3C\cdot + H-Cl$$
塩素化の遷移状態

$$R_3C-H + Br\cdot \longrightarrow \left(R_3C\overset{\delta\cdot}{\cdots\cdots}H\overset{\delta\cdot}{--}Br \right)^{\ddagger} \longrightarrow R_3C\cdot + H-Br$$
臭素化の遷移状態

図 6.6 アルカンの塩素化と臭素化の遷移状態の比較

6.3.2 燃焼

一般に，可燃性物質が熱や光を発しながら激しく酸化される現象を，**燃焼**という．アルカンは酸素 O_2 を酸化剤として燃焼し，二酸化炭素 CO_2 と水 H_2O を与える．この反応には，大きな発熱が伴う．たとえば，プロパンの燃焼は以下の化学式で表される．

$$C_3H_8 + 5O_2 \longrightarrow 3CO_2 + 4H_2O \quad \Delta H = -2219.2 \text{ kJ mol}^{-1}$$

アルカンの燃焼の反応機構はきわめて複雑である．アルキルラジカル $R\cdot$ やアルキルパーオキシラジカル $ROO\cdot$ など多数のラジカル種が関与する連鎖反応によって反応が進行するとされているが，現在でも完全には理解されていない．アルカンを主成分とする化石燃料の燃焼によって生じる熱エネルギーは，家庭における直接的な利用にとどまらず，火力発電や内燃機関を通じてさまざまなエネルギーに変換され，われわれの生活を支えている．

第 7 章
ハロゲン化アルキル

　アルカンの水素原子をハロゲン原子（フッ素 F，塩素 Cl，臭素 Br，ヨウ素 I）に置換した化合物を，**ハロゲン化アルキル**，または**ハロアルカン**という．ハロゲン原子をまとめて表記するときは，X を用いる．ハロゲン化アルキルは，アルキル基 R にハロゲン原子が結合したものとみることができるので，一般式 RX で表される．ハロゲン原子は官能基であり，ハロゲン化アルキルに特有の性質を与える．

7.1　ハロゲン化アルキルの構造と性質

　ハロゲン化アルキルは，アルカンの水素原子をハロゲン原子で置換した化合物である．したがって，ハロゲン原子の結合している炭素原子は sp^3 混成炭素であり，正四面体構造をもっている．
　ハロゲン化アルキルをそのアルキル基の構造によって分類しておくと，反応性を議論する際に便利である．ハロゲン化アルキルは，ハロゲン原子が結合している炭素原子の級数に従って，次のように分類される．

$$\underset{\text{第一級ハロゲン化アルキル}}{R-\overset{\overset{H}{|}}{\underset{\underset{H}{|}}{C}}-X} \qquad \underset{\text{第二級ハロゲン化アルキル}}{R-\overset{\overset{R}{|}}{\underset{\underset{H}{|}}{C}}-X} \qquad \underset{\text{第三級ハロゲン化アルキル}}{R-\overset{\overset{R}{|}}{\underset{\underset{R}{|}}{C}}-X}$$

　アルカンにハロゲン原子が置換したことによる最も大きな変化は，分子に電荷のかたよりが誘起されることである．ハロゲン原子は炭素原子よりも電気陰性なので，炭素―ハロゲン結合に分極が生じる．その結果，炭素原子はわずかに正の電荷をもち，ハロゲン原子はわずかに負の電荷をもつ．この C

表7.1 ハロゲン化メチル CH_3X の性質の比較

CH_3X	分子量	融点 ℃	沸点 ℃	双極子モーメント D	C—X 結合解離エネルギー kJ mol^{-1}
CH_4	16.0	−182.8	−161.5	0	432
CH_3F	34.0	−141.8	−78.4	1.858	472
CH_3Cl	50.5	−97.7	−23.8	1.892	342
CH_3Br	94.9	−93.7	3.6	1.822	290
CH_3I	141.9	−66.5	42.8	1.641	231

—X 結合の電荷のかたよりによって，ハロゲン化アルキルは双極子モーメントをもち，極性分子となる．

$$R_3\overset{\delta+}{C}\text{—}\overset{\delta-}{X} \quad R = アルキル基, またはH \quad X = F, Cl, Br, I$$

ハロゲン化アルキルの炭素—ハロゲン結合の結合解離エネルギーは，ハロゲン原子の原子半径が大きくなるほど小さくなる．すなわち，C—X 結合は，X が F>Cl>Br>I の順に弱くなる．また，アルカンの水素原子がハロゲン原子によって置換されると，分子表面が広がることによって分子間に作用する分散力が増大するため，沸点が上昇する．アルキル基を同じにすると，ハロゲン原子の原子半径が大きくなるほど，沸点は高くなる．表7.1にハロゲン化メチルの性質を，メタンと比較して示す．

7.2 ハロゲン化アルキルの合成

ハロゲン化アルキルは，後に述べる反応によってさまざまな化合物に変換できるため，有機合成化学的にも重要な化合物である．ハロゲン化アルキルは，以下のような反応によって合成される．

(1) アルカンのハロゲン化（ラジカル置換反応；6.3.1 項）
(2) アルコールのハロゲン化（求核置換反応；8.3.2 項(a)）
(3) アルケンに対するハロゲン化水素の求電子付加反応（9.3.1 項(a)）
(4) アルケンに対するハロゲンの求電子付加反応（9.3.1 項(c)）

7.3 ハロゲン化アルキルの反応

ハロゲン化アルキルの重要な反応は，求核置換反応と脱離反応である．すでに述べたように，ハロゲン化アルキルの C—X 結合は $C^{\delta+}$—$X^{\delta-}$ と分極しているため，ヘテロリシスを起こしやすい．電子豊富な化学種が求核剤となって，正の電荷をもつ炭素原子 $C^{\delta+}$ を攻撃すると求核置換反応が進行する．一方，電子豊富な化学種が塩基となって，隣接する炭素原子に結合した水素原子を攻撃すると，HX が除去されて脱離反応となる．

いずれの反応においても，ハロゲン原子 X は，電子対をもって X^- として炭素原子から離れていく．一般に，反応によって反応物から離れていく原子または原子団を**脱離基**という．脱離基の脱離しやすさを**脱離基能**というが，原子または原子団によって脱離基能には著しい差がある．ハロゲン原子 X では，その脱離基能は，

$$I^- > Br^- > Cl^- > F^-$$

の順に低下する．この順序はそれぞれの共役酸 HX の酸性が低下する順序と一致しており，アニオン X^- が安定なほど脱離基能が高いことを示している．このため，ハロゲン化アルキルの反応性はハロゲン原子によって著しく異なり，

$$RI > RBr > RCl > RF$$

の順に低下することになる．特に，F^- の脱離基能はきわめて低いため，フッ化アルキル RF の反応性は，他のハロゲン化アルキルと比較して著しく低い．

7.3.1 求核置換反応

臭化メチル CH_3Br を水酸化ナトリウム $NaOH$ と反応させると，水酸化物イオン OH^- が求核剤となって CH_3Br を攻撃し，臭素原子 Br がヒドロキシ基 OH に置換したメタノール CH_3OH が得られる．

$$CH_3Br + OH^- \longrightarrow CH_3OH + Br^-$$

一般に，ハロゲン化アルキル RX に対して，電子豊富な化学種 Nu^- が求核剤として反応し，求核置換反応が起こる．

$$\text{RX} + \text{Nu}^- \longrightarrow \text{RNu} + \text{X}^-$$

この反応は，ハロゲン化アルキル RX からさまざまな有機化合物を合成する反応として有用である．たとえば，求核剤としてメトキシドイオン CH_3O^- やエトキシドイオン $C_2H_5O^-$ などのアルコキシドイオン $R'O^-$ を用いると，エーテル ROR′ が得られる．求核剤としてシアン化物イオン $^-C\equiv N$ を用いると，ニトリル $RC\equiv N$ が得られる．また，アンモニア NH_3 を求核剤として反応させることにより，アミン RNH_2 が合成される．

さて，ハロゲン化アルキルの求核置換反応の詳細な研究により，この反応には2つの反応機構があることが明らかにされた．前述の臭化メチル CH_3Br と水酸化物イオン OH^- との反応では，その反応速度は，反応物 CH_3Br と求核剤 OH^- それぞれの濃度に依存し，全体で二次反応となる．

$$反応速度 = k[CH_3Br][OH^-]$$

これは反応の遷移状態において，反応物と求核剤の2つの分子が関与していることを示している．このような求核置換反応を，**二分子求核置換反応**といい，**S_N2 反応**と略記する．S_N は求核置換に相当する英語表記の Nucleophilic substitution に由来する．

一方，臭化 t-ブチル $(CH_3)_3CBr$ を水酸化物イオン OH^- と反応させると，同様に求核置換反応が進行し，t-ブチルアルコール $(CH_3)_3COH$ が得られる．なお，t- はターシャリーと読み，第三級であることを意味する．

$$H_3C-\underset{\underset{CH_3}{|}}{\overset{\overset{CH_3}{|}}{C}}-Br + OH^- \longrightarrow H_3C-\underset{\underset{CH_3}{|}}{\overset{\overset{CH_3}{|}}{C}}-OH + Br^-$$

この反応の反応速度は求核剤 OH^- の濃度に依存せず，反応物 $(CH_3)_3CBr$ の濃度のみに依存する一次反応となる．

$$反応速度 = k[(CH_3)_3CBr]$$

このような求核置換反応を，**一分子求核置換反応**といい，**S_N1 反応**と略記する．

ハロゲン化アルキル R_3CX と求核剤 Nu^- との求核置換反応では，C—X 結合が開裂して新たに C—Nu 結合が形成される．2つの反応では，結合の開裂と形成のタイミングが異なっている．以下にそれぞれの反応機構を詳細

(a) 二分子求核置換反応（S_N2 反応）

この反応は，求核剤 Nu^- とハロゲン化アルキル R_3CX との結合の形成と C—X 結合の開裂が同時に進行する一段階反応である．求核剤の攻撃は脱離基 X の背後，すなわち開裂する C—X 結合に対して 180° の角度から起こる．反応の遷移状態は，Nu—C 結合が部分的に形成され，C—X 結合が切れかかった状態に相当する．図 7.1 に S_N2 反応の反応機構を示す．

求核剤の攻撃が脱離基 X の背後から起こることは，分子軌道論にもとづいて説明することができる．この反応は，電子豊富な化学種である求核剤 Nu^- の HOMO の電子が，ハロゲン化アルキルの LUMO に受容される反応とみることができる．図 7.2 に半経験的分子軌道法（PM3 法）によって計算された塩化メチル CH_3Cl の LUMO の広がりを示す．この軌道は，C—Cl 結合の反結合性 σ 軌道（σ^* 軌道）であり，C—Cl 結合の背後に広がりをもっている．したがって，求核剤 Nu^- の HOMO を占有している非共有電子対が C—Cl 結合の背後から攻撃すると，HOMO-LUMO の軌道の重なりが

図 7.1 ハロゲン化アルキル R_3CX と求核剤 Nu^- との二分子求核置換反応の反応機構

立体化学の説明のため R は区別して表記してある．

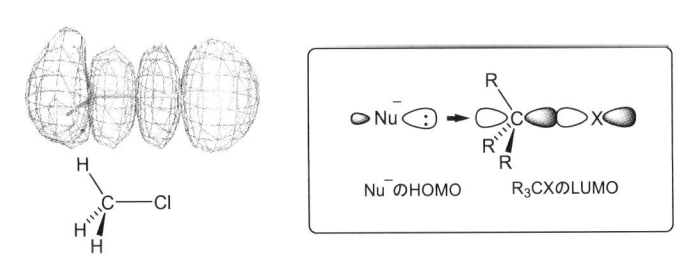

図 7.2 半経験的分子軌道法（PM3 法）によって計算された塩化メチル CH_3Cl の LUMO の広がりと S_N2 反応における求核剤 Nu^- の攻撃方向の予測

最大となり，電子の共有によるエネルギーの安定化を最大にすることができる．

図7.1からわかるように，ハロゲン化アルキル R_3CX の R がすべて異なっている場合，すなわちキラルなハロゲン化アルキルが S_N2 反応を起こした場合には，反応物と逆の立体配置をもつ生成物が得られる．このような場合，キラル中心の立体配置が**反転**したという．S_N2 反応における立体配置の反転は，この現象を発見したワルデン（P. Walden, 1863-1957）の名前を付して，**ワルデン反転**とよばれる．

ハロゲン化アルキル RX の S_N2 反応の反応性は，RX の級数に著しく依存し，

S_N2 反応の反応性	CH_3X	>	RCH_2X	>	R_2CHX	>	R_3CX
	ハロゲン化メチル		第一級ハロゲン化アルキル		第二級ハロゲン化アルキル		第三級ハロゲン化アルキル

の順に低下する．これは S_N2 反応の遷移状態における立体的な混雑度によって説明することができる．すなわち，CH_3X の水素原子をより立体的に大きなアルキル基 R に置換していくと，アルキル基の数が増えるにつれて炭素原子のまわりの混み合いが増加する．この混み合いはファン・デル・ワールスひずみによるエネルギーの増加を引き起こすが，その程度は，反応物よりも脱離基 X と求核剤 Nu がともに接近する遷移状態においてより大きい．この結果，アルキル基の数が増えるにつれて活性化エネルギーが増大し，反応性が低下することになる．

(b) 一分子求核置換反応（S_N1 反応）

この反応では，まずハロゲン化アルキル R_3CX の C—X 結合がヘテロリシスを起こしてカルボカチオン R_3C^+ が生成し，次いで R_3C^+ と求核剤 Nu^- が結合を形成する二段階反応である．S_N1 反応の反応機構を図7.3に示す．

この反応の律速段階はカルボカチオンが生成する段階①であり，生成したカルボカチオンは速やかに求核剤 Nu^- と反応して生成物を与える（段階②）．これによって，S_N1 反応の反応速度が Nu^- の濃度に依存しないことが説明される．

図7.3から，キラルなハロゲン化アルキルが S_N1 反応を起こした場合には，

7.3 ハロゲン化アルキルの反応

図 7.3 ハロゲン化アルキル R_3CX と求核剤 Nu^- との一分子求核置換反応の反応機構 立体化学の説明のため R は区別して表記してある.

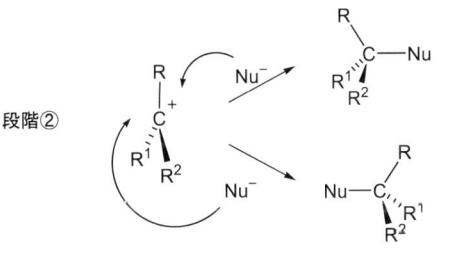

段階① で R_3C-X が解離してカルボカチオンを生じ，段階② で求核剤 Nu^- が攻撃する.

生成物の立体配置は S_N2 反応の場合とは異なることがわかる．すなわち，S_N1 反応の反応中間体であるカルボカチオンは平面構造なので，求核剤の攻撃は平面のどちら側からも等しい確率で起こる．したがって，S_N1 反応では，立体配置が反転した生成物と，その鏡像異性体である立体配置が保持された生成物の等量混合物，すなわちラセミ体が生成することになる．

S_N2 反応と同様に，S_N1 反応でもその反応性はハロゲン化アルキルの級数に著しく依存する．しかし，その順序は S_N2 反応とはまったく逆となり，

S_N1 反応の反応性 　　R_3CX ＞ R_2CHX ＞ RCH_2X ＞ CH_3X
　　　　　　　　　第三級ハロゲン化　第二級ハロゲン化　第一級ハロゲン化　ハロゲン化
　　　　　　　　　アルキル　　　　　アルキル　　　　　アルキル　　　　　メチル

の順に低下する．

ところで，この反応性の順序は，生成するカルボカチオンの安定性の順序と一致している．アルキル基 R が電子供与性誘起効果，および電子供与性メソメリー効果をもつことから，正電荷をもつ炭素原子にアルキル基が置換するほど，正電荷は非局在化することができ，カルボカチオンは安定化する．すなわち，カルボカチオンの安定性は，

カルボカチオンの安定性 $R-\underset{R}{\overset{R}{C^+}}$ > $R-\underset{R}{\overset{H}{C^+}}$ > $R-\underset{H}{\overset{H}{C^+}}$ > $H-\underset{H}{\overset{H}{C^+}}$

第三級カルボカチオン　第二級カルボカチオン　第一級カルボカチオン　メチルカルボカチオン

の順に低下することになる．

S_N1 反応の律速段階はカルボカチオンが生成する段階（図7.3，段階①）であるから，この段階の反応速度が S_N1 反応の反応性を支配している．したがって，上記の結果は，「安定なカルボカチオンほど，速やかに生成する」ことを意味している．前章のアルカンのハロゲン化において，「安定なラジカルほど，速やかに生成する」ことの理由を説明したが，カルボカチオンについてもまったく同様のことが成立する．すなわち，カルボカチオンが生成する反応の遷移状態では，炭素─ハロゲン結合が部分的に開裂しており，アルキル基の炭素原子はカルボカチオン性を帯びている．したがって，安定なカルボカチオンを生成する反応ほど遷移状態が安定化され，そのカルボカチオンを与える反応の活性化エネルギーも低下する．図7.4に第三級ハロゲン化アルキル R_3CX が第二級ハロゲン化アルキル R_2CHX よりも S_N1 反応の反応性が高い理由を，エネルギー図を用いて示した．

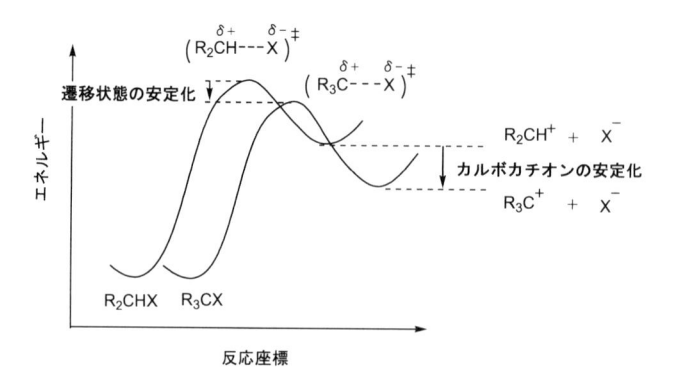

図7.4 第三級ハロゲン化アルキル R_3CX と第二級ハロゲン化アルキル R_2CHX の S_N1 反応の律速段階のエネルギー図

それぞれのエネルギー図は比較しやすいようにずらして描いてある．

(c) S_N1 反応と S_N2 反応を支配する因子

7.3.1 項(b)までで S_N1 反応と S_N2 反応のそれぞれの反応機構と特徴を述べた．では，ハロゲン化アルキルの求核置換反応が，どちらの機構で進行するかは，何によって支配されるのだろうか．それには，3つの重要な因子がある．

・**ハロゲン化アルキルの構造**　ハロゲン化アルキルの級数に対して，S_N1 反応と S_N2 反応の反応性の順序は，まったく逆であった．したがって，一般に，第一級ハロゲン化アルキルでは S_N2 反応が起こり，第三級ハロゲン化アルキルでは S_N1 反応が起こりやすい．第二級ハロゲン化アルキルは，他の条件によって2つのどちらかの機構で反応するか，あるいは S_N1 と S_N2 の中間的な機構で反応する．

・**求核剤**　求核剤は S_N1 反応の遷移状態には関与しないので，S_N1 反応の速度は求核剤の濃度や性質に無関係である．すなわち，求核剤の濃度が高い場合，あるいは求核剤の求核性が高い場合には，S_N2 反応が有利となる．

・**反応溶媒**　S_N1 反応の律速段階の遷移状態 $(R^{\delta+}\cdots X^{\delta-})^{\ddagger}$ は，アルキル基がカルボカチオン性をもつため，反応系 RX よりも大きな双極子モーメントが生じ，極性溶媒によって安定化を受ける．一方，S_N2 反応では，反応系 $RX + Nu^-$ に対して遷移状態 $(X^{\delta-}\cdots R\cdots Nu^{\delta-})^{\ddagger}$ では電荷が分散するため，極性溶媒による安定化はむしろ反応系の方が大きい．この結果，極性溶媒を用いたときの活性化エネルギーの低下は，S_N1 反応の方が大きくなる．したがって，水やメタノールといった極性の高い溶媒を用いると，S_N1 反応が有利となる．

(d) S_N1 反応における転位反応

S_N1 反応では，しばしば求核剤が，脱離基が結合していた炭素原子とは異なった炭素原子に結合する場合がある．たとえば，

$$\underset{\underset{H}{|}}{\overset{\overset{CH_3}{|}}{H_3C-C-CH_2-Br}} \xrightarrow[S_N1 反応条件]{CH_3OH} \underset{\underset{OCH_3}{|}}{\overset{\overset{CH_3}{|}}{H_3C-C-CH_3}}$$

この反応では，メタノール CH_3OH の求核置換反応に伴って，反応物のアルキル基がイソブチル基 $(CH_3)_2CHCH_2-$ から t-ブチル基 $(CH_3)_3C-$ へ転位している．この反応は以下のような反応機構によって進む．

段階① $H_3C-\underset{\underset{H}{|}}{\overset{\overset{CH_3}{|}}{C}}-CH_2\overset{\delta+}{\frown}\overset{\delta-}{Br} \longrightarrow H_3C-\underset{\underset{H}{|}}{\overset{\overset{CH_3}{|}}{C}}-CH_2^+ \ + \ Br^-$

段階② $H_3C-\underset{\underset{H}{|}}{\overset{\overset{CH_3}{|}}{C}}-CH_2^+ \longrightarrow H_3C-\underset{+}{\overset{\overset{CH_3}{|}}{C}}-CH_3$

段階③ $H_3C-\underset{+}{\overset{\overset{CH_3}{|}}{C}}-CH_3 \ + \ CH_3\overset{..}{\overset{..}{O}}H \longrightarrow H_3C-\underset{\underset{H_3C\overset{+}{O}-H}{|}}{\overset{\overset{CH_3}{|}}{C}}-CH_3 \xrightarrow{Br^-} H_3C-\underset{\underset{OCH_3}{|}}{\overset{\overset{CH_3}{|}}{C}}-CH_3 \ + \ HBr$

S_N1反応条件であるから，まず反応物からカルボカチオン $(CH_3)_2CH$-CH_2^+ が生成する（段階①）．生成したカルボカチオンは第一級カルボカチオンであり，安定性に乏しい．隣接する炭素原子に結合した水素原子が，電子対をもって正電荷を有する炭素原子に移動すると，著しく安定性に勝る第三級カルボカチオン $(CH_3)_3C^+$ が生成する（段階②）．水素が電子対をもって移動する過程を**ヒドリド移動**とよぶ．最後に，生成した $(CH_3)_3C^+$ が CH_3OH の求核的な攻撃を受けて生成物が得られる（段階③）．

次の例では，メチル基が移動することによって，炭素骨格が転位している．

$H_3C-\underset{\underset{CH_3}{|}}{\overset{\overset{CH_3}{|}}{C}}-CH_2-Br \xrightarrow[S_N1\text{反応条件}]{C_2H_5OH} H_3C-\underset{\underset{OC_2H_5}{|}}{\overset{\overset{CH_3}{|}}{C}}-CH_2CH_3$

この反応でも，安定性の低いカルボカチオンからより安定なカルボカチオンへの転位反応が進行している．すなわち，最初に生成するカルボカチオン $(CH_3)_3CCH_2^+$ は不安定な第一級のカルボカチオンであり，隣接する炭素原子に結合したメチル基が，電子対をもって正電荷をもつ炭素原子に移動することによって，安定な第三級カルボカチオン $(CH_3)_2C^+CH_2CH_3$ となる．

一般に，カルボカチオンにおいては，隣接する炭素原子に結合した水素あるいはアルキル基が正電荷をもった炭素原子に移動することによって，より安定なカルボカチオンが生成する場合には，転位反応が起こる．このようなカルボカチオンにおける転位反応を，**ワーグナー–メーヤワイン転位**とよんでいる．

また，上記の2つの例では，ハロゲン化アルキルが極性溶媒であるアルコ

ール中で解離してカルボカチオンを生じ，溶媒自身が求核剤となって生成物を与えている．このような反応を，**加溶媒分解**，あるいは**ソルボリシス**という．

7.3.2 脱離反応

臭化 n-ブチル $CH_3(CH_2)_2CH_2Br$ をエタノール中で，水酸化カリウム K^+OH^- と反応させると，反応物から臭化水素 HBr が失われた構造の 1-ブテン $CH_3CH_2CH=CH_2$ が生成する．この脱離反応では，ハロゲン化アルキルのハロゲンが結合した炭素（α 炭素という）に隣接した炭素（β 炭素）に結合した水素（β 水素という）が消失している．

$$CH_3-CH_2-\underset{\beta 炭素}{\overset{\overset{\beta 水素}{H}}{C}H}-\underset{\alpha 炭素}{CH_2}-Br \xrightarrow[エタノール]{KOH} CH_3-CH_2-CH=CH_2$$

この反応も，求核置換反応において最初に掲げた例と同様，ハロゲン化アルキルと水酸化物イオン OH^- との反応であるが，求核置換反応では OH^- は求核剤として α 炭素を攻撃したのに対して，脱離反応では OH^- は塩基として β 水素を攻撃している．脱離反応でも求核置換反応と同様に，反応速度が反応物と塩基の濃度に依存する場合と，反応物の濃度のみに依存する場合がある．前者を**二分子脱離反応**といい，**E2 反応**と略記する．E は脱離に相当する英語表記の Elimination の頭文字である．また，後者を**一分子脱離反応**といい，**E1 反応**と略記する．

炭素—炭素二重結合をもつ炭化水素を**アルケン**という．ハロゲン化アルキルの脱離反応は，アルケンの合成法として重要な反応である．

(a) 二分子脱離反応（E2 反応）

この反応は，反応速度が反応物 RX の濃度と塩基 B^- の濃度に依存する二次反応である．

$$反応速度 = k[RX][B^-]$$

したがって，反応の遷移状態には RX と B^- の両方が関与する．ハロゲン化アルキルからアルケンが生成する脱離反応には，次の 4 つの結合の開裂と形成が含まれている；(1) B^- の β 水素の攻撃による H—B 結合の形成，

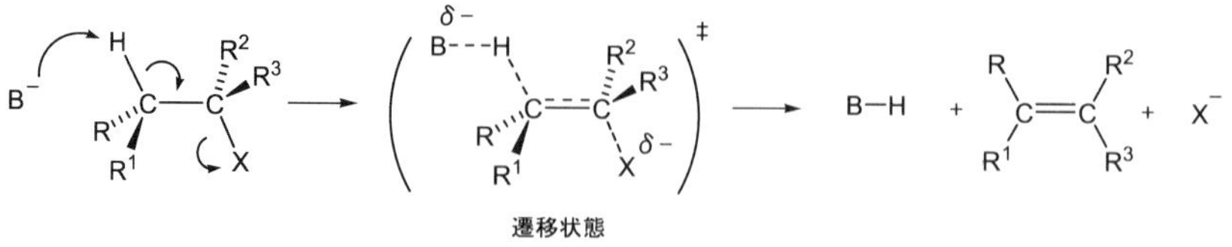

図 7.5　E2 反応の反応機構

(2) β 水素—炭素結合の開裂, (3) 炭素—炭素 π 結合の形成, (4) 炭素—ハロゲン結合の開裂. E2 反応は, これら 4 つの過程が同時に進行する一段階反応である. 図 7.5 に E2 反応の反応機構を示す.

E2 反応の遷移状態は, B—H 結合が部分的に形成され, H—C 結合が開裂しかかっており, 炭素原子間に π 結合が部分的に形成され, さらに C—X 結合が開裂しかかっている状態に相当する.

反応物であるハロゲン化アルキルでは炭素—炭素結合は単結合なので自由回転しているが, E2 反応の遷移状態では図 7.5 に示したように, 消失する β 水素とハロゲン原子 X が炭素—炭素結合に対して逆側に位置するねじれ形の立体配座をとる. このような立体配座をとって進行する脱離を, **アンチ脱離**という.

E2 反応では, アンチ脱離によって反応が進行する結果, ある決まった立体配置をもつハロゲン化アルキルからは, ある決まった立体配置をもつアルケンが生成することになる. たとえば, 1-ブロモ-1,2-ジフェニルプロパン $Ph(CH_3)CH—CH(Br)Ph$ （Ph はフェニル基 C_6H_5- を表す）は 2 個の不斉炭素原子をもつのでジアステレオマーが存在するが, それらの E2 脱離反応では, それぞれから立体配置の異なった 1,2-ジフェニル-1-プロペン $PhCH=C(CH_3)Ph$ が生成する.

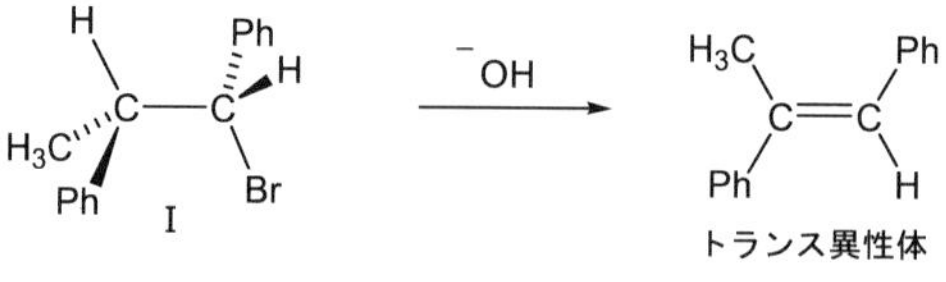

$$\underset{\text{II}}{\underset{H_3C}{\overset{H}{\underset{Ph}{\diagdown}}}\overset{Ph}{\underset{Br}{\diagup}}\overset{H}{\underset{}{\diagdown}}C} \xrightarrow{^-OH} \underset{\text{シス異性体}}{\underset{H_3C}{\overset{Ph}{\diagdown}}C=C\overset{Ph}{\underset{H}{\diagup}}}$$

すなわち，図7.5に示すようなアンチ脱離で反応が進行した結果，ジアステレオマー I からはトランス体のアルケンのみが生成し，シス異性体のアルケンはまったく生成しない．一方，ジアステレオマー II からはシス異性体のアルケンのみが生成する．一般に，1つの反応物から複数の立体異性体が生成する可能性があるにもかかわらず，ただ1つの立体異性体しか生成しない反応を，**立体選択的反応**という．また，立体異性体の関係にある2つの反応物がそれぞれ異なった生成物を与える反応を，**立体特異的反応**という．すなわち，E2反応は，立体選択的でかつ立体特異的な反応である．

ハロゲン化アルキルの脱離反応では，β 水素が消失して α 炭素―β 炭素間に二重結合が形成される．したがって，α 炭素原子について非対称な構造をもつハロゲン化アルキルでは，二重結合の位置の異なった複数のアルケンが生成する可能性がある．たとえば，

$$\underset{\text{2-ブロモブタン}}{CH_3-CH_2-\underset{Br}{CH}-CH_3} \xrightarrow{^-OH} \underset{\underset{81\%}{\text{二置換アルケン}}}{\underset{\text{2-ブテン}}{CH_3-CH=CH-CH_3}} + \underset{\underset{19\%}{\text{一置換アルケン}}}{\underset{\text{1-ブテン}}{CH_3-CH_2-CH=CH_2}}$$

$$\underset{\text{2-ブロモ-2-メチルブタン}}{CH_3-CH_2-\underset{Br}{\overset{CH_3}{C}}-CH_3} \xrightarrow{^-OH} \underset{\underset{71\%}{\text{三置換アルケン}}}{\underset{\text{2-メチル-2-ブテン}}{CH_3-CH=\overset{CH_3}{C}-CH_3}} + \underset{\underset{29\%}{\text{二置換アルケン}}}{\underset{\text{2-メチル-1-ブテン}}{CH_3-CH_2-\overset{CH_3}{C}=CH_2}}$$

このような場合，例にも示したように，ある特定の位置異性体が優先して生成することが多い．どのような位置異性体が生成するか，すなわち脱離反応の位置選択性は何によって支配されるのだろうか．なお，ここでは二重結合の位置に注目し，立体異性体については考えないことにする．

アルカンのハロゲン化と同様に，脱離反応の位置選択性も，それぞれの異性体を与える確率因子と活性化エネルギー，すなわち遷移状態の安定性によ

って決まる．たとえば，2-ブロモブタンからは，2-ブテンと1-ブテンが生成するが，脱離して2-ブテンを与えるβ水素は2個，1-ブテンを与えるβ水素は3個あり，確率因子からは1-ブテンの生成が有利である．しかし，実際には2-ブテンが優先して生成している．これは，2-ブテンを与える反応の遷移状態が，1-ブテンを与える遷移状態よりも安定であることを意味している．

1875年にセイチェフ（A. M. Saytzeff, 1841-1910）は，ハロゲン化アルキルの脱離反応の位置選択性に関して，次のような経験則を提出した．

「ハロゲン化アルキルの脱離反応では，二重結合の炭素原子に結合しているアルキル基の数がより多いアルケンが優先的に生成する．」

これを**セイチェフ則**といい，この経験則に従う脱離反応を**セイチェフ脱離**とよぶ．二重結合を形成している炭素原子にn個のアルキル基が結合したアルケンをn置換アルケンとよぶと，先に示した例でも，一置換アルケンよりも二置換アルケンが，また二置換アルケンよりも三置換アルケンが優先して生成していることがわかる．

アルケンの生成しやすさ　$R_2C=CR_2$ ＞ $R_2C=CHR$ ＞ $RHC=CHR$，$R_2C=CH_2$ ＞ $RHC=CH_2$

四置換アルケン　三置換アルケン　二置換アルケン　一置換アルケン

このアルケンの生成しやすさの順序は，アルケンの安定性の順序と一致している．すなわち，セイチェフ則は，「安定なアルケンほど，速やかに生成する」と言い換えることができる．このことは，すでに述べたアルキルラジカルやカルボカチオンの場合と同様に，脱離反応の遷移状態が生成物であるアルケン性をもっているため（図7.5），生成物の安定性が遷移状態の安定性に部分的に反映されると考えることによって理解できる．

アルケンの安定性　$R_2C=CR_2$ ＞ $R_2C=CHR$ ＞ $RHC=CHR$，$R_2C=CH_2$ ＞ $RHC=CH_2$

四置換アルケン　三置換アルケン　二置換アルケン　一置換アルケン

二重結合を形成する炭素原子に結合しているアルキル基の数が多いアルケンほど安定であることは，図7.6に示した水素化熱の測定結果に表されてい

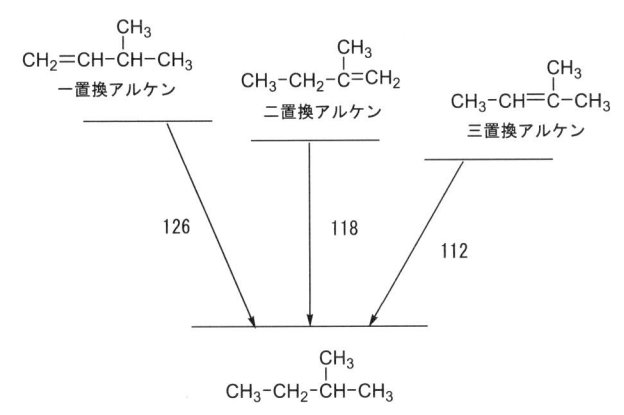

```
          CH₃                    CH₃                    CH₃
          |                      |                      |
CH₂=CH-CH-CH₃         CH₃-CH₂-C=CH₂          CH₃-CH=C-CH₃
   一置換アルケン          二置換アルケン             三置換アルケン
```

          126   118   112

```
              CH₃
              |
        CH₃-CH₂-CH-CH₃
```

図 7.6 2-メチルブタンを与えるアルケン位置異性体の水素化熱の比較（単位：kJ mol⁻¹）

る．これは，アルキル基の超共役，すなわちアルケンの π 結合とアルキル基の C—H σ 結合の共役による電子の非局在化によって説明されている．

また，ハロゲン化アルキルの級数の違いによる E2 反応の反応性も，生成するアルケンの安定性によって支配される．すなわち，安定なアルケンを与えるハロゲン化アルキルほど反応性が高い．ハロゲン化アルキルの級数が高いほど，生成するアルケンの二重結合に結合しているアルキル基の数も多くなる．したがって，E2 反応性は，第三級ハロゲン化アルキル ＞ 第二級ハロゲン化アルキル ＞ 第一級ハロゲン化アルキル の順に低下する．

(b) 一分子脱離反応（E1 反応）

この反応は，反応速度が反応物 RX の濃度のみに依存し，塩基 B⁻ の濃度には依存しない．

$$反応速度 = k[\mathrm{RX}]$$

E1 反応は，図 7.7 に示すように二段階で進行する．

まず，ハロゲン化アルキルの C—X 結合がヘテロリシスを起こしてカルボカチオンが生成する（段階①）．この段階が律速段階であり，ここまでは S_N1 反応と同一である．E1 反応では，電子豊富な化学種 B⁻ が塩基としてカルボカチオンの β 水素を攻撃することによって，生成物に至る（段階②）．また，カルボカチオンでは炭素—炭素結合のまわりに回転が可能なので，E1 反応では，E2 反応でみられたような立体選択性は失われる．

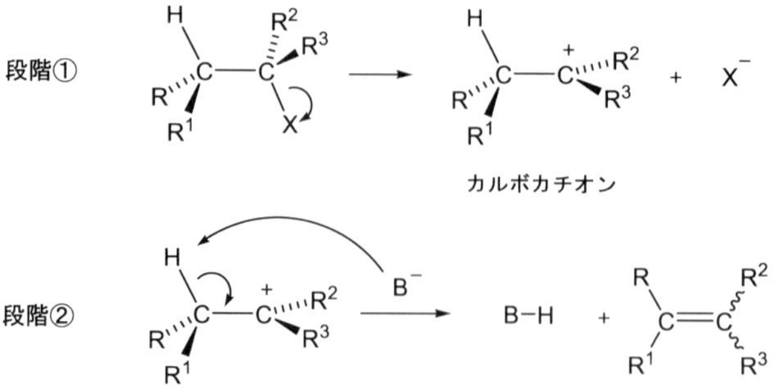

第7章 ハロゲン化アルキル

段階①

カルボカチオン

段階②

図 7.7 E1 反応の反応機構
生成物において波線で示した結合は，他の立体配置をもつ異性体も生成することを示している．

E1 反応は S_N1 反応と同様に，カルボカチオンを経由する反応であるから，S_N1 反応でみられたカルボカチオンに由来する特徴が E1 反応でもみられる．すなわち，ハロゲン化アルキルの級数による E1 反応の反応性は，生成するカルボカチオンの安定性によって支配され，第三級ハロゲン化アルキル ＞ 第二級ハロゲン化アルキル ＞ 第一級ハロゲン化アルキル の順に低下する．また，次の例のように，転位反応を伴う場合もある．

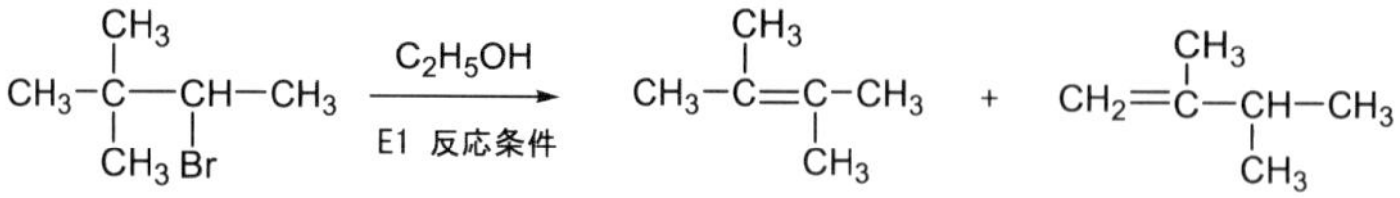

この脱離反応には，図 7.8 に示すように，反応物から生成した第二級カルボカチオン I からメチル基の移動によって，より安定な第三級カルボカチオン II に転位する過程が含まれている．カルボカチオン II に対して，エタノール C_2H_5OH が塩基として作用することにより，2 種類のアルケンが生成する．

E1 反応で生成するアルケンの位置選択性はセイチェフ則に従い，最も安

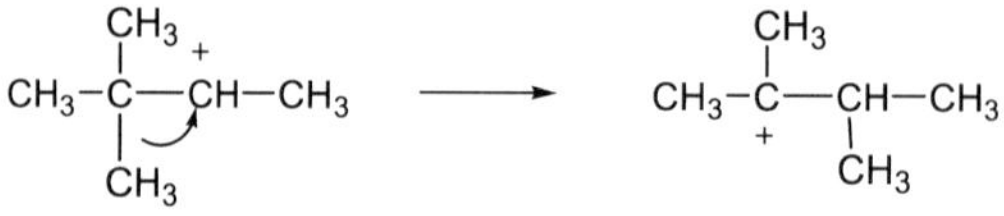

図 7.8 2-ブロモ-3,3-ジメチルブタンから生成したカルボカチオンの転位反応

定なアルケンが優先して生成する．これは，生成するアルケンの構造が決定される段階②（図7.7）の遷移状態において，アルケンの安定性が反映されるためである．

(c) E1反応とE2反応を支配する因子

脱離反応がE1反応で進行するか，E2反応で進行するかは，求核置換反応の場合と同様に考えることができる．ただし，ハロゲン化アルキルの級数による反応性は，どちらの機構においても，第三級 > 第二級 > 第一級の順に低下するので，反応機構を支配する因子とはならない．その他の因子については，求核置換反応と同様であり，用いる塩基の塩基性，および濃度を高めるとE2反応が有利になり，極性の高い溶媒を用いるとE1反応が有利になる．

7.3.3 求核置換反応と脱離反応の競争

すでに述べたように，ハロゲン化アルキルの求核置換反応と脱離反応は，電子豊富な化学種を共通の反応試剤としており，それが求核剤として反応物の α 炭素を攻撃するか，塩基として β 水素を攻撃するかによって区別された．次の例にみられるように，1つの反応系において，求核置換反応と脱離反応が同時に進行する場合がある．このようなとき，求核置換反応と脱離反

$$\underset{\mathrm{CH_3-CH-CH_2Br}}{\overset{\mathrm{CH_3}}{|}} \xrightarrow{\mathrm{C_2H_5O^-}} \underset{\underset{\underset{40\%}{置換反応生成物}}{\mathrm{CH_3-CH-CH_2OC_2H_5}}}{\overset{\mathrm{CH_3}}{|}} + \underset{\underset{\underset{60\%}{脱離反応生成物}}{\mathrm{CH_3-C=CH_2}}}{\overset{\mathrm{CH_3}}{|}}$$

応が**競争**している，と表現する．

ハロゲン化アルキルと電子豊富な化学種との反応を考えるとき，求核置換反応と脱離反応の2つの可能性があることを，常に考慮する必要がある．しかし，これらの反応を合成反応として利用するためには，一方の反応を優先的に進行させねばならない．競争的に進行する求核置換反応と脱離反応は，以下の因子によってある程度，制御することができる．

・**ハロゲン化アルキルの構造**　第三級ハロゲン化アルキルは，S_N2 反応性が低く，E2反応性が高い．したがって，第三級ハロゲン化アルキルを二分子的な反応に有利な条件で反応させると，脱離反応が優先する．一般に，ハロゲ

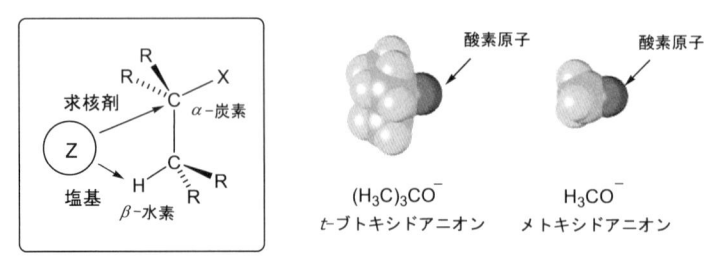

図 7.9 ハロゲン化アルキルの求核置換反応と脱離反応における反応試剤の攻撃位置，および立体的に大きな塩基 $(H_3C)_3CO^-$ と小さな塩基 CH_3O^- の立体構造の比較

ン化アルキルの脱離反応をアルケンの合成反応として利用する場合には，E2 反応の条件，すなわち塩基性の高い塩基を高濃度で用いることが多い．

・**反応試剤の性質と構造** 第 4 章で述べたように，電子豊富な試剤の塩基性と求核性には相関があり，一般に，塩基性が高い反応試剤は求核性も高い．しかし，立体効果によって，塩基の求核性を抑制することができる．これは，反応試剤が，求核置換反応では反応物分子の内部に位置する α 炭素を攻撃するのに対して，脱離反応において攻撃を受ける β 水素は分子の表面にあり，試剤が接近しやすいからである（図 7.9）．このため立体的に大きな塩基を用いると求核置換反応が抑制され，脱離反応を優先させることができる．このような塩基として，カリウム t-ブトキシド $K^+O^-C(CH_3)_3$ やリチウムジイソプロピルアミド $Li^+N^-(CH(CH_3)_2)_2$ がある．

・**反応温度** 反応温度を高めると脱離反応が有利になる．これは，脱離反応では 2 個の結合の開裂が必要なので，求核置換反応よりも活性化エネルギーが大きいためである．

7.3.4 有機金属化合物の生成

炭素—金属結合をもつ化合物を，**有機金属化合物**という．第 3 章で述べたように，金属原子 M は炭素原子よりも電気陽性なので，炭素—金属結合は $C^{\delta -}-M^{\delta +}$ と分極し，炭素原子は負の部分電荷をもつ，すなわちカルボアニオン性をもつことになる．カルボアニオンの反応性や有機合成化学における重要性は後の章で述べるが，一般に，有機金属化合物はハロゲン化アルキル

$$\overset{\delta-}{\text{HO}}—\overset{\delta+}{\text{H}} \quad \overset{\delta-}{\text{CH}_3\text{CH}_2}—\overset{\delta+}{\text{MgBr}} \longrightarrow \overset{-}{\text{HO}}\ \overset{+}{\text{MgBr}}\ +\ \text{H-CH}_2\text{CH}_3$$

図 7.10 グリニャール試薬と水との反応の反応機構

と金属との反応によって合成される．さまざまな金属の有機金属化合物が知られているが，代表的なものがマグネシウム Mg とリチウム Li の化合物である．

乾燥させたジエチルエーテル $(\text{C}_2\text{H}_5)_2\text{O}$ を反応溶媒として，金属マグネシウム Mg にハロゲン化アルキル RX を加えると，発熱反応が起こり Mg は消失する．溶液中では，RMgX と表記される化学種が生成する．

$$\text{CH}_3\text{CH}_2\text{Br}\ +\ \text{Mg}\ \xrightarrow{\text{ジエチルエーテル}}\ \text{CH}_3\text{CH}_2\text{MgBr}$$

このようにして調製される試薬を，最初にこの試薬を発見したグリニャール (F. A. V. Grignard, 1871-1935) の名前をつけて，**グリニャール試薬**という．グリニャール試薬は反応性に富んでおり，さまざまな物質と反応する．水 H_2O とも容易に反応し，アルカンが生成する．グリニャール試薬を調製する際に，溶媒を十分に乾燥させ，水が混入しないように注意を払うのは，この反応によってグリニャール試薬が分解するのを防ぐためである．

$$\text{CH}_3\text{CH}_2\text{MgBr}\ +\ \text{H}_2\text{O}\ \longrightarrow\ \text{CH}_3\text{CH}_2\text{-H}\ +\ \text{Mg(OH)Br}$$

この反応は図 7.10 に示した反応機構で進行する．すなわち，グリニャール試薬 $\text{CH}_3\text{CH}_2\text{MgBr}$ から生じたカルボアニオン CH_3CH_2^- が塩基として作用し，正に分極した水 H_2O の水素原子を攻撃する．

この反応は，アルカンの合成に利用される場合がある．特に，水の代わりに重水 D_2O を用いれば，重水素原子 D を含むアルカンを合成することができる．

有機リチウム試薬 RLi も，ハロゲン化アルキル RX と金属リチウム Li から，グリニャール試薬と同様の手法で合成される．

第8章
アルコールとエーテル

　アルカンの水素原子を**ヒドロキシ基** OH で置換した化合物を**アルコール**という．アルコールは，一般式 ROH で表記される．アルコールという名称は ROH で表される有機化合物の総称であるが，最も代表的なアルコールである**エタノール** C_2H_5OH の略称としても用いられる．OH 基は官能基の一種であり，アルコールに共通するさまざまな物理的，化学的性質を与えている．なお，炭化水素基 R がベンゼン環や置換基をもつベンゼン環の場合にはフェノールとよび ArOH と表記され，アルコールとは区別される．Ar を**アリール基**という．

　アルコールあるいはフェノールの OH 基の水素原子を炭化水素基で置換した ROR，ROAr，あるいは ArOAr の一般式をもつ化合物を，**エーテル**という．エーテルはまた，最も代表的なエーテルであるジエチルエーテル $C_2H_5OC_2H_5$ の略称としても用いられる．エーテルに含まれる炭素―酸素―炭素結合は**エーテル結合**とよばれ，官能基の一種である．

8.1　アルコールの構造と性質

　アルコール ROH のヒドロキシ基が結合している炭素原子は，sp^3 混成炭素であり，正四面体構造をとっている．アルコールもハロゲン化アルキルと同様に，ヒドロキシ基が結合している炭素原子の級数に従って分類される．

第一級アルコール　　　第二級アルコール　　　第三級アルコール

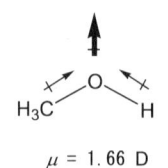

図 8.1 メタノール CH_3OH の構造と双極子モーメント

右図の細い矢印は結合の分極を、太い矢印は双極子モーメントの方向を示す。

表 8.1 アルコールと塩化アルキルとの性質の比較

構造式	分子量	融点 ℃	沸点 ℃	双極子モーメント D	水に対する溶解度 g/100 mL
CH_3OH	32.0	−97.8	64.6	1.66	自由に混ざる
CH_3Cl	50.5	−97.7	−23.8	1.89	0.74
CH_3CH_2OH	46.1	−114.5	78.3	1.44	自由に混ざる
CH_3CH_2Cl	64.5	−136.4	12.3	2.05	0.45
$CH_3CH_2CH_2CH_2OH$	74.1	−89.5	117.3	1.63	8.0

ハロゲン原子と同様に酸素原子も電気陰性な原子なので，C—O 結合および O—H 結合に分極が生じ，炭素原子および水素原子は部分的な正電荷をもつ．酸素原子は 2 対の非共有電子対をもつので，C—O—H は屈曲構造をとり，その結果，アルコールは双極子モーメントをもつことになる．図 8.1 にメタノールの構造と双極子モーメントの方向を示す．

アルコールは極性分子なので，分子間に双極子—双極子相互作用が働くため，沸点は同程度の分子量をもつアルカンより高くなる．しかし，表 8.1 に示したように，アルコール ROH の沸点は同じアルキル基をもつ塩化アルキル RCl と比較しても著しく高い．また，ハロゲン化アルキルが水にほとんど溶けないのに対して，アルコールは水に対する溶解性が高い．これは，ハロゲン化アルキルと比較して，アルコールは分子間相互作用が著しく大きく，また水との相互作用も大きいことを示している．

アルコールは電気陰性度の高い酸素原子に結合した水素原子をもつので，アルコール分子間，あるいは水とのあいだに**水素結合**を形成することができる．これが，アルコールにおける大きな分子間相互作用と水に対する高い溶解性の要因となっている．なお，炭素数 3 までのアルコールは水と任意の割合で混じるが，炭素数 4 以上になると無極性の炭化水素基の性質が優先し，

水に対する溶解性は著しく低下する．

・**アルコールの酸性と塩基性**　第4章で述べたように，アルコール ROH の水素原子はプロトンとして解離しやすい．ROH の酸性は水よりやや弱い程度であり，また，その強さは，水中において，メタノール ＞ 第一級アルコール ＞ 第二級アルコール ＞ 第三級アルコール の順に低下する．これは，アルキル基の立体的な効果によって，水によるアルコキシド RO^- のイオン−双極子相互作用による安定化が妨げられるためと解釈されている．

一方，ROH の酸素原子は非共有電子対をもつので，プロトンを受容することができる．すなわち，アルコールは酸としても，塩基としても作用することができる．アルコールのように酸性と塩基性をあわせもつ化合物を，**両性化合物**という．

$$CH_3OH \rightleftharpoons H^+ + CH_3O^- \qquad pK_a = 15.5$$
酸

$$CH_3OH + H^+ \rightleftharpoons CH_3OH_2^+ \qquad pK_a = -2.2$$
塩基

8.2　アルコールの合成

メタノール CH_3OH は，**合成ガス**とよばれる一酸化炭素 CO と水素 H_2 の混合物を，銅 Cu，酸化亜鉛 ZnO，酸化クロム(III) Cr_2O_3 からなる触媒を用いて高温高圧下で反応させることにより，工業的に大規模に製造されている．また，エタノール CH_3CH_2OH は，砂糖きびの糖蜜やさまざまな穀物のデンプンを，酵母菌を用いて発酵させる**アルコール発酵**によって合成されている．

アルコールを実験室で合成するための一般的な方法としては，以下の方法がある．

(1) ハロゲン化アルキルの求核置換反応（7.3.1 項）
(2) アルケンに対する水の求電子付加反応（9.3.1 項(b)），および酸化的ヒドロキシル化（9.3.5 項）
(3) アルキルボラン R_3B の酸化的置換反応（9.3.3 項）
(4) カルボニル化合物と有機金属化合物の反応（求核付加反応；11.3.1 項

(d))
(5) カルボニル化合物に対する水素 H_2 の付加反応（11.3.2 項 (a)）

8.3 アルコールの反応

8.3.1 酸としての反応

アルコールは水と同様，還元力の強いアルカリ金属（リチウム Li，ナトリウム Na，カリウム K，セシウム Cs）などの金属原子と反応し，アルコキシドのアルカリ金属塩と水素 H_2 を与える．

$$2ROH + 2Na \longrightarrow 2Na^{+-}OR + H_2$$
ナトリウムアルコキシド

アルコキシドは塩基あるいは求核剤として，有機合成反応にしばしば用いられる．

8.3.2 求核置換反応

(a) ハロゲン化水素との反応

ハロゲン化アルキル RX の C—X 結合と同様に，アルコール ROH においても C—O 結合は $C^{\delta+}$—$O^{\delta-}$ と分極しており，ヘテロリシスを起こしやすくなっている．しかし，ハロゲン化アルキルと比較して，アルコールの求核剤に対する反応性は著しく小さい．これは，ヒドロキシ基 OH の脱離基能がハロゲン原子 X に比べて，非常に小さいためである．7.3 節で述べたように，脱離したアニオンが安定なほど脱離基能が高いが，OH^- が X^- より塩基性が強いことから明らかなように，OH^- のアニオンとしての安定性は X^- よりも低い．

しかし，アルコールに酸を添加すると求核剤に対する反応性が著しく増大する．これは，アルコールの OH 基の非共有電子対がプロトン H^+ の求電子的な攻撃を受け，プロトン化されたアルコールが生成したためである．プロトン化されたアルコールでは脱離基は水 H_2O となるが，水は OH^- より著しく塩基性が低いため，きわめて良好な脱離基となる．ハロゲン化水素 HX（X=Cl, Br, I）によるアルコール R_3COH のプロトン化における電子対の移動を図 8.2 に示す．

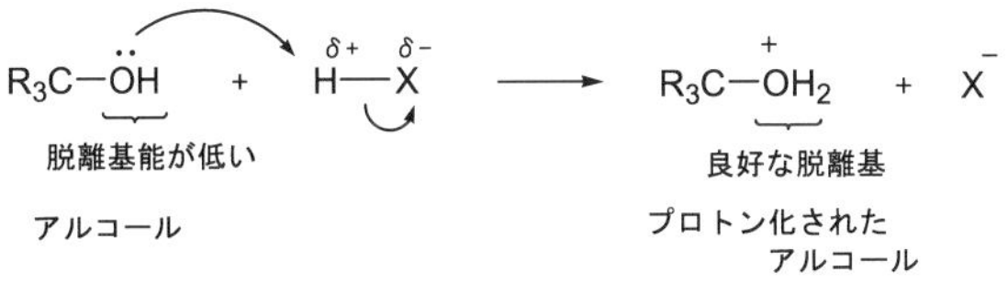

$$R_3C-\overset{..}{\underset{..}{O}}H + \overset{\delta+}{H}-\overset{\delta-}{X} \longrightarrow R_3C-\overset{+}{O}H_2 + X^-$$

脱離能が低い　　　　　　　　　　　　　良好な脱離基
アルコール　　　　　　　　　　　　　　プロトン化された
　　　　　　　　　　　　　　　　　　　アルコール

図 8.2 ハロゲン化水素 HX によるアルコール R_3COH のプロトン化の反応機構

このため，アルコールとハロゲン化水素を反応させると，プロトン化されたアルコールを経て容易に置換反応が進行し，ハロゲン化アルキルが得られる．

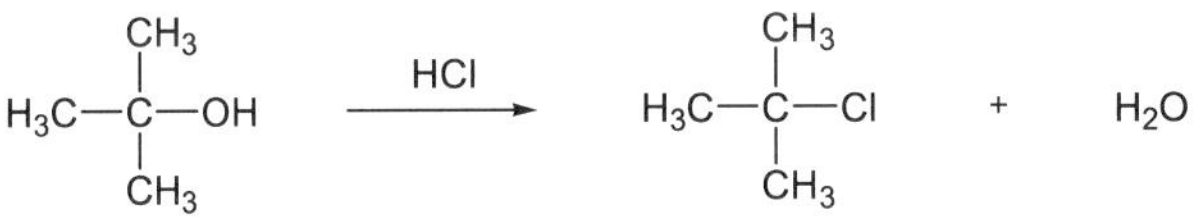

$$\underset{\underset{CH_3}{|}}{\overset{\overset{CH_3}{|}}{H_3C-C-OH}} \xrightarrow{HCl} \underset{\underset{CH_3}{|}}{\overset{\overset{CH_3}{|}}{H_3C-C-Cl}} + H_2O$$

アルコールの級数による反応性の順序は，第三級アルコール > 第二級アルコール > 第一級アルコール < メタノール となり，第一級アルコールが最も反応性が低い．これは，第三級および第二級アルコールでは S_N1 反応が起こるが，S_N1 反応性が低下する第一級アルコールとメタノールでは，S_N2 機構で反応が進行するようになったためである．第三級アルコール R_3COH，および第一級アルコール RCH_2OH の塩化水素 HCl による求核置換反応の反応機構を，図 8.3 および図 8.4 に示す．いずれも，まずアルコールがプロトン化され（図 8.2），次いでアルコールの級数に依存した機構により置換反応が起こる．第三級アルコールの反応には，カルボカチオンが反応

図 8.3 第三級アルコールと HCl の求核置換反応の機構

段階① $R_3C-\overset{+}{O}H_2 \longrightarrow R_3\overset{+}{C} + H_2O$

段階② $Cl^- + R_3\overset{+}{C} \longrightarrow R_3C-Cl$

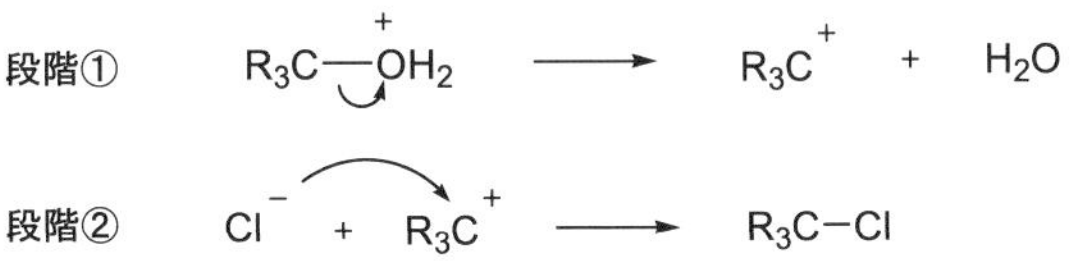

図 8.4 第一級アルコールと HCl の求核置換反応の機構

$Cl^- + RH_2C-\overset{+}{O}H_2 \longrightarrow RH_2C-Cl + H_2O$

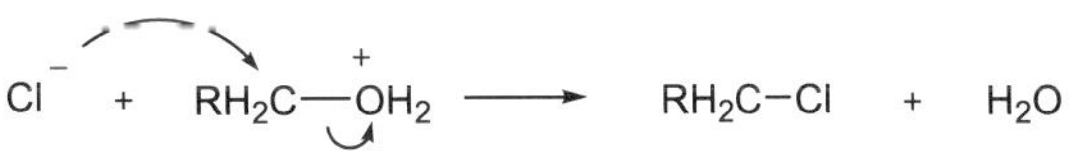

中間体として関与する．したがって，置換反応に伴って，転位反応が起こる場合がある．

実際の反応では，アルコールにハロゲン化水素の気体を通じるか，ハロゲン化水素の濃厚な水溶液を加えて加熱する．反応性の低い第一級アルコールと塩化水素 HCl の反応では，塩化亜鉛 $ZnCl_2$ を添加すると反応が円滑に進行する．

(b) 三ハロゲン化リンなどとの反応

アルコールと三ハロゲン化リン PX_3（X＝Cl, Br）の反応は，実験室においてハロゲン化アルキルを合成する方法としてよく用いられる．

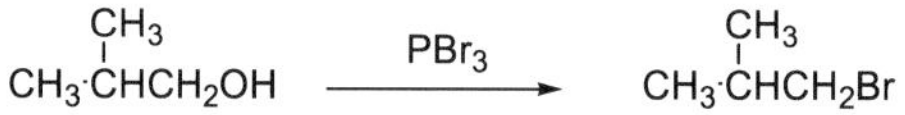

$$CH_3\text{-}CHCH_2OH \xrightarrow{PBr_3} CH_3\text{-}CHCH_2Br$$
（それぞれ CH_3 基が中央炭素に付く）

この反応では，アルコールの酸素原子がリン原子へ攻撃することによって，リン原子上で S_N2 反応が起こり，OH 基は良好な脱離基である $^+OHPX_2$ 基に変換される．図 8.5 に R_3COH と PX_3 による R_3CX の生成機構を示す．

アルコールの塩素化には五塩化リン PCl_5 も用いられる．また，アルコール ROH に対してリン P とヨウ素 I_2 を反応させると，反応系内で発生した PI_3 によって同様の反応が進行し，ヨウ化アルキル RI が得られる．

さらに，塩化チオニル $SOCl_2$ も，アルコール ROH から塩化アルキル RCl を合成するためによく用いられる試薬である．

$$CH_3CH_2CH_2OH + SOCl_2 \longrightarrow CH_3CH_2CH_2Cl + SO_2 + HCl$$

この反応では，ROH は $SOCl_2$ との反応によって良好な脱離基をもつクロ

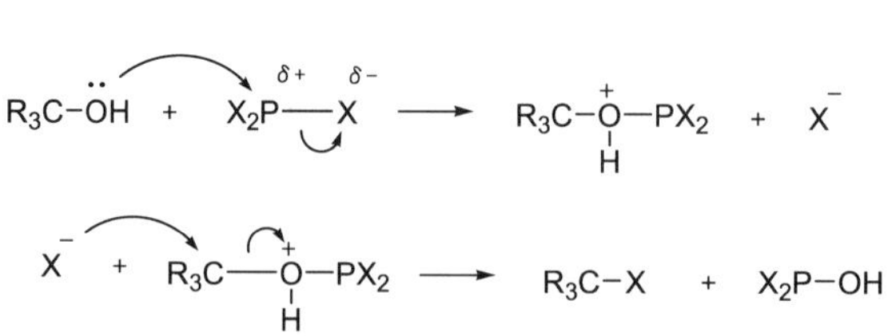

$$R_3C\text{-}OH + X_2P\text{-}X \longrightarrow R_3C\text{-}\overset{+}{\underset{H}{O}}\text{-}PX_2 + X^-$$

$$X^- + R_3C\text{-}\overset{+}{\underset{H}{O}}\text{-}PX_2 \longrightarrow R_3C\text{-}X + X_2P\text{-}OH$$

図 8.5 三ハロゲン化リン PX_3 によるアルコール R_3COH のハロゲン化の反応機構
X_2POH はさらに 2 分子のアルコールと反応して H_3PO_3 となる．

ロスルフィン酸エステル ROS(=O)Cl に変換される．このエステルに対して，反応過程で生じた塩化物イオン Cl^- が求核剤となる S_N2 反応が起こり，RCl が得られる．

8.3.3 脱離反応

ハロゲン化アルキルと同様に，プロトン化されたアルコール RO^+H_2 においても，求核置換反応と競争して脱離反応が起こり，アルケンが生成する．ハロゲン化物イオンなど求核性の高いアニオンが存在しない場合，および反応温度が高い場合には，脱離反応が有利となる．このため，アルコールに対して，共役塩基の求核性が低い硫酸 H_2SO_4 やリン酸 H_3PO_4 を酸として用いて，加熱条件で反応を行なうと，脱離反応のみが進行してアルケンが得られる．脱離反応において，除去される分子が水の場合を，特に**脱水反応**という．アルコールの脱水反応は，アルケンの重要な合成法の１つとなっている．

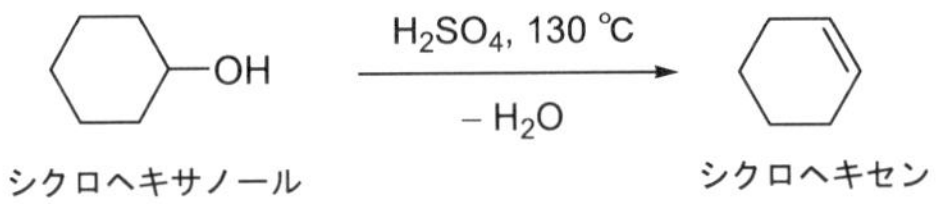

$$\text{シクロヘキサノール} \xrightarrow[-H_2O]{H_2SO_4,\ 130\ ℃} \text{シクロヘキセン}$$

アルコールの脱水反応は，プロトン化されたアルコールを反応物とする E1 反応である．t-ブチルアルコール $(CH_3)_3COH$ の硫酸 H_2SO_4 による脱水反応の機構を図 8.6 に示す．

段階①によって生成したプロトン化されたアルコールがヘテロリシスすることによって，カルボカチオンが生成する（段階②）．硫酸の共役塩基がカ

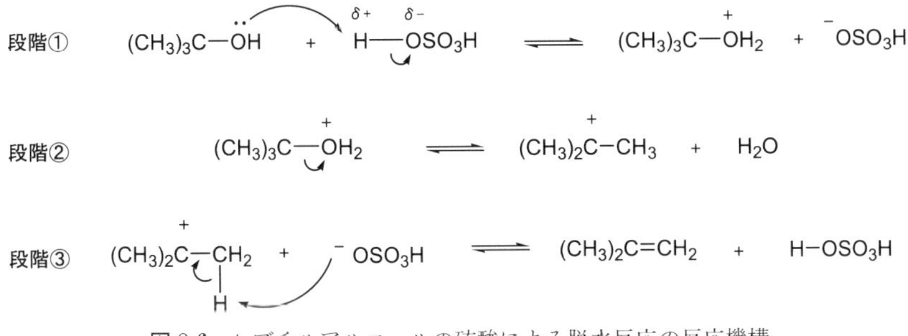

段階①　$(CH_3)_3C-\ddot{O}H\ +\ \overset{\delta+}{H}-\overset{\delta-}{OSO_3H}\ \rightleftarrows\ (CH_3)_3C-\overset{+}{O}H_2\ +\ ^-OSO_3H$

段階②　$(CH_3)_3C-\overset{+}{O}H_2\ \rightleftarrows\ (CH_3)_2\overset{+}{C}-CH_3\ +\ H_2O$

段階③　$(CH_3)_2\overset{+}{C}-\underset{H}{CH_2}\ +\ ^-OSO_3H\ \rightleftarrows\ (CH_3)_2C=CH_2\ +\ H-OSO_3H$

図 8.6 t-ブチルアルコールの硫酸による脱水反応の反応機構
各段階における両方向の矢印は，それぞれの段階が可逆的であることを示す．

ルボカチオンの β 水素を攻撃して，アルケンが生成する（段階③）．ハロゲン化アルキルの塩基による E1 反応と同様にカルボカチオンを経由するので，アルコールの脱水反応の反応性は，アルコールの級数に対して，

$$\text{脱水反応の反応性} \quad R_3COH \quad > \quad R_2CHOH \quad > \quad RCH_2OH$$
$$\text{第三級アルコール} \quad \text{第二級アルコール} \quad \text{第一級アルコール}$$

の順に低下する．また，転位反応を伴う場合もある．さらに，生成するアルケンの位置選択性はセイチェフ則に従い，最も安定なアルケンが優先して生成する．

　ハロゲン化アルキルの塩基による E1 反応と異なることは，ハロゲン化アルキルの反応では塩基が反応で消費されるのに対して，アルコールの脱水反応では，図 8.6 でも示されているとおり，段階①で用いられた酸が段階③で再生されることである．すなわち，酸は反応によって消費されず，したがって痕跡量存在するだけで反応は継続的に進行することになる．このような反応を，**酸触媒反応**という．また，次章に述べるように，酸は生成物であるアルケンに対してもプロトン化を起こすので，逆反応も進行することになる．すなわち，アルコールの脱水反応は可逆的である．

8.3.4　酸化反応

　アルコールは，酸性条件下，酸化クロム (VI) CrO_3，二クロム酸カリウム $K_2Cr_2O_7$，あるいは過マンガン酸カリウム $KMnO_4$ などの酸化剤によって酸化を受ける．酸化によってヒドロキシ基の結合している炭素原子上の水素（α 水素）が除去され，CHOH 基は**カルボニル基** $C=O$ に変換される．うすい硫酸水溶液中の CrO_3 による酸化反応を**ジョーンズ酸化**とよび，アルコールの酸化反応によく用いられる．この反応では，VI 価のクロム原子が III 価に還元されるため，反応溶液は橙色から緑色に変化する．

　第一級アルコール RCH_2OH は 2 個の α 水素をもつ．RCH_2OH を酸化すると，まず α 水素が 1 個失われて**アルデヒド** $RCH=O$ が生成するが，反応はこの段階で停止せず $RCH=O$ がさらに酸化を受けて，カルボン酸 $RC(=O)OH$ が生成する．

$$CH_3CHCH_2OH \xrightarrow{CrO_3, H^+} CH_3\underset{CH_3}{\overset{CH_3}{C}}-C-OH$$
（構造: $CH_3CH(CH_3)CH_2OH \to (CH_3)_2CHCOOH$）

最初に得られるアルデヒドが揮発性の場合には，蒸留によりアルデヒドを生成と同時に除去することによって，アルデヒドを単離できる場合がある．また，CrO_3 の酸化力を低下させることによって，第一級アルコールの酸化をアルデヒドの段階で停止させることができる酸化剤も開発されている．代表的な酸化剤としてクロロクロム酸ピリジニウム $C_5H_5NH^+ \cdot CrO_3Cl$（PCCと略記される）があり，アルデヒドの合成試剤としてよく用いられる．

$$CH_3CH_2CH_2OH \xrightarrow{C_5H_5NH^+ \ CrO_3Cl \ (PCC)} CH_3CH_2-C-H$$
（生成物: CH_3CH_2CHO）

第二級アルコール R_2CHOH を CrO_3 によって酸化すると，ケトン $R_2C=O$ が得られる．

$$CH_3CH_2\underset{OH}{CH}CH_2CH_3 \xrightarrow{CrO_3, H^+} CH_3CH_2-\underset{O}{\overset{\|}{C}}-CH_2CH_3$$

第三級アルコール R_3COH は α 水素をもたないので，このような酸化反応は起こらない．

8.4 エーテルの性質と反応

8.4.1 エーテルの性質と合成

エーテルはアルコールのヒドロキシ基の水素原子を炭化水素基に置き換えた化合物であり，ROR′ の一般式で示される（R，R′ はアルキル基またはアリール基を示す）．RO の部分構造を**アルコキシ基**とよび，代表的なものとして，メトキシ基 CH_3O-，エトキシ基 C_2H_5O- やベンゼン環をもつフェノキシ基 C_6H_5O- がある．最も代表的なエーテルはジエチルエーテル $C_2H_5OC_2H_5$ であり，有機化学反応の溶媒や，水溶液中の有機物を抽出するための溶媒として広く用いられている．

また，酸素原子がシクロアルカンの炭素原子と置き換わった構造のエーテ

ルを**環状エーテル**という．三員環構造をもつ環状エーテルをオキシラン，あるいはエポキシドとよぶ．五員環構造をもつテトラヒドロフラン（THFと略記される）や，2個の酸素原子を含む六員環構造のジオキサンも有機化学反応の溶媒としてよく用いられる．

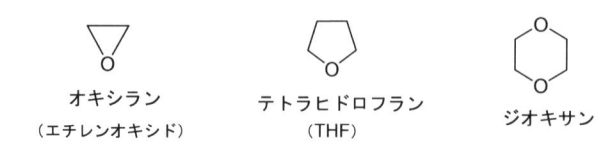

オキシラン　　　テトラヒドロフラン　　　ジオキサン
（エチレンオキシド）　　（THF）

アルコールと同様に，炭素─酸素結合は $C^{\delta+}$─$O^{\delta-}$ と分極しており，炭素─酸素─炭素結合は屈曲しているため，エーテルは双極子モーメントをもつ．エーテルは酸素─水素結合をもたないため，エーテルどうしでは水素結合をつくることができない．このため，エーテルの沸点は，その官能基異性体であるアルコールと比較すると著しく低い．しかし，水 H_2O とは，水の水素原子とエーテルの酸素原子のあいだで水素結合を形成することができるので，エーテルの水に対する溶解性はかなり高い．

$CH_3CH_2CH_2CH_2OH$　　　　　$CH_3CH_2OCH_2CH_3$
ブチルアルコール　　　　　　　ジエチルエーテル
分子量　74.1　　　　　　　　　分子量　74.1
沸点　117.3℃　　　　　　　　　沸点　34.5℃
溶解度　7.9 g/水100 mL　　　　溶解度　7.5 g/水100 mL

エーテルは以下のような反応によって合成される．
(1) ハロゲン化アルキルの求核置換反応（7.3.1項）
　　ハロゲン化アルキル RX に対して，アルコキシド ^-OR を反応させる．この反応によるエーテルの合成反応を，**ウイリアムソン合成**という．
(2) アルコールの求核置換反応（8.3.2項）
　　アルコール ROH の脱離反応と競争する．プロトン化されたアルコール RO^+H_2 に対して，ROH 自身が求核剤として作用する．

8.4.2　エーテルの反応

(a) 求核置換反応

エーテル ROR′ にハロゲン化水素 HX を反応させると，エーテル結合が

開裂して，アルコール R'OH とハロゲン化アルキル RX が生成する．R'OH はさらに HX と反応して R'X に変換される場合もある．

$$(CH_3)_2CH-O-CH_2CH_3 \xrightarrow{HI} (CH_3)_2CH-OH + CH_3CH_2-I$$

アルコールの反応と同様に，エーテル ROR' に酸 HX を反応させると，酸素原子にプロトン化が起こる．ROR' の求核剤に対する反応性は低いが，プロトン化が起こると，反応性は著しく増大する．これは，生成したプロトン化されたエーテル $RO^+(H)R'$ では脱離基が安定な R'OH となるため，著しく脱離基能が増大するからである．次いで，$RO^+(H)R'$ に対して，HX の共役塩基 X^- が求核剤として作用することにより，RX が生成する．$RO^+(H)R'$ と X^- との反応の機構は R の級数に依存し，第一級アルキル基の場合には S_N2 反応が起こり，R が第三級アルキル基の場合には S_N1 反応が有利となりカルボカチオン R^+ を経由して反応が進行する．

(b) オキシランの開裂反応

オキシランは環を構成する原子の角度ひずみが著しく大きいため，ひずみを解消するために開裂反応を起こしやすい．特に，他のエーテルと異なって，塩基性条件でも求核剤と反応して三員環の開裂を起こす．

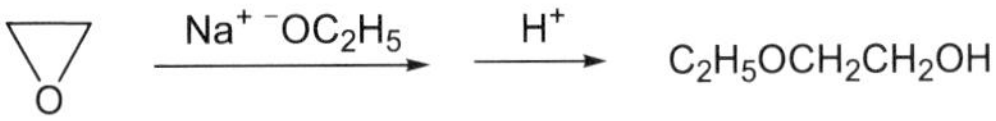

$$\underset{O}{\triangle} \xrightarrow{Na^+ \ ^-OC_2H_5} \xrightarrow{H^+} C_2H_5OCH_2CH_2OH$$

この反応では，求核剤は $C^{\delta+}$ $O^{\delta-}$ と分極した部分的に正電荷をもつ炭素原子を攻撃し，炭素原子上で S_N2 反応が進行して炭素－酸素結合が開裂する．オキシランと求核剤 Nu^- との反応の機構を図 8.7 に示す．

グリニャール試薬 $R^- \ ^+MgBr$ を求核剤とする反応では，炭素原子が 2 個増えたアルコール RCH_2CH_2OH が得られる．この反応は，第一級アルコールを合成するための反応として用いられている．

図 8.7 求核剤との反応によるオキシランの開裂の機構

第 9 章
アルケンとアルキン

炭素—炭素二重結合，および三重結合を含む炭化水素を，**不飽和炭化水素**という．**アルケン**は，分子内に炭素—炭素二重結合を1つもつ鎖状の不飽和炭化水素であり，オレフィンともよばれる．また，分子内に炭素—炭素三重結合を1つもつ鎖状の不飽和炭化水素を，**アルキン**という．炭素—炭素二重結合，および三重結合は，それぞれ特有の反応性をもち，官能基の一種とみなされる．

9.1 アルケンの構造

アルケンの分子式は，一般式 C_nH_{2n} で表される．二重結合を構成している炭素原子は sp^2 混成炭素であり，三方平面構造をとっている．すでに述べたように，混成に関与しなかった 2p 軌道のあいだで π 結合が形成されている．2p 軌道の重なりを最大にするために，2つの 2p 軌道の軸が平行になった構造が最も安定となる．この結果，二重結合を構成する2個の炭素原子と，それらに結合した原子はすべて同一平面上に存在することになる．

最も簡単なアルケンであるエチレン $CH_2=CH_2$ の構造は，図2.5に示してある．炭素—炭素二重結合の距離は 1.34 Å であり，アルカンの炭素—炭素単結合（1.53 Å）より短く，強い結合である．第2章で述べたように，炭素—炭素二重結合のまわりの回転は π 結合の切断を引き起こすので，室温では起こらない．これによって，二重結合を形成する炭素原子のそれぞれが，異なる2個の置換基をもつ場合には，シス-トランス異性体が存在することになる．

アルケンは炭素—炭素結合と炭素—水素結合だけから構成されているので，電荷のかたよりのほとんどない無極性分子である．また，二重結合を構成し

ている炭素原子にアルキル基が多く結合するほど，アルケンの安定性は増大する．

9.2 アルケンの合成

エチレンは，石油から得られるナフサを，500℃程度に加熱することによって工業的に製造されている．熱だけで化合物を分解する反応を**熱分解**といい，特に石油化学工業におけるアルカンの熱分解を**クラッキング**という．クラッキングは，熱エネルギーによってアルカンの炭素－炭素単結合や炭素－水素結合がホモリシスを起こすことによって進行する．

実験室ではアルケンは，以下のような反応によって合成される．
(1) ハロゲン化アルキルの脱離反応（7.3.2項）
(2) アルコールの脱水反応（8.3.3項）
(3) アルキンに対する水素H_2の付加反応（9.4.2項(b)）
(4) カルボニル化合物に対するリンイリドの求核付加反応（11.3.1項(e)）

9.3 アルケンの反応

炭素－炭素二重結合のπ結合を構成する電子（π電子）は，σ電子と比較して炭素原子核による束縛が弱い．したがって，アルケンでは，電子不足の化学種，すなわち求電子剤に対して，π電子を供給する反応が進行する．この結果，二重結合の炭素原子と求電子剤とのあいだに結合が形成され，π結合は消失する．このような，求電子付加反応がアルケンの特徴的な反応となる．また，アルケンの炭素－炭素二重結合にはラジカルも反応し，ラジカル付加反応が進行する．さらに，電子受容性をもつ各種の酸化剤も二重結合を攻撃し，酸化的な付加反応や二重結合の酸化的な開裂を引き起こす．

9.3.1 求電子付加反応
(a) ハロゲン化水素の付加反応
アルケン$R_2C=CR_2$とハロゲン化水素HX（$X=Cl$，Br，I）を反応させると，ハロゲン化アルキルR_2CHCR_2Xが得られる．この反応は，典型的な

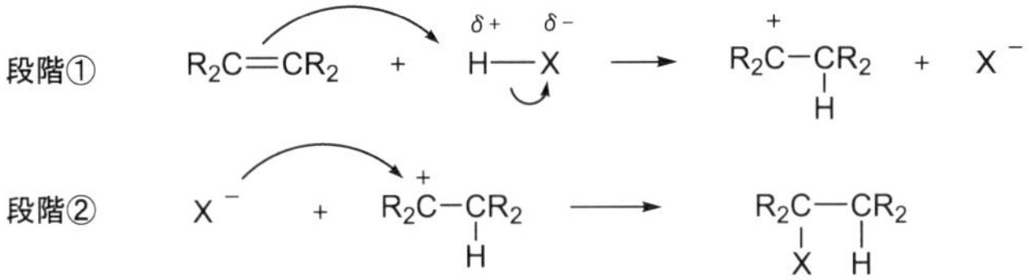

9.3 アルケンの反応

段階① $R_2C=CR_2$ + $\overset{\delta+}{H}-\overset{\delta-}{X}$ ⟶ $R_2\overset{+}{C}-CR_2H$ + X^-

段階② X^- + $R_2\overset{+}{C}-CR_2H$ ⟶ $R_2C(X)-CR_2H$

図 9.1 アルケンに対するハロゲン化アルキルの付加反応の反応機構

求電子付加反応であり，HX の正電荷を帯びた水素原子が求電子剤として作用する．アルケン $R_2C=CR_2$ に対する HX の付加反応の反応機構を図 9.1 に示す．

まず，$R_2C=CR_2$ に対する HX の求電子的な攻撃により HX の水素原子がプロトンとしてアルケンに移動し，カルボカチオンが生成する（段階①）．同時に生成した共役塩基 X^- がカルボカチオンと反応して，付加反応生成物を与える（段階②）．このように，この反応はカルボカチオンを反応中間体とする二段階反応であり，律速段階は，これまでに述べたカルボカチオンが関与する反応，すなわちハロゲン化アルキルの S_N1 反応やアルコールの E1 反応と同様に，カルボカチオンの生成段階（段階①）である．

非対称のアルケンに対する HX の付加反応では，ハロゲン原子が結合する位置の異なる 2 種類のハロゲン化アルキルが生成する可能性があるが，反応は位置選択的に進行する．たとえば，

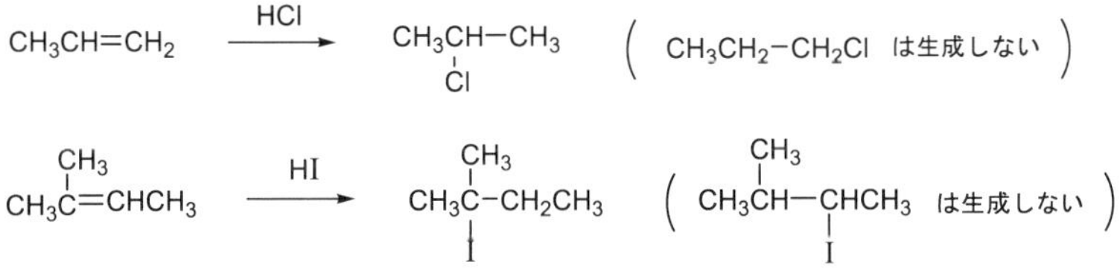

$CH_3CH=CH_2$ $\xrightarrow{HCl}$ $CH_3CH(Cl)-CH_3$ （$CH_3CH_2-CH_2Cl$ は生成しない）

$(CH_3)_2C=CHCH_3$ $\xrightarrow{HI}$ $(CH_3)_2C(I)-CH_2CH_3$ （$(CH_3)_2CH-CH(I)CH_3$ は生成しない）

アルケンの付加反応を研究していたマルコフニコフ（V. V. Markovnikov, 1838-1904）は，1869 年に次のような経験則を提出した．

「ハロゲン化水素がアルケンの炭素—炭素二重結合に付加するときは，水素原子は，アルキル基の数がより少ない炭素原子に結合する．」

これを**マルコフニコフ則**といい，この経験則に従う付加反応を**マルコフニコフ付加**とよぶ．上に挙げた反応の例はいずれも，マルコフニコフ則に従っていることがわかる．すなわち，プロペン $CH_3CH=CH_2$ に対する HCl の付加

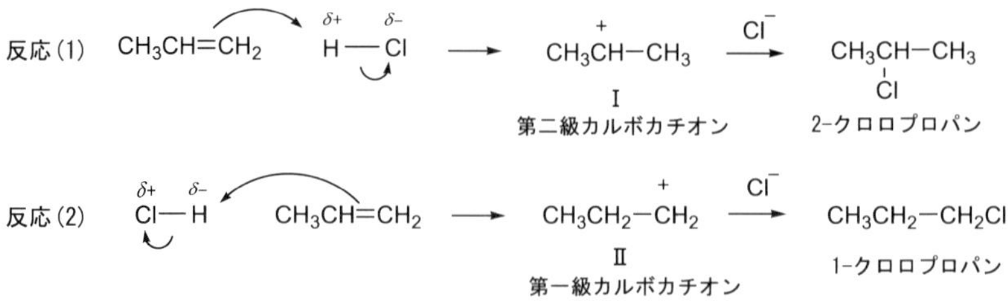

反応(1)　$CH_3CH=CH_2$　$\overset{\delta+}{H}-\overset{\delta-}{Cl}$　⟶　$CH_3\overset{+}{CH}-CH_3$　Cl^-　⟶　$CH_3\underset{Cl}{CH}-CH_3$
　　　　　　　　　　　　　　　　　　　　　　　Ⅰ　　　　　　　　　　2-クロロプロパン
　　　　　　　　　　　　　　　　　　　第二級カルボカチオン

反応(2)　$\overset{\delta+}{Cl}-\overset{\delta-}{H}$　$CH_3CH=CH_2$　⟶　$CH_3CH_2-\overset{+}{CH_2}$　Cl^-　⟶　$CH_3CH_2-CH_2Cl$
　　　　　　　　　　　　　　　　　　　　　　　Ⅱ　　　　　　　　　　1-クロロプロパン
　　　　　　　　　　　　　　　　　　　第一級カルボカチオン

図 9.2　プロペン $CH_3CH=CH_2$ に対する HCl の付加反応における位置選択性の説明

では，アルキル基をもたない末端の炭素原子に水素原子が結合した 2-クロロプロパン $CH_3CHClCH_3$ が生成し，メチル基をもつ中央の炭素原子に結合した 1-クロロプロパン $CH_3CH_2CH_2Cl$ は生成しない．

マルコフニコフ則は，図 9.1 に示した反応機構にもとづいて合理的に説明することができる．プロペンに対する HCl の付加について図 9.2 に示したように，生成物の構造は，どのようなカルボカチオンが生成するかによって決定される．

すなわち，アルキル基をもたない末端の炭素原子にプロトンが結合すると，カルボカチオン Ⅰ が生成して 2-クロロプロパンが得られる（反応(1)）．一方，中央の炭素原子にプロトンが結合すると，カルボカチオン Ⅱ を経て 1-クロロプロパンが生成する（反応(2)）．第 7 章で述べたように，カルボカチオンの安定性は，第三級 ＞ 第二級 ＞ 第一級 の順に減少し，それによってカルボカチオンの生成速度もこの順に減少する．したがって，第二級カルボカチオン Ⅰ の方が，第一級カルボカチオン Ⅱ よりも速やかに生成する．これが，2-クロロプロパンが優先して生成したことに対する反応機構にもとづく説明である．

以上のことから，マルコフニコフ則は，「アルケンの炭素—炭素二重結合に対するハロゲン化水素の付加反応では，より安定なカルボカチオンが生成するようにプロトンの付加が起こる」と言い換えることができる．

このように，アルケンに対するハロゲン化水素の付加反応も，ハロゲン化アルキルの S_N1 反応やアルコールの E1 反応と同様に，カルボカチオンの安定性によって支配される反応である．したがって，アルケンの構造による反応性の差については，プロトンが付加することによって安定なカルボカチオ

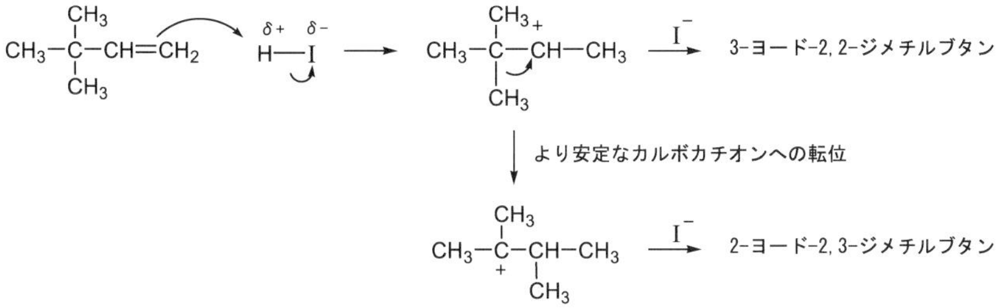

9.3 アルケンの反応

$$\text{CH}_3\text{-}\underset{\underset{\text{CH}_3}{|}}{\overset{\overset{\text{CH}_3}{|}}{\text{C}}}\text{-CH=CH}_2 \xrightarrow{\overset{\delta+\ \delta-}{\text{H-I}}} \text{CH}_3\text{-}\underset{\underset{\text{CH}_3}{|}}{\overset{\overset{\text{CH}_3}{|}}{\text{C}}}\text{-}\overset{+}{\text{CH}}\text{-CH}_3 \xrightarrow{\text{I}^-} \text{3-ヨード-2,2-ジメチルブタン}$$

↓ より安定なカルボカチオンへの転位

$$\text{CH}_3\text{-}\overset{+}{\underset{\underset{\text{CH}_3}{|}}{\text{C}}}\text{-}\underset{\underset{\text{CH}_3}{|}}{\text{CH}}\text{-CH}_3 \xrightarrow{\text{I}^-} \text{2-ヨード-2,3-ジメチルブタン}$$

図9.3 3,3-ジメチル-1-ブテンに対する HI の付加反応の反応機構

ンを与えるアルケンほど，反応性が高くなる．また，次の例のように，炭素骨格の転位反応を伴って付加反応が進行する場合がある．

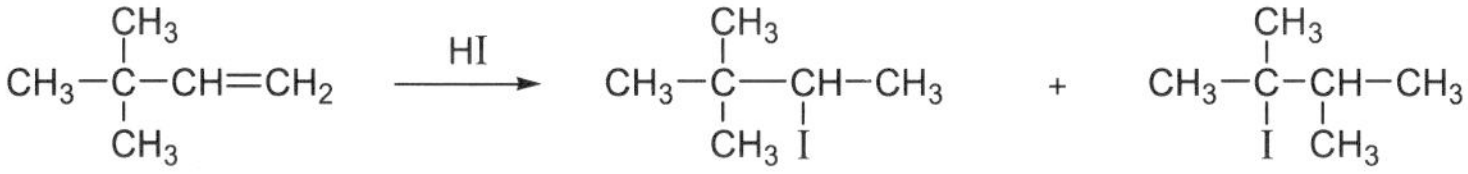

$$\text{CH}_3\text{-}\underset{\underset{\text{CH}_3}{|}}{\overset{\overset{\text{CH}_3}{|}}{\text{C}}}\text{-CH=CH}_2 \xrightarrow{\text{HI}} \text{CH}_3\text{-}\underset{\underset{\text{CH}_3\ \text{I}}{|\ \ |}}{\overset{\overset{\text{CH}_3}{|}}{\text{C}}}\text{-CH-CH}_3 + \text{CH}_3\text{-}\underset{\underset{\text{I}\ \ \text{CH}_3}{|\ \ |}}{\overset{\overset{\text{CH}_3}{|}}{\text{C}}}\text{-CH-CH}_3$$

3,3-ジメチル-1-ブテン　　　　3-ヨード-2,2-ジメチルブタン　　2-ヨード-2,3-ジメチルブタン

この反応の機構を図9.3に示す．この反応では，まず，アルケンの末端の炭素原子にプロトンが付加することによって，安定な第二級カルボカチオン$(\text{CH}_3)_3\text{CCH}^+\text{CH}_3$ が生成し，このカルボカチオンとI^- が結合すると3-ヨード-2,2-ジメチルブタンが得られる．しかし，その反応と競争して，より安定な第三級カルボカチオン$(\text{CH}_3)_2\text{C}^+\text{CH}(\text{CH}_3)_2$ への転位反応が進行し，この反応中間体から2-ヨード-2,3-ジメチルブタンが生成する．

(b) 酸存在下における水の付加反応

アルケンに対するハロゲン化水素 HX の付加反応では，生成するカルボカチオンに対して共役塩基X^- が反応して生成物を与えた．アルケンに対して共役塩基の求核性が乏しい硫酸H_2SO_4 のような酸の水溶液を反応させると，水がカルボカチオンに対する求核剤となって，アルコールが生成する．反応はマルコフニコフ則に従う．

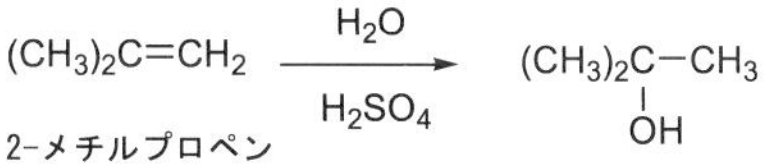

$$(\text{CH}_3)_2\text{C=CH}_2 \xrightarrow[\text{H}_2\text{SO}_4]{\text{H}_2\text{O}} (\text{CH}_3)_2\underset{\underset{\text{OH}}{|}}{\text{C}}\text{-CH}_3$$

2-メチルプロペン

水が付加する反応を，**水和反応**という．2-メチルプロペンの水和反応の機構を，図9.4に示す．反応は図8.6に示したアルコールの脱水反応の逆反応に

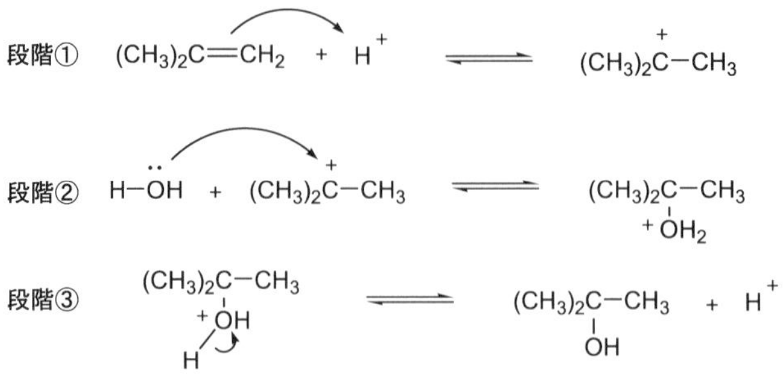

段階① $(CH_3)_2C=CH_2 + H^+ \rightleftarrows (CH_3)_2\overset{+}{C}-CH_3$

段階② $H-\overset{..}{O}H + (CH_3)_2\overset{+}{C}-CH_3 \rightleftarrows (CH_3)_2C-CH_3$
$\phantom{H-\overset{..}{O}H + (CH_3)_2\overset{+}{C}-CH_3 \rightleftarrows (CH_3)_2C}|$
$\phantom{H-\overset{..}{O}H + (CH_3)_2\overset{+}{C}-CH_3 \rightleftarrows (CH_3)_2}\overset{+}{O}H_2$

段階③ $(CH_3)_2C-CH_3 \rightleftarrows (CH_3)_2C-CH_3 + H^+$

図9.4 2-メチルプロペンの水和反応の反応機構

なっていることがわかる．すなわち，アルケンの水和反応は酸触媒反応であり，反応は可逆的に進行する．

(c) ハロゲンの付加反応

アルケン $R_2C=CR_2$ とハロゲン X_2 を反応させると，2個のハロゲン原子が二重結合に付加して，隣接ニハロゲン化物 R_2CX-CR_2X が得られる．反応には，四塩化炭素 CCl_4 などの不活性溶媒が使われる．

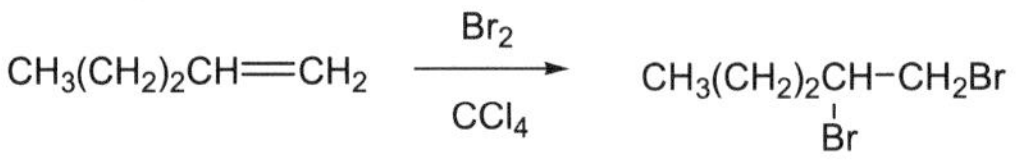

$$CH_3(CH_2)_2CH=CH_2 \xrightarrow[CCl_4]{Br_2} CH_3(CH_2)_2CH-CH_2Br$$
$$\phantom{CH_3(CH_2)_2CH=CH_2 \xrightarrow[CCl_4]{Br_2} CH_3(CH_2)_2CH}|$$
$$\phantom{CH_3(CH_2)_2CH=CH_2 \xrightarrow[CCl_4]{Br_2} CH_3(CH_2)_2CH}Br$$

実際に反応に用いられるハロゲンは，塩素 Cl_2，および臭素 Br_2 である．フッ素 F_2 は反応性が高すぎて，しばしば爆発的に反応が進行し，反応を制御することができない．一方，ヨウ素 I_2 は反応性が低く，アルケンとの反応は一般には起こらない．

ハロゲン X_2 がアルケンに接近すると，X_2 の非共有電子対とアルケンの π 電子の反発的な相互作用により，X_2 に $X^{\delta+}-X^{\delta-}$ のような分極が誘起される．このようにして生じた $X^{\delta+}$ が求電子剤となって，アルケンに対する付加反応が進行する．それでは，アルケン $R_2C=CR_2$ に対する X_2 の付加反応は，前項で述べたハロゲン化水素の付加と同様に，カルボカチオン R_2C^+ $-CXR_2$ を反応中間体として反応が進行するのであろうか．実は，そうではないことが次のような事実から明らかにされている．

アルケンに対するハロゲンの付加は，ハロゲン化アルキルの E2 反応と同様に，立体選択的でかつ立体特異的反応である．たとえば，2-ブテン

9.3 アルケンの反応

$CH_3CH=CHCH_3$ のシス-トランス異性体に対する臭素 Br_2 の付加反応では，それぞれから異なったジアステレオマーが生成する．

cis-2-ブテン → ジアステレオマー I

trans-2-ブテン → ジアステレオマー II

この事実は，カルボカチオン $CH_3C^+H\text{—}CBrHCH_3$ を反応中間体とする反応機構では説明することはできない．なぜなら，$CH_3C^+H\text{—}CBrHCH_3$ の正電荷をもつ炭素原子は平面構造なので，Br^- がその平面の両側から攻撃できるため，2-ブテンのシス，あるいはトランス異性体のいずれからもジアステレオマー I と II の両方の生成が可能になるからである．

このような実験結果にもとづいて，アルケンに対するハロゲンの付加反応は，図 9.5 に示したような反応機構によって進行すると考えられている．段階①で生成する反応中間体は 2 個の炭素原子にハロゲン原子が架橋した環状の構造をもち，**ハロニウムイオン**（X=Cl の場合はクロロニウムイオン，X=Br の場合はブロモニウムイオン）とよばれる．ハロニウムイオンに対

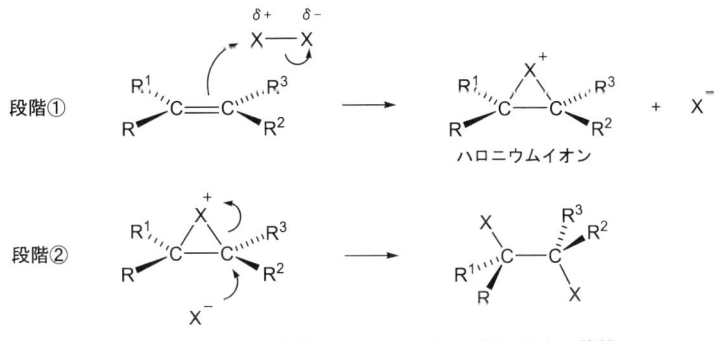

図 9.5 アルケンに対するハロゲン X_2 の付加反応の機構

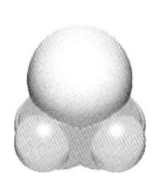

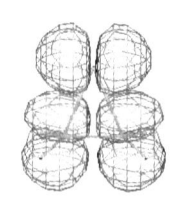

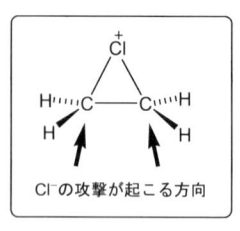

図9.6 半経験的分子軌道法（PM3法）によって得られたエチレンから生成するクロロニウムイオンの最適化構造とLUMOの広がり

して，同時に生じたハロゲン化物イオン X^- が，架橋している X^+ の反対側から攻撃することによって三員環が開裂し，生成物が得られる（段階②）．この段階は，求核剤によるオキシランの開裂反応（図8.7）と類似している．X^- の攻撃は，ハロニウムイオンの2個の炭素原子に対して等しく起こる．この結果，生成物がキラルな場合には，ラセミ体が生成することになる．図9.6に，半経験的分子軌道法によって得られたエチレンから生成するクロロニウムイオンの最適化構造とLUMOの広がりを示した．LUMOは架橋している Cl^+ の反対側に広がっており，その方向からの求核剤の攻撃が可能なことがわかる．

ハロニウムイオンの生成により，アルケンの2個の炭素原子に結合している置換基の位置関係が固定されるため，2-ブテンで述べたような付加反応の立体選択性と立体特異性が説明される．**シクロアルケン**とよばれる環状構造をもつアルケンに対するハロゲンの付加反応では，トランス異性体のみが生成するが，それも同じ理由による（図9.7）．結局，アルケンに対するハロゲンの付加反応では，二重結合を構成する2個の炭素原子に，2個のハロゲン原子が，アルケンの平面に対して異なる側から付加した生成物が得られるこ

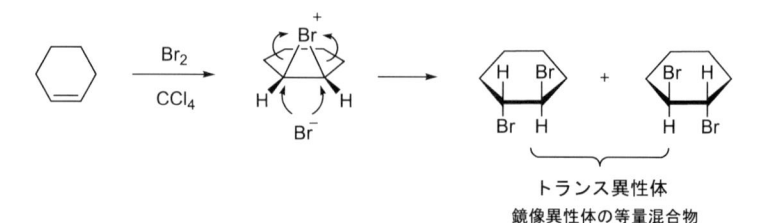

図9.7 シクロヘキセンに対する臭素の付加反応

とになる．このような付加反応を，**アンチ付加**という．
(d) 水存在下におけるハロゲンの付加反応

アルケンに対して水 H_2O を溶媒としてハロゲン X_2 を反応させると，形式的に次亜ハロゲン酸 X—OH が付加した構造の化合物が生成する．

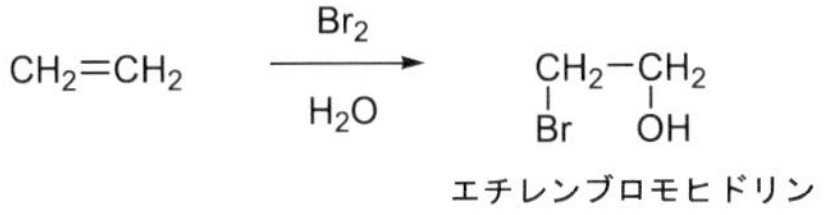

$$CH_2=CH_2 \xrightarrow[H_2O]{Br_2} \underset{Br\quad OH}{CH_2-CH_2}$$
エチレンブロモヒドリン

生成した隣接する炭素原子にハロゲン原子をもつアルコールを，**ハロヒドリン**（X=Cl の場合はクロロヒドリン，X=Br の場合はブロモヒドリン）という．ハロヒドリンは，反応中間体として生成したハロニウムイオンに対して，X^- の代わりに，水が求核剤として攻撃することによって生成する．水の求核性は X^- と比較して著しく弱いが，溶媒として多量に存在するため，水の求核反応が優先する．

非対称なアルケンに対しては，この反応は位置選択的に進行し，アルキル基が多く置換した炭素原子を水が攻撃した生成物が得られる．

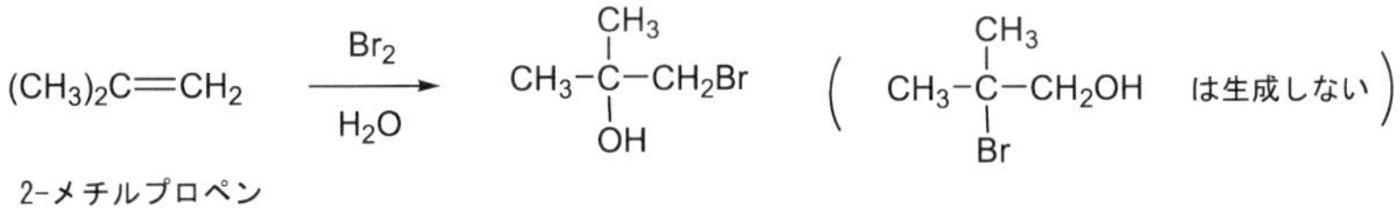

$$(CH_3)_2C=CH_2 \xrightarrow[H_2O]{Br_2} \underset{OH}{\underset{|}{CH_3-\overset{CH_3}{\overset{|}{C}}-CH_2Br}} \quad \left(\underset{Br}{\underset{|}{CH_3-\overset{CH_3}{\overset{|}{C}}-CH_2OH}} \text{ は生成しない} \right)$$
2-メチルプロペン

この位置選択性は，反応中間体として生成したハロニウムイオンが，若干のカルボカチオン性をもつと考えることによって説明される．すでに述べたように，カルボカチオンの安定性は，第三級 > 第二級 > 第一級 の順に低

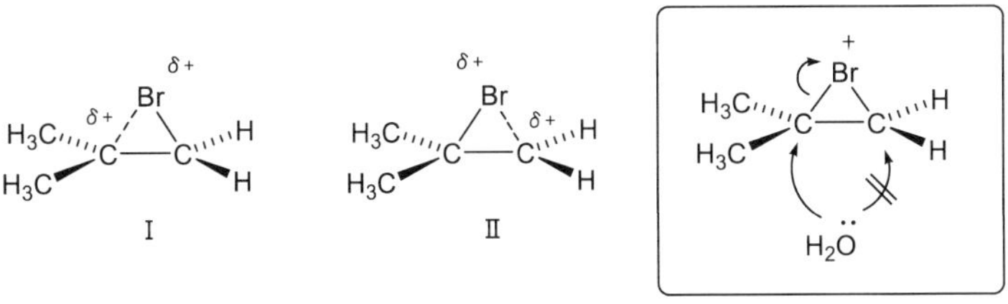

図 9.8 2-メチルプロペンのブロモヒドリン生成反応における位置選択性の説明

カルボカチオンの安定性から構造 I の寄与が構造 II よりも大きい．

下するので，ハロニウムイオンにおいて炭素原子上に生じる部分的な正電荷は，アルキル基がより多く置換した炭素原子の方が大きくなる．このため，水はアルキル基がより多く置換した炭素原子を攻撃することになる（図9.8）．

9.3.2 ラジカル付加反応

前項で，アルケンに対するハロゲン化水素 HX の付加反応はマルコフニコフ則に従うことを述べた．しかし，臭化水素 HBr の付加反応では，しばしばマルコフニコフ則から予想される構造とは逆の生成物が得られることがある．この原因は 1930 年代にカラーシ（M. S. Kharasch, 1895-1957）らによって，不純物としてアルケンに含まれる酸素―酸素結合をもつ不安定物質の効果であることが明らかにされた．酸素―酸素結合をもつ化合物を**過酸化物**といい，RO―OR で表す．実験室で用いられる過酸化物として，ジ t-ブチルパーオキシド（$R=(CH_3)_3C$）や過酸化ベンゾイル（$R=C_6H_5C(=O)$）がある．過酸化物の酸素―酸素結合の結合解離エネルギーは 200 kJ mol^{-1} 程度と非常に小さく，熱あるいは光によって容易にホモリシスを起こし，ラジカル RO· を与える．

過酸化物の存在下でアルケンに対して HBr を反応させると，過酸化物が存在しない場合とは異なった構造のハロゲン化アルキルが得られる．

$$CH_3CH_2CH=CH_2 \xrightarrow[\text{ROOR存在下}]{\text{HBr}} CH_3CH_2\underset{H}{CH}-CH_2Br$$

1-ブテン

このようなマルコフニコフ則に従わないアルケンの付加反応を，**逆マルコフニコフ付加**という．過酸化物の存在によって生成物の構造が変わることは，反応機構から合理的に理解することができる．過酸化物の存在下における 1-ブテンに対する HBr の付加反応の機構を以下に示す．

段階① $RO-OR \xrightarrow{\text{光または熱}} 2RO·$

段階② $RO· + HBr \longrightarrow ROH + Br·$

段階③ $CH_3CH_2CH=CH_2 + Br· \longrightarrow CH_3CH_2\overset{·}{C}H-CH_2Br$

段階④　CH₃CH₂ĊH–CH₂Br ＋ HBr ⟶ CH₃CH₂CH₂-CH₂Br ＋ Br・

　この反応はアルカンのハロゲン化と同様にラジカルが関与する反応であり，連鎖反応である．まず，過酸化物のホモリシスによってラジカル RO・ が生成し（段階①），HBr の水素を引き抜くことによって臭素原子 Br・ が生成する（段階②）．Br・はアルケンに付加することによってアルキルラジカルが生成し（段階③），HBr から水素を引き抜くことによって生成物が得られるとともに，Br・が再生される（段階④）．段階①および②が連鎖開始段階，段階③および④が連鎖成長段階となる．得られる生成物の構造は，段階③でどのような構造のラジカルが生成するかによって決定される．段階③で生成する可能性のある2種類のラジカルの構造を比較してみよう（図9.9）．

　臭素原子 Br・ がアルケンを攻撃して末端の炭素原子と結合を形成すると第二級ラジカル I が生成するのに対して（反応(1)），中央の炭素原子と結合を形成すると第一級ラジカル II が生成する（反応(2)）．第5章で述べたように，ラジカルの安定性は，第三級 ＞ 第二級 ＞ 第一級 の順に低下し，その生成速度もこの順に低下する．したがって，1-ブテンと Br・ との反応では，より安定な第二級ラジカルを与える反応(1)が優先する．これによって，逆マルコフニコフ付加生成物の生成が合理的に説明できる．すなわち，過酸化物の存在によって HBr の付加反応がマルコフニコフ付加から逆マルコフニコフ付加に変化したのは，反応機構がカルボカチオンを経由するイオン反応から，ラジカル反応に変化したためである．

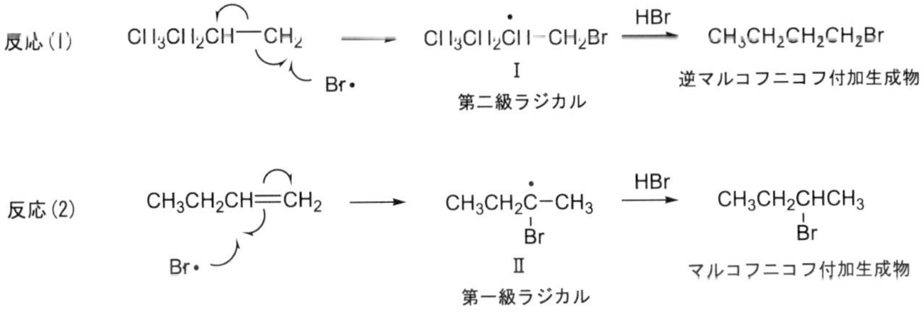

反応(1)　CH₃CH₂CH=CH₂ ⟶ CH₃CH₂ĊH–CH₂Br ─HBr→ CH₃CH₂CH₂CH₂Br
　　　　　　　　　　Br・　　　　　　I　　　　　　　　逆マルコフニコフ付加生成物
　　　　　　　　　　　　　　　　　第二級ラジカル

反応(2)　CH₃CH₂CH=CH₂ ⟶ CH₃CH₂Ċ–CH₃ ─HBr→ CH₃CH₂CHCH₃
　　　　　　　　　　　　　　　　　Br　　　　　　　　　Br
　　　　　　　　Br・　　　　　　II　　　　　　　マルコフニコフ付加生成物
　　　　　　　　　　　　　　　第一級ラジカル

図 9.9　1-ブテンと臭素原子 Br・ との反応で生成するラジカルの構造

ハロゲン化水素のうち，過酸化物の存在下で逆マルコフニコフ付加を起こすのは，臭化水素 HBr のみである．塩化水素 HCl とヨウ化水素 HI の付加反応は，過酸化物の存在にかかわらずイオン反応で進行し，マルコフニコフ付加反応生成物を与える．これは，HCl と HI の場合は，連鎖成長段階が吸熱反応となるので，ラジカル反応がきわめて遅くなるためである．

9.3.3　ボランの付加反応（ヒドロホウ素化反応）

　ボラン BH_3 は，それ自体は二量体 B_2H_6（ジボランと称する）として存在する化合物である．エーテルや THF 溶液として市販されており，その中では H_3B-OR_2 錯体として存在している．BH_3 をアルケン $R_2C=CR_2$ と反応させるとホウ素―水素結合の開裂を伴ってアルケンに付加し，最終的にトリアルキルボラン $(R_2CHR_2C)_3B$ が得られる．この反応を**ヒドロホウ素化**という．さらに，この化合物を塩基性水溶液中で過酸化水素 H_2O_2 によって酸化すると，C―B 結合は C―OH 結合に変換され，アルコールが得られる．この一連の反応によって，アルケン $R_2C=CR_2$ に対して水 H_2O が付加した構造をもつアルコール R_2CHR_2COH が得られる．この反応が有機合成反応として重要な意味をもつのは，酸の存在下における水の付加反応とは異なって，この反応では，アルケンに対して水が逆マルコフニコフ付加したアルコールが得られることによる．また，カルボカチオンを経由しないので転位反応を伴うこともなく，炭素骨格が保持されたアルコールが得られる．

$$CH_3CH_2CH=CH_2 \xrightarrow[THF]{BH_3} (CH_3CH_2CH_2CH_2)_3B \xrightarrow[{}^-OH]{H_2O_2} CH_3CH_2CH_2CH_2OH$$

$$(CH_3)_3C-CH=CH_2 \xrightarrow[THF]{BH_3} [(CH_3)_3CCH_2CH_2]_3B \xrightarrow[{}^-OH]{H_2O_2} (CH_3)_3C-CH_2CH_2OH$$

　アルケンに対する BH_3 の付加では，四員環構造の遷移状態を経由してホウ素原子と水素原子がアルケンの平面に対して同一側から付加することが知られている．このような付加反応を，**シン付加**という（図 9.10）．ヒドロホウ素化において逆マルコフニコフ付加が起こるのは，ホウ素原子が立体的に

図 9.10 アルケンのヒドロホウ素化におけるシン付加

混雑していないアルキル基の少ない炭素原子に付加するからである．

9.3.4 水素の付加反応（水素化反応）

アルケンを微粉末状の金属とともに水素 H_2 と反応させると，炭素—炭素二重結合に 2 個の水素原子が付加してアルカンが生成する．金属として，炭素上にパラジウム Pd を分散させたもの（Pd/C と表記する）や酸化白金(IV) PtO_2（実際に反応に関与するのは，PtO_2 が H_2 によって還元された白金 Pt である）が用いられる．これらの金属は触媒として作用し，その表面上に H_2 を吸着させ金属—水素結合を形成することによって，反応の活性化エネルギーを著しく低下させる．アルケンも金属表面に吸着されて水素原子を受け取るので，2 個の水素原子はアルケンの平面に対して同一側から付加することになる．すなわち，アルケンに対する水素の付加反応は，シン付加である．

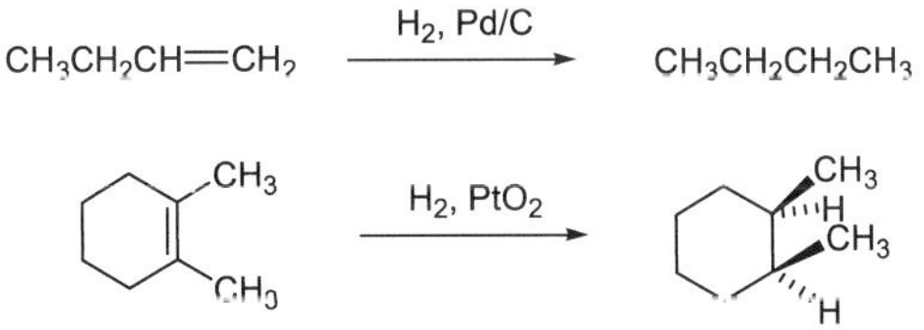

9.3.5 酸化的付加反応と開裂反応

一般に，酸化剤は電子受容性物質なので，アルケンに対して求電子的な攻撃を起こす．その結果，アルケンは酸素原子を含む官能基に変換される．代表的なものとして，エポキシ化とジヒドロキシ化，およびオゾン分解があり，いずれも有機合成反応として有用である．

(a) エポキシ化とアンチ-ジヒドロキシ化

RC(=O)OOH の構造をもつ化合物をパーオキシカルボン酸あるいは過酸といい、これは過酸化物の一種である。実験室では、m-クロロ過安息香酸（R＝m-ClC$_6$H$_4$－、MCPBA と略記する）がよく用いられる。過酸の酸素―酸素結合は -O$^{\delta-}$―O$^{\delta+}$―H と分極しており、正電荷を帯びた酸素原子がアルケンを求電子的に攻撃する。その結果、酸素原子が1個アルケンに渡されて、酸素原子を含む三員環エーテル、すなわちエポキシド（オキシラン誘導体）が生成する。このような反応を**エポキシ化**という。

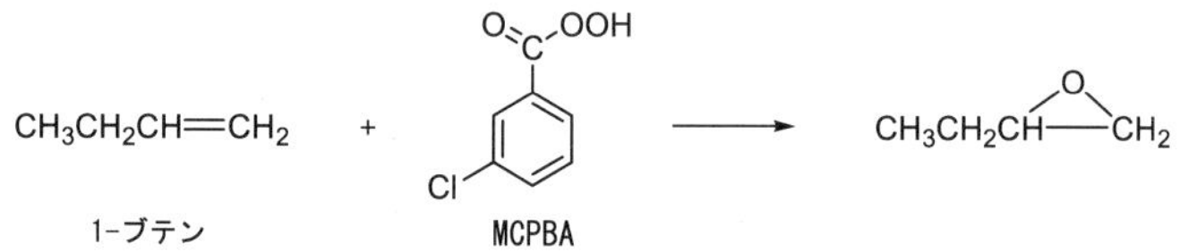

$$CH_3CH_2CH=CH_2 \ + \ \text{MCPBA} \ \longrightarrow \ CH_3CH_2CH\overset{O}{\frown}CH_2$$

1-ブテン

この反応では、2個の酸素―炭素結合が同時に生成するので反応は立体特異的に進行し、たとえば、cis-2-ブテンからはシス形の立体配置をもったエポキシドが得られる（図 9.11）。

第8章で述べたように、エポキシドは酸性条件下、あるいは塩基性条件下で求核剤との反応によって開裂する。エポキシドに対して、酸性条件下で水を作用させるか、水酸化物イオン OH$^-$ を反応させると、エポキシドが開裂し、2個の炭素に OH 基が結合した 1,2-ジオールが得られる。このとき、エポキシドの開裂は、求核剤が三員環を形成している酸素原子の反対側から攻撃することによって起こるので、2個の OH 基はもとのアルケンの平面に関して互いに逆側に位置することになる。例として、cis-2-ブテンと過酸との反応で得られた、エポキシドの酸性条件下の水による開裂反応の機構を図

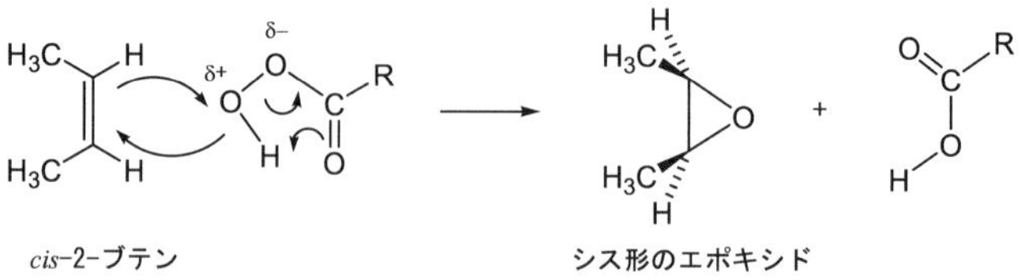

図 9.11 cis-2-ブテンのエポキシ化の反応機構

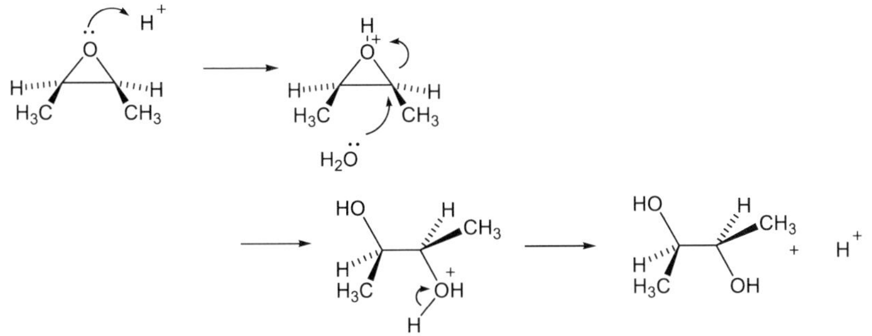

図 9.12 酸性条件下におけるエポキシドの水による開裂反応の機構

9.12 に示す．

結局，アルケン $R_2C=CR_2$ に対してエポキシ化とその開裂反応を連続して行なうと，アルケンの 2 個の炭素原子にそれぞれ OH 基をアンチ付加させた構造をもつ 1,2-ジオール $R_2C(OH)-C(OH)R_2$ を得ることができる．この一連の反応を，**アンチ-ジヒドロキシ化**という．

(b) シン-ジヒドロキシ化

アルケン $R_2C=CR_2$ を低温で過マンガン酸カリウム $KMnO_4$ と反応させるか，四酸化オスミウム OsO_4 を反応させた後に亜硫酸水素ナトリウム $NaHSO_3$ などで還元することにより，アルケンの 2 個の炭素原子にそれぞれ OH 基をシン付加させた構造をもつ 1,2-ジオール $R_2C(OH)-C(OH)R_2$ を得ることができる．この反応を**シン-ジヒドロキシ化**という．2 個の OH 基がシン付加するのは，アルケンに対する $KMnO_4$ や OsO_4 の求電子的な攻撃によって環状構造をもつ化合物が生成し，それを経由して反応が進行するためである．OsO_4 による *cis*-2-ブテンのシン-ジヒドロキシ化の反応機構を，生成物の立体構造とともに図 9.13 に示す．

(c) オゾン分解

アルケン $R_2C=CR'_2$ をオゾン O_3 と反応させ，次いで水の存在下に亜鉛 Zn あるいはジメチルスルフィド $(CH_3)_2S$ と反応させると，二重結合が開裂して，それぞれの炭素原子に酸素原子が結合した構造のカルボニル化合物 $R_2C=O$ および $R'_2C=O$ が得られる．この一連の反応を**オゾン分解**という．オゾン分解によって得られたカルボニル化合物の構造がわかると，もとのアルケンの構造を推定することができるため，オゾン分解はアルケンの構造決

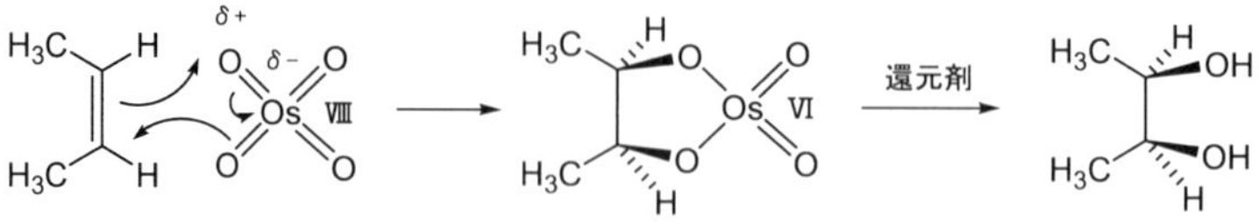

cis-2-ブテン

図 9.13　2-ブテンの OsO_4 によるシン-ジヒドロキシ化
生成物は図 9.12 で得られたアンチ-ジヒドロキシ化生成物のジアステレオマーとなる．

定の手段として有用である．

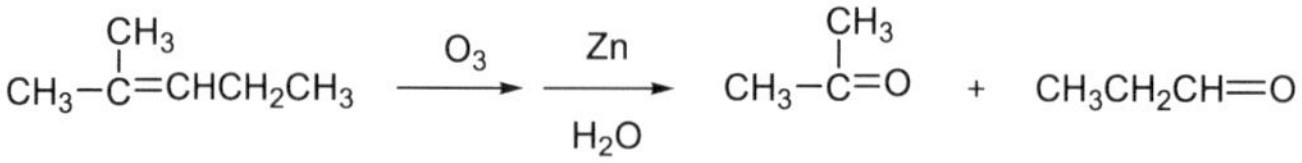

この反応は，アルケンに対するオゾンの求電子付加によって開始され，**オゾニド**とよばれる五員環化合物を経由して段階的に進行する．亜鉛やジメチルスルフィドはオゾニドの還元剤として作用する（図 9.14）．

9.3.6　置換基としての炭素ー炭素二重結合

(a) アリルラジカルとアリルカチオン

アルケンの反応としてこれまでは，炭素—炭素二重結合それ自体の反応について述べてきた．しかし，炭素—炭素二重結合は，それが結合した炭素原

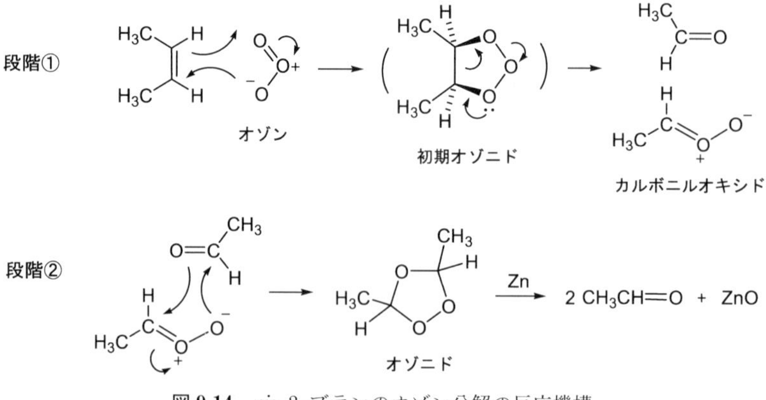

図 9.14　*cis*-2-ブテンのオゾン分解の反応機構
最初に生成する初期オゾニドは不安定で速やかにオゾニドに転位する．

子の反応性についても大きな影響を与えることを忘れてはならない．これは，炭素—炭素二重結合が結合した炭素原子上のラジカル $CH_2=CH_2—CH_2\cdot$ やカルボカチオン $CH_2=CH_2—CH_2^+$ が，二重結合との共役によって著しく安定化を受けることに起因している．$CH_2=CH_2—CH_2\cdot$ を**アリルラジカル**，$CH_2=CH_2—CH_2^+$ を**アリルカチオン**といい，一般に，二重結合に隣接する位置を**アリル位**という．

アリルラジカルにおけるラジカルと二重結合の π 軌道の共役の様子とその共鳴による表記を図 9.15 に示す．第 5 章においてラジカルの安定性は，第三級 > 第二級 > 第一級 であることを述べた．アリルラジカルは形式的には第一級ラジカルであるにもかかわらず，共鳴安定化により，その安定性は第二級ラジカルをうわまわる．したがって，ラジカル反応で進行するハロゲン化におけるアリル位の反応性はきわめて高く，アリル位の水素は容易にラジカル置換反応を受ける．

なお，ここで用いた試薬は N-ブロモコハク酸イミド（NBS と略記される）とよばれる臭素化試薬である．これは，低濃度の臭素 Br_2 を供給する試薬であり，炭素—炭素二重結合に対する Br_2 のイオン的な付加反応を起こす

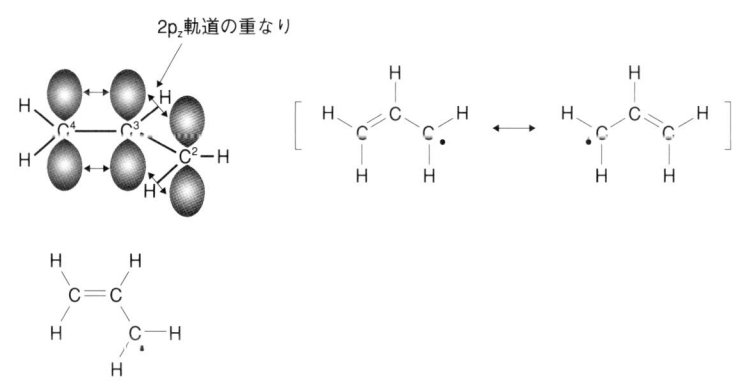

図 9.15 アリルラジカルにおける軌道の重なりとその共鳴による表現

ことなく，アリル位をラジカル反応によって臭素化するためによく用いられる．

アリルカチオン $CH_2=CH_2-CH_2^+$ も共鳴安定化したカルボカチオンであり，その安定性は，第二級カルボカチオンと同程度とされている．この結果，アリルカチオンを経由する反応，たとえば塩化アリル $CH_2=CH_2-CH_2Cl$ の S_N1 反応やアリルアルコール $CH_2=CH_2-CH_2OH$ の E1 反応は，それぞれ第一級の反応物であるにもかかわらず，比較的容易に進行する．

また，アリル型の反応物では，二重結合の位置が反応物と異なった転位生成物が得られることがある．

$$CH_3CH=CHCH_2Cl \xrightarrow[S_N1反応条件]{C_2H_5OH} CH_3CH=CHCH_2OC_2H_5 + \underset{\underset{OC_2H_5}{|}}{CH_3CH-CH=CH_2}$$

アリル転位生成物

この反応における2つの生成物は，発生したアリルカチオンの2つの共鳴構造のそれぞれにエタノール C_2H_5OH が求核剤として攻撃することによって生成したものである．このような二重結合の転位反応を，**アリル転位** という．

(b) 共役ジエンの反応性

共役した二重結合 $-CH=CH-CH=CH-$ をもつ不飽和炭化水素を**共役ジエン**という．第2章において，二重結合が共役すると電子の非局在化が起こり，系が安定化することを述べた．反応性の点からも共役ジエンは共役系に特有の性質を示す．

・**1,2-付加と 1,4-付加** ブタジエン $CH_2=CH-CH=CH_2$ に対して HBr を反応させると求電子付加反応が進行するが，1分子の HBr が付加した化合物として2種類の生成物が得られる．

$$CH_2=CH-CH=CH_2 \xrightarrow{HBr} \underset{\underset{Br}{|}}{CH_2=CH-CH-CH_3} + \underset{\underset{Br}{|}}{CH_3-CH=CH-CH_2}$$

I 1,2-付加反応生成物 　　 II 1,4-付加反応生成物

化合物 I はブタジエンの2個の二重結合が単独に反応したものであるが，化合物 II では二重結合の位置が移動し，共役系の両端の炭素原子に HBr が付加している．I，II を与えるような付加反応を，それぞれ，**1,2-付加**，およ

び **1,4-付加**という．この反応の機構を図9.16に示す．

まず，マルコフニコフ則に従い，安定な第二級カルボカチオン III が生成するように，ブタジエンに対してプロトンの付加が起こる（段階①）．III はアリル型のカルボカチオンなので，IIIa と IIIb の共鳴混成体として存在する．1,2- および 1,4- 付加反応生成物は，それぞれの共鳴構造に対して，Br^- が結合したものである（段階②）．このような 1,2-付加と 1,4-付加の競争は，共役ジエン構造をもつ化合物において一般的にみられる．また，ハロゲン化水素の付加反応だけではなく，ハロゲン X_2 や水素 H_2 の付加反応においてもみられる．

ところで，上記の例で示したブタジエンと臭化水素との生成物 I と II の生成比（$K = [I]/[II]$）は，反応温度によって著しく変化する．たとえば，低温（$-80°C$）で反応を行なうと $K = 4$ 程度であるのに対して，反応温度を高めると（$40°C$）$K = 0.25$ に低下する．これは第3章で述べた，反応の熱力学支配と速度支配の例であり，I が速度支配生成物，II が熱力学支配生成物である．I と II はともに炭素—臭素結合のヘテロリシスによってカルボカチオン III を与える．したがって，その反応の活性化エネルギーが供給されるような十分に高い温度条件では I と II は平衡に到達し，熱力学的に安定な化合物 II の生成が有利となる．

・**付加環化反応** ブタジエン $CH_2=CH-CH=CH_2$ とエチレン $CH_2=CH_2$ を混合して $200°C$ に加熱すると，シクロヘキセン C_6H_{10} が得られる．

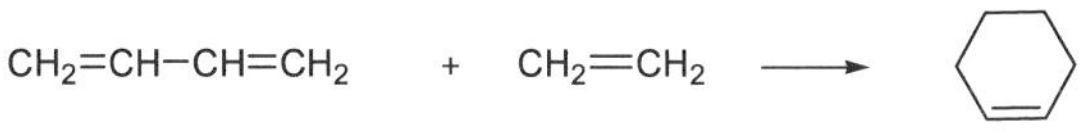

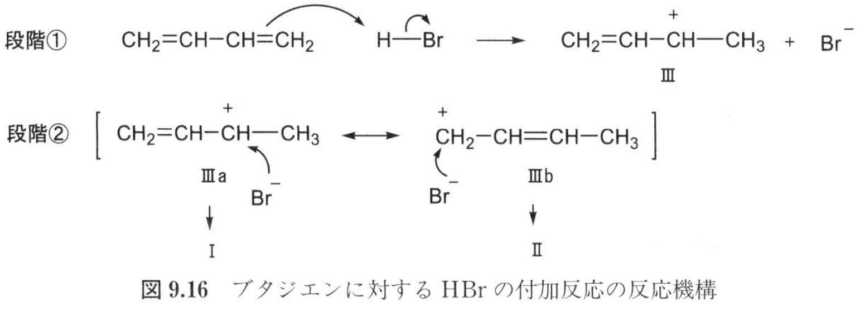

図 9.16 ブタジエンに対する HBr の付加反応の反応機構

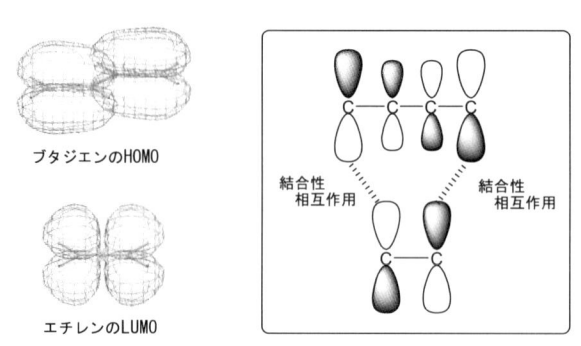

図 9.17 ブタジエンの HOMO とエチレンの LUMO の広がりとそれらの相互作用の模式図

このように，環式化合物が形成される付加反応を，**付加環化反応**という．特に，共役ジエンとアルケンとの付加環化反応によって六員環化合物が生成する反応を，この反応を発展させたディールス（O. P. H. Diels, 1876-1954）とアルダー（K. Alder, 1902-1958）の名を付して，**ディールス-アルダー反応**とよんでいる．ディールス-アルダー反応はペリ環状反応の例であり，結合の開裂と形成が同時に進行する協奏的な反応である．

ディールス-アルダー反応において共役ジエンと反応するアルケンを**ジエノフィル**という．分子軌道論では，この反応は，共役ジエンの HOMO の電子がジエノフィルの LUMO に移動する反応と解釈される．図 9.17 にブタジエンの HOMO とエチレンの LUMO の形状を示す．それぞれの反応物の両端で分子軌道の係数の符号が一致しており，同時に結合性の相互作用が可能になっていることがわかる．メチルビニルケトン $CH_2=CHC(=O)CH_3$ やアクリロニトリル $CH_2=CHC\equiv N$ など電子求引性の置換基をもつアルケンは，ディールス-アルダー反応の反応性が高い．これは，これらのアルケンでは LUMO のエネルギーが低下しており，共役ジエンの HOMO と相互作用しやすいためである．

9.4 アルキンの構造と反応

9.4.1 アルキンの構造と合成

アルキンの分子式は，一般式 C_nH_{2n-2} で表される．三重結合を構成する

炭素原子はsp混成炭素であり，直線構造をとっている．最も簡単なアルキン H—C≡C—H は**アセチレン**とよばれる．アセチレンの炭素—炭素三重結合は，その距離が1.202Åであり，エチレンの炭素—炭素二重結合 (1.339Å) よりもさらに短く，強い結合である（図2.6）．

アセチレンの炭素—水素結合の距離は1.063Åであり，エチレンの1.087Å，エタンの1.094Åと比較すると，かなり短い．これらの値をみると，水素原子に結合している炭素原子の混成がsp^3, sp^2, sp となるに従って，炭素—水素結合距離が短くなる傾向があることがわかる．軌道の混成におけるs軌道の割合を**s性**ということばで表現する．sp混成炭素のs性は50%であり，3種類の混成軌道のうちで最もs性が高い．s軌道の電子はp軌道の電子と比較して原子核の近傍に位置するので，混成軌道のs性の増加とともに軌道の大きさも減少し，それにつれて水素との結合の距離も減少する．

第4章において，酸HAの強さはその共役塩基A^-の安定性に支配されることを述べた．混成軌道のs性はA^-の安定性にも影響を与える．s軌道の電子はp軌道の電子よりも強く原子核に引きつけられているので，負電荷は，s性の大きい混成炭素にある方がs性の小さい混成炭素にあるよりも安定となる．言い換えれば，炭素原子の電気陰性度は，sp炭素原子が最も大きく，sp^3炭素原子が最も小さい．この結果，sp混成炭素に結合した水素原子の酸性は比較的高くなる．たとえば，アセチレンのpK_aは25程度とされており，エチレンの44やエタンの50と比較してかなり小さい．

アセチレンは従来は，炭化カルシウム（化学工業ではカーバイドとよぶ）CaC_2と水との反応で合成されていたが，近年は天然ガス中のメタンや，石油から分離されたナフサなどを原料として製造されている．一般のアルキンの実験室における合成法として，以下の方法がある．

(1) 隣接二ハロゲン化物の二重脱ハロゲン化水素（脱離反応；7.3.2項）
 $-CHX-CHX-$ をもつ化合物から2分子のハロゲン化水素 HX を脱離させる．ナトリウムアミド $Na^+{}^-NH_2$ などの強い塩基が用いられる．

(2) アセチリドと第一級ハロゲン化アルキルとの反応（求核置換反応；9.4.2項(a)）

9.4.2 アルキンの反応

(a) 酸としての反応

すでに述べたように，sp混成炭素に結合した水素原子の酸性は比較的強い．アセチレン HC≡CH やアセチレンの水素原子を1個アルキル基で置換したアルキン RC≡CH （**末端アルキン**という）の pK_a は，アンモニア NH_3 （pK_a 33）やアルカン RH（pK_a 50 程度）よりも小さい．したがって，アセチレンや末端アルキン RC≡CH に，$Na^+ \ ^-NH_2$ などの NH_3 の塩，あるいはグリニャール試剤 RMgBr や有機リチウム試剤 RLi などのアルキルアニオン性の試剤を反応させると，RC≡CH の水素原子はプロトンとして解離し，アルキニルアニオン $RC≡C^-$ が生成する．$RC≡C^-$ は**アセチリド**ともよばれる．

$$HC≡CH + Li^{+\ -}NH_2 \longrightarrow HC≡C^- Li^+ + NH_3$$

$$CH_3C≡CH + C_2H_5MgBr \longrightarrow CH_3C≡C^-\ ^+MgBr + C_2H_6$$

アセチリドは有機金属化合物の一種であり，求核剤あるいは塩基として作用する．アセチリド $RC≡C^-$ を第一級ハロゲン化アルキル R'X と反応させると，$RC≡C^-$ が求核剤として作用し，S_N2 反応が進行する．この反応によって，アセチレンあるいは末端アルキンの sp 混成炭素にアルキル基を導入することができる．

$$CH_3CH_2C≡C^- Li^+ + CH_3CH_2Br \longrightarrow CH_3CH_2C≡CCH_2CH_3 + LiBr$$

アセチリドは塩基性も強いので，第二級あるいは第三級ハロゲン化アルキルとの反応では，E2 反応が優先的に起こる．アセチリドのカルボニル化合物に対する求核付加反応については，第 11 章で述べる．

(b) 付加反応

・**求電子付加反応** アルキンにハロゲン化水素 HX を反応させると，アルケンと同様に求電子付加反応が進行する．1分子のアルケンに対して2分子の HX が付加し，一般に，1分子の HX の付加の段階で反応を停止させることは難しい．反応はマルコフニコフ則に従う．

$$CH_3C≡CH \xrightarrow{HI} \underset{I}{\underset{|}{\overset{CH_3}{\overset{|}{C}}}}=CH_2 \xrightarrow{HI} CH_3-\underset{I}{\underset{|}{\overset{I}{\overset{|}{C}}}}-CH_3$$

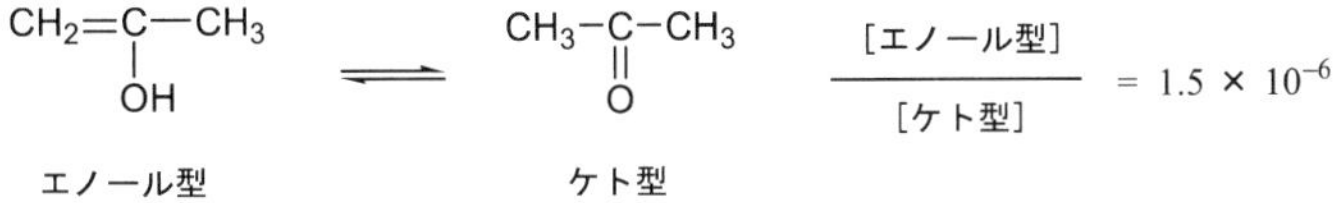

9.4 アルキンの構造と反応

$$CH_2=C-CH_3 \rightleftharpoons CH_3-C-CH_3 \quad \frac{[エノール型]}{[ケト型]} = 1.5 \times 10^{-6}$$
$$|\|$$
$$OHO$$

エノール型　　　　　　ケト型

図 9.18　アセトンのケト-エノール互変異性

アルキンに対する酸の存在下における水の付加反応，すなわち水和反応もマルコフニコフ則に従って進行する．ただし，硫酸水銀(II) $HgSO_4$ などの水銀(II)塩を触媒として必要とする．$RC \equiv CR$（R は水素原子あるいはアルキル基）の水和反応によって，二重結合にヒドロキシ基が結合したアルコール $RCH=C(OH)R$ が生成するが，これは速やかにその構造異性体であるカルボニル化合物 $RCH_2C(=O)R$ に異性化する．

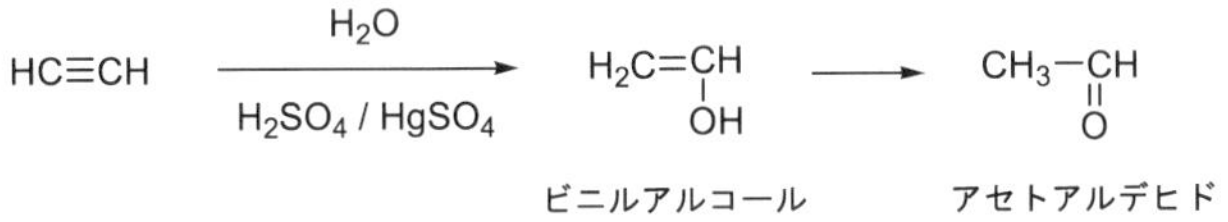

$$HC \equiv CH \xrightarrow[H_2SO_4/HgSO_4]{H_2O} \underset{OH}{H_2C=CH} \longrightarrow \underset{O}{CH_3-CH}$$

ビニルアルコール　　　アセトアルデヒド

　この異性化反応は，**互変異性化**の例である．一般に，2 種類の構造異性体が，単結合の開裂と形成を含む速やかな平衡関係にあるとき，これらを**互変異性**という．$RCH=C(OH)R$ は一般にエノールとよばれ，ケト形構造 $RCH_2C(=O)R$ と互変異性の関係にある．エノール形とケト形の互変異性は**ケト-エノール互変異性**とよばれ，最も代表的な互変異性である．一般のカルボニル化合物では，エノール形に対してケト形が圧倒的に安定であり，平衡存在比は著しくケト形にかたよっている．たとえば，室温におけるアセトン $CH_3C(=O)CH_3$ のエノール形のケト形に対する平衡存在比はわずか 1.5×10^{-6} である（図 9.18）．

・**水素の付加反応**　アルキン $RC \equiv CR$（R は水素原子あるいはアルキル基）を，アルケンと同じように Pd/C や PtO_2 を触媒として水素 H_2 と反応させると，2 分子の H_2 が付加して，アルカン RCH_2CH_2R が生成する．しかし，反応条件を選択することによって，水素の付加をアルケン $RCH=CHR$ の段階で停止することができる．しかも，その立体配置をシス形あるいはトランス形に制御することが可能であり，立体選択的なアルケンの合成法として利用されている．

　金属触媒を用いたアルキンに対する H_2 の付加は，シン付加で進行する．

この際に，炭酸カルシウム $CaCO_3$ 上に分散させたパラジウム Pd に，その活性を低下させるために酢酸鉛(II) $Pb(OCOCH_3)_2$ とキノリン C_9H_7N を添加した触媒を用いると，H_2 の付加はアルケンの段階で止まり，シス形のアルケンが得られる．この触媒を，**リンドラー触媒**という．

一方，アルキンを，液体アンモニア NH_3 中に溶解させたナトリウム Na と反応させると，立体選択的にトランス形のアルケンが得られる．この反応は，還元力の強い Na からアルキン $RC≡CR$ に 1 個の電子が移動した後，NH_3 によってプロトン化されて生成するアルケニルラジカル $RCH=\dot{C}R$ を反応中間体として進行する．トランス形のアルケンが得られるのは，立体ひずみの少ないトランス形の $RCH=\dot{C}R$ が優先的に生成するためである．

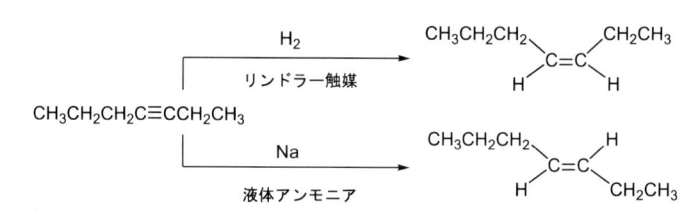

第 10 章
芳香族化合物

　炭素の価電子が4個であることを考慮すると，ベンゼン C_6H_6 は3個の二重結合からなる六員環化合物として表記される．しかし，第2章で述べたように，ベンゼンの電子状態はこの構造式から示される電子状態とは異なっており，6個の π 電子が6個の炭素原子上に非局在化することによって安定化している．このような環を**芳香環**といい，芳香環をもつ環式化合物を**芳香族化合物**とよぶ．ベンゼンは最も代表的な**芳香族炭化水素**である．縮合環構造をもつ芳香族化合物もあり，**多環芳香族化合物**とよばれている．代表的なものとして二環式のナフタレンや，三環式のアントラセン，フェナントレンなどがある．また，炭素原子以外の原子が芳香環の一部を形成している場合もある．このような環を含む化合物を**複素環化合物**といい，ピリジン C_5H_5N やキノリン C_9H_7N が代表的な化合物である．これらの芳香族化合物は，反応性の面からも，電子の非局在化に由来する特有の性質をもつ．

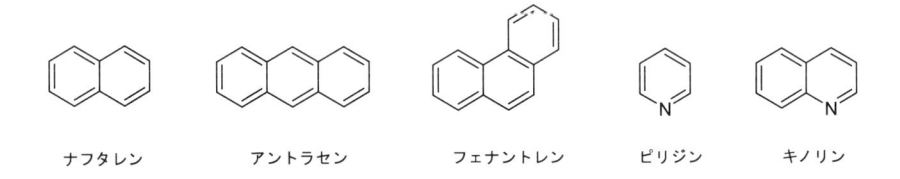

　　ナフタレン　　アントラセン　　フェナントレン　　ピリジン　　キノリン

　すでにしばしば用いているように，芳香環の水素原子を1つ除いてできる置換基が**アリール基**であり，Ar- で表される．ベンゼンの水素原子を1つ除いてできる炭化水素基 C_6H_5- は**フェニル基**とよばれ，Ph- と略記される．

10.1 芳香族化合物の構造

10.1.1 共鳴混成体

ベンゼンを構成している炭素原子はすべて sp^2 混成炭素であり，三方平面構造をとっている．混成に関与しなかった 2p 軌道の電子は π 結合を形成し，6 個の炭素原子上に非局在化している．このため，ベンゼンの炭素―炭素結合距離はすべて等しく，ベンゼンは正六角形構造をとっている．結合距離は 1.399 Å であり，炭素―炭素単結合と二重結合の中間の値となっている．

ベンゼンに最初に環状構造を与えたのはケクレ（F. A. Kekulé, 1829-1896）であり，環状構造 I または II を**ケクレ構造**という．しかし，2.3 節で述べたように，ベンゼンの性質は I または II では表現することはできず，I と II の共鳴混成体と考えることによって，その特性が理解される．ベンゼンを表記する際には，π 電子の非局在化を意識して III のような構造式が用いられることがある．しかし，反応機構を表記する際には結合の存在が明示されている方が都合がよいので，ベンゼンの反応の機構を記述するときにはケクレ構造を用いる．

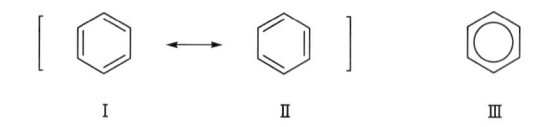

ナフタレン C$_{10}$H$_8$ も平面構造の分子である．π 電子は分子全体に非局在化しており，その構造は 3 個の共鳴構造の共鳴混成体として表される．ベンゼンとは異なり，ナフタレンではすべての炭素―炭素結合距離が等しいわけではなく，C1―C2 結合距離（1.381 Å）は C2―C3 結合距離（1.417 Å）よりもかなり短く，ゆがんだ六角形が縮環した構造をとっている．

10.1.2 ヒュッケル則と芳香族性

1931 年にヒュッケルは，分子軌道理論にもとづいて，環状の共役系をも

つ化合物の安定性に関して，以下のような法則を導いた．

「($4n+2$) 個（n は整数）の π 電子をもつ環では π 電子の非局在化が起こり，系は安定化する．」

その後のさまざまな化合物を用いた実験的な検証により，この法則は正しいことが認められている．この法則を**ヒュッケル則**という．ベンゼンは $n=1$ の場合に相当する．($4n+2$) 個の環状 π 電子系をもつ化合物の特異な安定性とそれに由来する共通した性質を，**芳香族性**ということばで表現する．たとえば，後述するように，芳香族性をもつ化合物では，付加反応よりも置換反応が起こりやすいという共通した性質がある．芳香族化合物は，芳香族性をもつ化合物と定義することもできる．

ヒュッケル則によって，芳香族化合物はベンゼンとその誘導体に限らず，六員環以外の環をもつ化合物にも拡張される．ベンゼン環をもたない芳香族化合物を，**非ベンゼン系芳香族化合物**という．たとえば，sp^2 炭素原子から構成される五員環構造のカルボアニオン $C_5H_5^-$ は**シクロペンタジエニルアニオン**とよばれるが，6 個の π 電子をもつ非ベンゼン系芳香族化合物である．このアニオンは，シクロペンタジエンの sp^3 混成炭素原子に結合した水素原子がプロトンとして解離することによって生成する．このアニオンが芳香族性をもつことによって安定化を受けることは，シクロペンタジエンが炭化水素としては異常に低い pK_a をもつ，すなわち sp^3 混成炭素に結合した水素原子の酸性度が非常に高いことに示されている（pK_a 15）．このアニオンでは電子の非局在化によって 5 個の炭素原子は等価となり，負電荷は 5 個の炭素原子上に等しく分布する（図 10.1）．

また，sp^2 炭素原子から構成される七員環構造のカルボカチオン $C_7H_7^+$ は**シクロヘプタトリエニルカチオン**，あるいはトロピリウムイオンとよばれ，やはり 6 個の π 電子をもつ非ベンゼン系芳香族化合物である．シクロヘプタトリエニルカチオンにおいては 6 個の π 電子が非局在化するので，正電荷は 7 個の炭素原子上に等しく分布することになる．この結果，シクロヘプタトリエニルカチオンは，非局在化の大きいきわめて安定なカルボカチオンとなり，安定な塩として単離されるほどになる．実際，臭素化物塩 $C_7H_7^+Br^-$ や，四フッ化ホウ素酸塩 $C_7H_7^+BF_4^-$ が知られている．

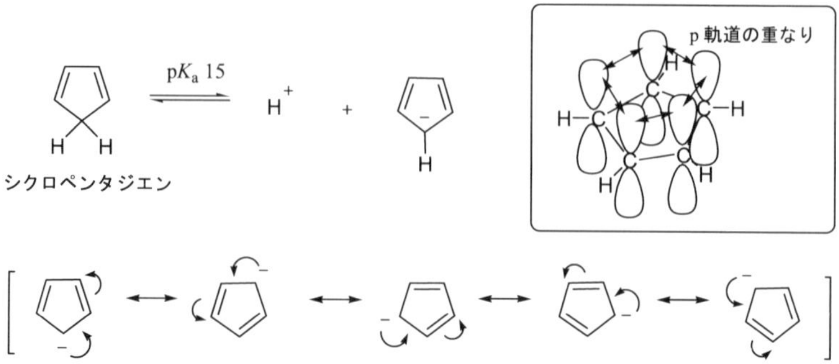

図 10.1 シクロペンタジエニルアニオンにおける電子の非局在化を示す軌道図と共鳴による表現

共鳴構造式における巻矢印は次の極限構造を与えるための電子の移動を示している．

10.2 芳香族化合物の合成

10.2.1 天然資源からの分離

第6章で述べたように化石燃料はさまざまな炭化水素の混合物であり，ベンゼンなどの基本的な芳香族化合物は，石油と石炭を原料に製造されている．石油から得られたアルカンやシクロアルカンを，高温，高圧で触媒とともに反応させると，環化や異性化，さらに水素分子の脱離が進行し，ベンゼンや**トルエン** $C_6H_5CH_3$ が得られる．この過程を**接触リホーミング**という．また，石炭は，縮合環構造をもつ芳香族炭化水素が複雑に連結した高分子化合物と考えられているが，空気を遮断して加熱すると部分的に分解が起こり，比較的分子量の小さい揮発性物質が得られる．この液体成分が**コールタール**であり，これからナフタレンやベンゼン，トルエン，フェノール C_6H_5OH などが分離される．

10.2.2 芳香族化合物の合成

複雑な構造をもつ芳香族化合物は，石油や石炭から得られる芳香族化合物を原料として合成される．その合成過程には，芳香環への置換基の導入と，導入された置換基の変換，の2つの段階がある．

芳香環への置換基の導入に用いられる反応が，芳香族求電子置換反応であり，この反応によって，芳香環にアルキル基やさまざまな官能基を導入する

ことができる．さらに，芳香環は安定なため，芳香環に導入されたアルキル基やさまざまな官能基は，それぞれの官能基の反応性に従って，芳香環を維持したまま別の官能基に変換することができる．これによって，さまざまな芳香族化合物が合成される．

10.3 芳香族化合物の反応

10.3.1 芳香族求電子置換反応

すでに述べたように，芳香環は電子の非局在化によって安定化しているため，反応性に乏しい．しかし，アルケンと同様に，電子不足の化学種，すなわち求電子剤が，原子核による束縛が比較的弱い π 電子を攻撃する反応が起こる．アルケンと異なるのは，アルケンでは π 結合が消失して付加反応生成物が得られるのに対して，芳香族化合物では安定な芳香環が維持された置換反応生成物を与えることである．芳香族化合物に対する求電子的な置換反応を，特に**芳香族求電子置換反応**という．

(a) ベンゼンの反応

ベンゼンの芳香族求電子置換反応の代表的なものとして，ニトロ化，スルホン化，ハロゲン化，フリーデル-クラフツ反応がある．これらの反応ではすべて，それぞれの反応剤から発生した求電子剤 E^+ がベンゼンを攻撃し，最終的にベンゼン C_6H_6 の水素原子が E によって置換された化合物 C_6H_5E が生成する．その反応機構を図 10.2 に示す．

まず，ベンゼンが求電子剤 E^+ の攻撃を受けて，芳香環を形成していた 6 個の電子のうち 2 個が供給され，炭素原子と E^+ とのあいだに σ 結合が形成される．生じた化学種は，5 個の sp^2 炭素原子上に 4 個の π 電子が非局在化した構造をもつカルボカチオンである（段階①，このカルボカチオンは括弧内に示したように簡略化して表記されることもある）．次いで，そのカルボカチオンからプロトン H^+ が脱離することによって，置換反応生成物が得られる（段階②）．このように，芳香族求電子置換反応は，カルボカチオンを反応中間体とする二段階反応であり，律速段階はカルボカチオンが生成する段階①である．カルボカチオンからプロトンが脱離する段階②は，安定な環状 6π 電子系が再生される過程であり，速やかに進行する．

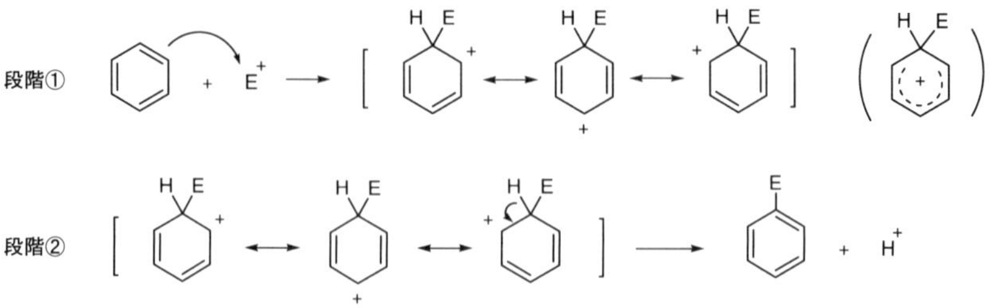

段階①　(ベンゼン) + E⁺ → [中間体共鳴構造] （括弧内は簡略化表記）

段階②　[中間体共鳴構造] → (E置換ベンゼン) + H⁺

図 10.2　ベンゼンの芳香族求電子置換反応の反応機構
括弧内は反応中間体の簡略化された表記を示す．

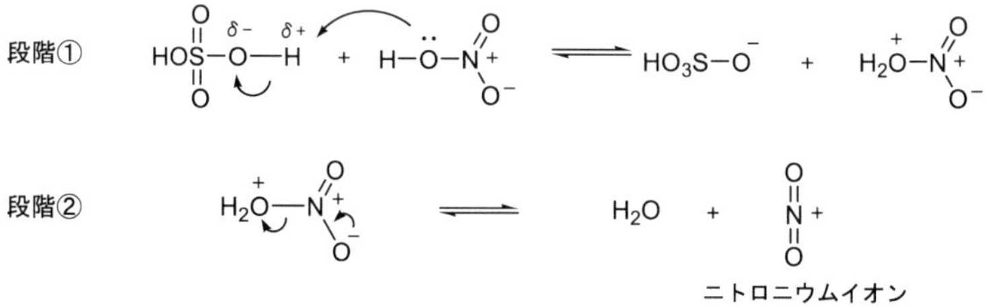

段階①　$HOSO_2-OH$ + $H-\ddot{O}-NO_2$ ⇌ HO_3S-O^- + $H_2O^+-NO_2$

段階②　$H_2O^+-NO_2$ ⇌ H_2O + $O=N^+=O$
　　　　　　　　　　　　　　　　　　　　　　　ニトロニウムイオン

図 10.3　硫酸と硝酸によるニトロニウムイオンの発生の機構

- **ニトロ化**　ベンゼンに濃硫酸 H_2SO_4 と濃硝酸 HNO_3 の混合物を反応させると，ベンゼンにニトロ基が導入され，ニトロベンゼン $C_6H_5NO_2$ が得られる．この反応を**ニトロ化**という．ニトロ化は，図 10.3 に示した反応機構によって発生するニトロニウムイオン $O=N^+=O$ を求電子剤として進行する．
- **スルホン化**　濃硫酸に，8％程度の三酸化硫黄 SO_3 を加えたものを発煙硫酸という．ベンゼンを発煙硫酸と反応させると，ベンゼンスルホン酸 $C_6H_5SO_3H$ が得られる．スルホ基 $-SO_3H$ が導入される反応を**スルホン化**という．SO_3 の硫黄原子は，3 個の酸素原子の電子求引性によって大きな正の部分電荷をもっており，求電子剤としてベンゼンを攻撃する．スルホ基をもつ化合物 RSO_3H を一般に**スルホン酸**といい，強い酸性を示す化合物である．

　ベンゼンスルホン酸をうすい硫酸水溶液中で加熱すると，SO_3 が脱離してベンゼンが得られる．したがって，スルホン化は可逆的な反応である．ベンゼンのスルホン化の反応機構を図 10.4 に示す．
- **ハロゲン化**　塩化鉄(III) $FeCl_3$ の存在下でベンゼンに塩素 Cl_2 を反応させ

10.3 芳香族化合物の反応

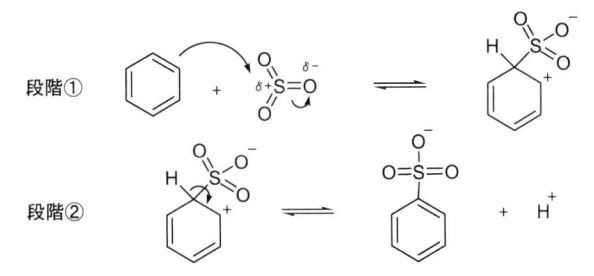

図 10.4 ベンゼンのスルホン化の反応機構
反応中間体は1つの共鳴構造のみを記載してある.

図 10.5 ベンゼンの塩素化の反応機構
反応中間体は1つの共鳴構造のみを記載してある.

ると塩素化が進行し, クロロベンゼン C_6H_5Cl が得られる. ベンゼンの塩素化の反応機構を図 10.5 に示す.

この反応では, まず $FeCl_3$ の鉄原子が Cl_2 の1つの塩素原子の非共有電子対を受け入れて, 錯体 $Cl^{\delta+}$−−Cl−−$^{\delta-}FeCl_3$ が形成される. 末端の塩素原子は正電荷を帯びており, これが求電子剤となってベンゼンを攻撃する. このように, $FeCl_3$ は Cl_2 の分極を促進し, 求電子性を高める働きをしている. 9.3.1 項(c)で述べたように, アルケンの塩素化では塩素自体の分極 $Cl^{\delta+}$−$Cl^{\delta-}$ によって求電子的な反応が進行したが, 安定なベンゼンを Cl_2 と反応させるためには, $FeCl_3$ による Cl_2 の活性化が必要となる. また, 図 10.5 からわかるように, $FeCl_3$ は段階②で再生されるので, 触媒として作用する.

一般に, $FeCl_3$ のように, 電子対を受容できる物質を**ルイス酸**という. この名称は, 1923 年にルイスが提唱した酸・塩基の定義にもとづいている. 電子対を供与できる物質は, **ルイス塩基**とよばれる.

塩素化と同様に，臭化鉄(III) $FeBr_3$ の存在下にベンゼンと臭素 Br_2 を反応させると，ブロモベンゼン C_6H_5Br が得られる．アルケンに対する付加反応と同様に，フッ素 F_2 は反応性が高すぎて反応を制御することができず，ヨウ素 I_2 とベンゼンの反応は進行しない．

・**フリーデル–クラフツ反応** ルイス酸の存在下でハロゲン化アルキル RX とベンゼンを反応させると，アルキルベンゼン C_6H_5R が得られる．ルイス酸として，塩化アルミニウム $AlCl_3$ がよく用いられる．

$$\text{C}_6\text{H}_6 + CH_3CH_2Cl \xrightarrow{AlCl_3} C_6H_5\text{-}CH_2CH_3 + HCl$$

この反応は，1877 年にフリーデル（C. Friedel, 1832–1899）とクラフツ（J. M. Crafts, 1839–1917）によって発見され，**フリーデル–クラフツアルキル化反応**とよばれている．この反応では，ルイス酸 $AlCl_3$ と RX の反応によって，$R^{\delta+}\text{--}X\text{--}^{\delta-}AlCl_3$ を経てカルボカチオン R^+ が生成し，求電子剤としてベンゼンを攻撃する．カルボカチオン R^+ が関与する反応なので，ハロゲン化アルキルの S_N1 反応と同様に，転位反応を伴う場合がある．次の例では，最初に生成した第一級カルボカチオンが，より安定な第三級カルボカチオンに転位した後に求電子剤としてベンゼンと反応し，生成物を与えている．

$$\text{C}_6\text{H}_6 + CH_3CHCH_2Cl \xrightarrow{AlCl_3} C_6H_5\text{-}C(CH_3)_3 + HCl$$

また，ルイス酸の存在下に，酸塩化物とよばれる R(C=O)Cl の構造をもつハロゲン化合物とベンゼンを反応させると，アルキルフェニルケトン $C_6H_5C(=O)R$ が得られる．

$$\text{C}_6\text{H}_6 + CH_3CCl_{(=O)} \xrightarrow{AlCl_3} C_6H_5\text{-}CCH_3_{(=O)} + HCl$$

この反応によりベンゼンに置換基 RC(=O) を導入することができる．置換基 RC(=O) を**アシル基**といい，この反応を**フリーデル–クラフツアシル化**

反応という．この反応では，ルイス酸と $R(C=O)Cl$ の反応によりアシリウムイオン $RC^+=O$ が発生し，求電子剤として反応に関与する．アシリウムイオンは構造 $RC^+=O$ と構造 $RC\equiv O^+$ の共鳴混成体として存在し，一般のカルボカチオンと比べてかなり安定である．フリーデル–クラフツアシル化反応は，芳香族ケトンの合成法として重要である．

(b) 置換ベンゼンの反応

置換基 X をもつベンゼン C_6H_5X も，ベンゼンと同様に求電子置換反応を起こす．このとき，置換基 X は求電子置換反応に対して，2つの点で影響を与える．1つは**反応性**であり，ベンゼンを基準としたときの置換ベンゼン C_6H_5X の相対的な反応速度で評価される．反応性を増大させる置換基を**活性基**，低下させる置換基を**不活性基**という．もう1つの観点は，求電子置換反応によって新たに導入される置換基の位置選択性であり，**配向性** ということばが使われる．さまざまな置換ベンゼンについて求電子置換反応を行ない，ベンゼンに対する相対的な反応性と生成物の構造を調べることによって，2つの観点から置換基を分類することができる．たとえば，アニソール $C_6H_5\text{-}OCH_3$ の塩素化を行なうと，ベンゼンを基準とする相対的な反応速度 (k_{rel}) は著しく大きく，また o-クロロアニソールと p-クロロアニソールが得られ，m-置換体はほとんど生成しない．この結果から，メトキシ基 OCH_3 は，オルト–パラ配向活性基であることがわかる．

$k_{rel} = 9.7 \times 10^6$

o-体 21%　　m-体 <1%　　p-体 79%

また，安息香酸 C_6H_5COOH のニトロ化を行なうと，反応性はベンゼンより著しく低く，主生成物として m-ニトロ安息香酸が得られる．したがって，カルボキシル基 COOH は，メタ配向不活性基である．

表 10.1 芳香族求電子置換反応の反応性と配向性による置換基の分類

		配 向 性	
		オルト-パラ配向	メタ配向
反応性	活性基	ヒドロキシ基 -OH アミノ基 -NH$_2$, -NHR, -NR$_2$ アルコキシ基 -OR アシルアミノ基 -NHC(=O)R アリール基 -Ar アルキル基 -R	該当する置換基はない
	不活性基	ハロゲン原子 -F, -Cl, -Br, -I	トリアルキルアンモニオ基 -$^+$NR$_3$ ニトロ基 -NO$_2$ アルデヒド基 -CH=O ケトン基 -C(=O)R カルボキシル基 -C(=O)OH エステル基 -C(=O)OR シアノ基 -C≡N スルホ基 -SO$_3$H

安息香酸 + HNO$_3$/H$_2$SO$_4$ → o-体 18% + m-体 80% + p-体 2%, $k_{rel} = \sim 10^{-3}$

　実験の結果，すべての置換基は，1) オルト-パラ配向活性基，2) オルト-パラ配向不活性基，3) メタ配向不活性基のいずれかに分類されることが判明した．代表的な置換基の分類を表 10.1 に示す．以下に述べるように，この分類は，第 3 章に述べた置換基の電子的効果によって，きわめて合理的に説明することができる．

・**反応性の理論**　すでにいくつかの反応について述べたように，反応性，すなわち反応速度は，反応の遷移状態の安定性に支配される．芳香族求電子置換反応では，図 10.2 に示したように，π 電子が非局在化したカルボカチオンを反応中間体として反応が進行し，その生成段階（図 10.2，段階①）が律速段階であった．したがって，安定なカルボカチオンを与える反応物ほど遷移状態も安定化し，反応性が高くなる．電子不足の化学種であるカルボカチ

オンは電子供与性の置換基によって安定化するので，芳香族求電子置換反応は，電子供与性置換基によって加速することになる．

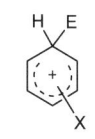

X：電子供与性置換基 ⇒ カルボカチオンの安定化 ⇒ 反応を加速
X：電子求引性置換基 ⇒ カルボカチオンの不安定化 ⇒ 反応を抑制

芳香族求電子置換反応の
反応中間体カルボカチオン

実際，表10.1の活性基は，第3章で述べた誘起効果（I効果）とメソメリー効果（M効果）が働く場合の電子供与性置換基と一致していることがわかる．活性基をもつ置換ベンゼンの反応性は，置換基の電子供与性を反映し，

$-NH_2$, $-NHR$, $-NR_2$ ＞ $-OH$, $-OR$ ＞ $-NHCOR$ ＞ $-Ar$, $-R$

の順に低下する．

一方，電子求引性置換基は，反応中間体のカルボカチオンを不安定化するため，芳香族求電子置換反応の不活性基となる．ハロゲン原子は，誘起効果とメソメリー効果が相反する置換基であるが，3.1.5項で述べたように，例外的に +M 効果よりも -I 効果が優先し電子求引性置換基となる．メタ配向性を示す置換基はすべて -I, -M 効果をもち，強い電子求引性を示す置換基である．

・**配向性の理論**　配向性，すなわち新たに導入される置換基の位置選択性もそれぞれの位置異性体を与える反応の相対速度によって理解される．すなわち，オルト-パラ配向性とは，o-体とp-体を与える反応がm-体を与える反応より速いということであり，o-体とp-体を与える反応中間体がm-体を与える反応中間体より安定ということを意味する．置換ベンゼン C_6H_5X と求電子剤 E^+ の反応について，o-体，m-体，p-体のそれぞれを与える反応中間体カルボカチオンの構造式を書いてみよう（図10.6）．

カルボカチオンでは π 電子が非局在化しており，3つの極限構造の共鳴混成体として表記される．o-体，m-体，p-体のそれぞれを与えるカルボカチオンについて極限構造を書いてみると，図10.6中に破線で囲んだ構造 I および II のように，o-体とp-体を与えるカルボカチオンには置換基 X の結合している炭素原子上に正電荷がくる極限構造が描けるが，m-体を与えるカルボカチオンにはそのような極限構造が描けないことがわかる．

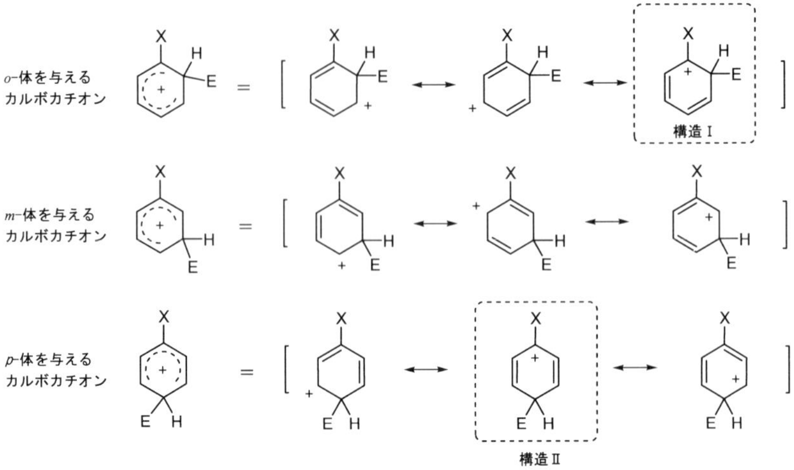

図10.6 置換ベンゼン C_6H_5X の芳香族求電子置換反応における位置異性体を与える反応中間体の構造式

さて，置換基 X が電子供与性の誘起効果（+I 効果）あるいはメソメリー効果（+M 効果）をもつとき，構造 I および II は安定化を受ける．特に +M 効果をもつ置換基では，カルボカチオンと置換基の p 軌道の共役により正電荷が置換基上に非局在化することによって，著しく安定化する．このため，o-体と p-体を与えるカルボカチオンは m-体を与えるカルボカチオンよりも安定となり，反応はオルト-パラ配向性となる．図 10.7 に X=OCH_3 の場合の o-体を与えるカルボカチオンの共鳴構造式を示した．

ハロゲン原子も +M 置換基なので，o-体と p-体を与えるカルボカチオンにはこのような安定化の効果があり，オルト-パラ配向性を示す．

一方，電子求引性のメソメリー効果（−M 効果）をもつ置換基では，置

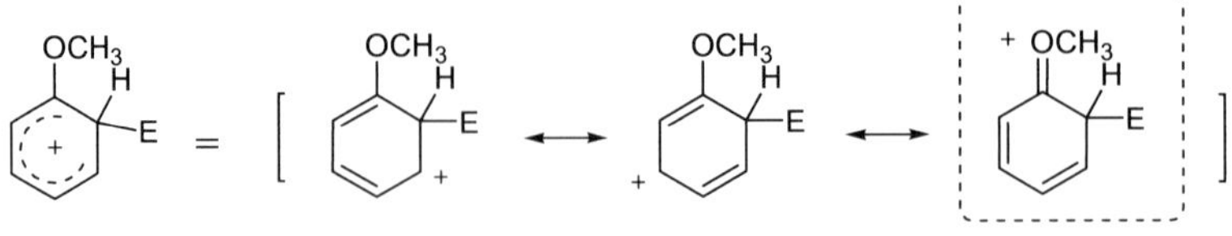

図10.7 アニソール $C_6H_5OCH_3$ の求電子置換反応における o-体を与えるカルボカチオンの構造式
　破線で囲んだ極限構造の寄与によりカルボカチオンは安定化する．

換基が結合した炭素原子上に正電荷をもつ構造（図10.6中の構造ⅠおよびⅡ）が特に不安定となり，カルボカチオンの共鳴安定化に寄与しない．このため，そのような構造が描けない m-体を与えるカルボカチオンの方が相対的に安定になり，メタ配向性を示す．

このように，置換ベンゼンの芳香族求電子置換反応の配向性についても，反応性と同様に，置換基の電子的効果によって合理的に説明することができる．

・**二置換ベンゼンの配向性**　ベンゼン環に2個の置換基をもつ場合も，それぞれの置換基の配向性を考慮することにより，求電子置換反応における位置選択性を予想することができる．複数の生成物が予想される場合の選択性について，次のような一般則がある．

(1) 置換基の影響力の大きさは，強力な活性基（$-NH_2$，$-OH$，$-OR$など）＞ 弱い活性基（$-R$など）≅ ハロゲン原子 ＞ メタ配向性置換基，の順に低下する．2個の置換基のうち影響力の大きい方が二置換ベンゼンの配向性を支配する．

(2) t-ブチル基 $-C(CH_3)_3$ などの立体的に大きな置換基のオルト位，およびメタの関係にある2個の置換基にはさまれた位置には置換が起こりにくい．

図10.8に，いくつかの二置換ベンゼンに対する求電子置換反応の位置選択性に関する実験結果を示した．いずれも，それぞれの置換基の配向性と上述した一般則から予想される位置選択性と一致している．

(c) 多環芳香族化合物の反応

多環芳香族化合物もベンゼンと同様に，求電子置換反応を起こす．ナフタレンなどの多環芳香族炭化水素に対して求電子置換反応を行なうと，明確な

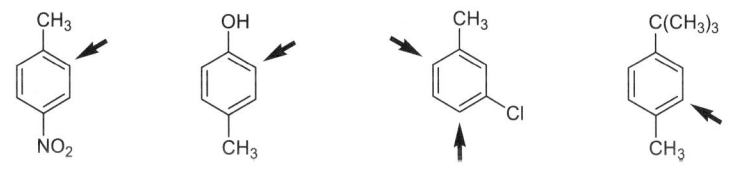

図10.8　二置換ベンゼンにおける求電子置換反応の位置選択性
矢印で示した位置に置換反応が起こる．等価な位置は1ヵ所のみ示した．

位置選択性が観測される場合が多い．たとえば，ナフタレンでは一置換体として 1-位，あるいは 2-位に置換基をもつ位置異性体が考えられるが，ニトロ化や臭素化を行なうと，常に 1-置換体が主生成物として得られる．

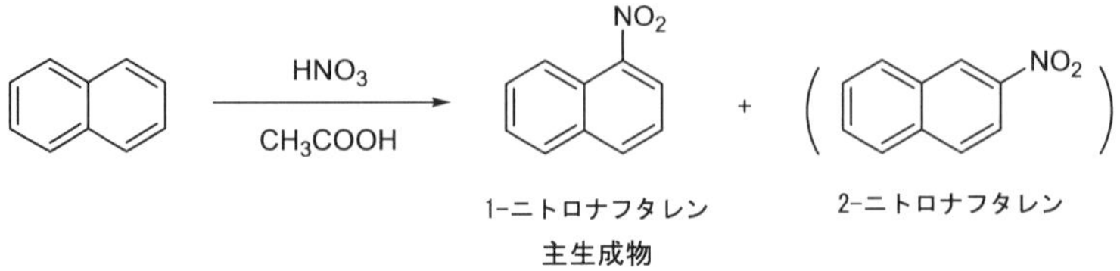

$$\text{ナフタレン} \xrightarrow[\text{CH}_3\text{COOH}]{\text{HNO}_3} \text{1-ニトロナフタレン (主生成物)} + (\text{2-ニトロナフタレン})$$

ナフタレンは電子のかたよりのない化合物なので，この位置選択性を有機電子論にもとづいて理解することは難しい．しかし，それぞれの異性体を与える反応中間体の構造式を書いてみると，その安定性に差があることがわかる（図 10.9）．

　ナフタレンの求電子置換反応の反応中間体となるカルボカチオンでは，正電荷が置換を受けない六員環にも非局在化している．1-置換体と 2-置換体を与える反応中間体を比較すると，いずれも 5 個の極限構造式の共鳴混成体として表記されるが，前者では置換を受けない六員環の 6π 電子系が維持されている極限構造が 2 つあるのに対して，後者では 1 つしかない（図 10.9）．

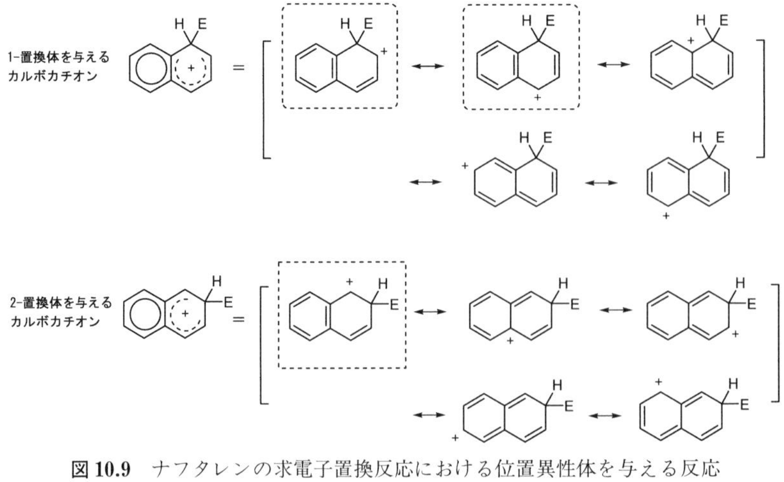

図 10.9 ナフタレンの求電子置換反応における位置異性体を与える反応中間体の構造式
　　　破線で囲んだ極限構造では環状 6π 電子系が維持されている．

環状 6π 電子系を維持している極限構造は他の構造よりも共鳴安定化が大きく，共鳴混成体における寄与が大きい．したがって，そのような構造を 2 つもつ 1-置換体を与える反応中間体の方が，1 つしかない 2-置換体を与える反応中間体よりも安定となる．このため，1-置換体を与える反応の遷移状態の方が安定化が大きくなり，置換反応が 1-位で優先的に進行することになる．

このように，電子のかたよりのない多環芳香族炭化水素の求電子置換反応の位置選択性も，共鳴の考え方にもとづいた反応中間体の安定性によって理解することができる．しかし，一般に多環芳香族炭化水素の位置選択性を予想しようとする場合，それぞれの位置異性体を与える反応中間体の共鳴構造式を正しく書き表すことは容易ではない．このような場合には，分子軌道論にもとづく反応の理解が役に立つ．

求電子置換反応では，電子不足の化学種 E^+ が芳香族炭化水素を求電子的に攻撃するので，芳香族炭化水素の HOMO がフロンティア軌道となる．したがって，フロンティア電子理論によると，HOMO の電子密度が最も大きな炭素原子に置換が起こることになる．芳香族炭化水素のある炭素原子 C_i の HOMO の電子密度 f_i は，分子軌道法を用いてその化合物の分子軌道を求め，炭素原子 C_i の HOMO の係数 c_i から式 (10.1) に従って求めることができる．

$$f_i = 2 \times c_i^2 \tag{10.1}$$

いくつかの多環芳香族炭化水素について，半経験的分子軌道法 (PM3 法) によって求めた HOMO の電子密度を図 10.10 に示す．図には，求電子置換反応を行なった結果，主に置換反応が進行した位置を矢印で示してある．例外なく f_i の最も大きな位置で置換反応が起こっており，フロンティア電子理論が，多環芳香族炭化水素の求電子置換反応の位置選択性を予想するために，きわめて有用であることが理解される．

・**ナフタレンのスルホン化** ナフタレンの求電子置換反応では 1-置換体が優先して生成することを述べた．しかし，1-置換体では，1 位の置換基と 8 位の水素原子が接近しており，これらのあいだに反発的な非結合性相互作用が働くため，1-置換体は 2-置換体よりも熱力学的に不安定となる．前述したように硫酸 H_2SO_4 によるスルホン化は可逆的な反応なので，たとえば 1-ナ

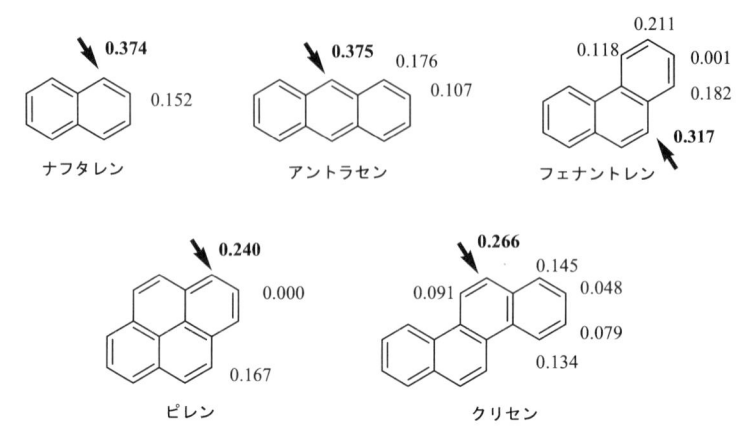

図 10.10 半経験的分子軌道法（PM3 法）で求めた多環芳香族炭化水素の HOMO の電子密度と求電子置換反応の位置選択性
　矢印は主に置換反応が起こる位置を示す．

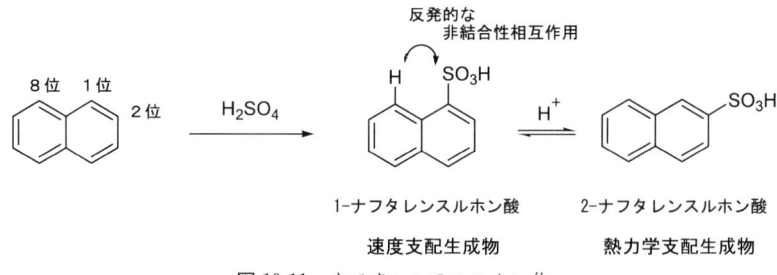

図 10.11 ナフタレンのスルホン化

フタレンスルホン酸を硫酸中で 160℃ に加熱すると，その多くは熱力学的に安定な 2-ナフタレンスルホン酸に異性化してしまう．このため，ナフタレンのスルホン化では，反応温度によって異性体の生成比が異なることになる．すなわち，たとえば 80℃ でスルホン化を行なうと反応は速度支配となり 1-置換体が優先して生成するが，160℃ で反応を行なうと反応は熱力学支配となって主に 2-置換体が得られる（図 10.11）．

10.3.2　芳香環置換基の反応

　第 6 章以降，アルカンやアルケン，さらにハロゲン原子やヒドロキシ基をもつアルカンの反応性を述べてきた．すでに第 4 章で，酸性の強さに関して

アルコール ROH とフェノール ArOH の違いを述べたように，官能基の性質は，芳香環が置換することによって著しい影響を受ける場合がある．本項では，これまでに述べた置換基について，その反応性に及ぼす芳香環の影響を述べる．第 11 章以降で取り上げる官能基については，その章で説明する．

(a) アルキルベンゼンの酸化反応

トルエン $C_6H_5CH_3$ を，過マンガン酸カリウム $KMnO_4$ や二クロム酸ナトリウム Na_2CrO_7 のような酸化剤と反応させると，安息香酸 C_6H_5COOH が得られる．一般に，芳香環に置換したアルキル基 R は，これらの酸化剤によって芳香環に結合した炭素原子を残して切断され，同様に安息香酸を与える．ただし，ベンゼン環に結合した第三級アルキル基は酸化を受けない．

$$H_3C-\langle\bigcirc\rangle-CH_2CH_2CH_2CH_3 \xrightarrow{KMnO_4} HOOC-\langle\bigcirc\rangle-COOH$$

(b) ベンジルラジカルとベンジルカチオン

トルエン $C_6H_5CH_3$ のメチル基の水素を 1 つ取り除いてできる炭化水素基 $C_6H_5CH_2-$ を**ベンジル基**といい，ベンゼン環に結合した炭素原子の位置を**ベンジル位**とよぶ．この位置に発生したラジカル $C_6H_5CH_2\cdot$（**ベンジルラジカル**），あるいはカチオン $C_6H_5CH_2^+$（**ベンジルカチオン**）は，形式的にはいずれも第一級の反応中間体であるにもかかわらず，ベンゼン環との共役により著しく安定となる．すでに 9.3.6 項でアリル位に発生した反応中間体の同様の安定性について述べたが，ベンジルラジカルやベンジルカチオンも，それぞれアリルラジカル $CH_2=CH-CH_2\cdot$，アリルカチオン $CH_2=CH-CH_2^+$ と同程度の安定性をもつとされている．ベンジルカチオンにおける共役とその共鳴による表現を図 10.12 に示す．

安定なベンジルラジカル，およびベンジルカチオンは容易に生成するため，これらが関与する反応は速やかに進行する．たとえば，トルエン $C_6H_5CH_3$ を臭素 Br_2，あるいは NBS（N-ブロモコハク酸イミド）とともに加熱すると，容易にラジカル置換反応が起こり，臭化ベンジル $C_6H_5CH_2Br$ が得られる．

(c) ハロゲン化アリールの求核置換反応

クロロベンゼン C_6H_5Cl やブロモベンゼン C_6H_5Br のように芳香環に結合

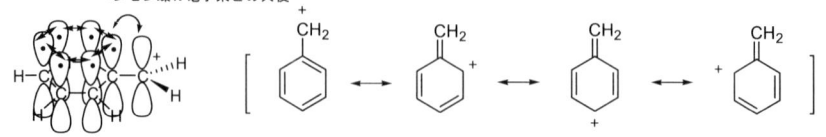

図10.12 ベンジルカチオンにおけるベンゼン環とカルボカチオンの共役，およびその共鳴による表現

したハロゲン原子をもつ化合物 ArX を，一般に**ハロゲン化アリール**とよぶ．ハロゲン化アリールは，ハロゲン化アルキル RX とは異なって，一分子的，あるいは二分子的，いずれの条件でも求核置換反応性が低い．これは，一分子的条件に対しては，カルボカチオン Ar^+ の安定性が著しく低いためである．また，二分子的条件に対しては，ハロゲン原子の結合している炭素原子が sp^2 混成炭素なので，求核剤がハロゲン原子の背後，すなわち炭素―ハロゲン結合に対して180°の角度から炭素原子を攻撃することができないためである．

・**ArS_N2反応** 強い電子求引性置換基をもつ芳香環に結合したハロゲン原子は，求核剤によって置換される場合がある．たとえば，1-クロロ-2,4-ジニトロベンゼン 2,4-$(NO_2)_2C_6H_3Cl$ をメタノール中でナトリウムメトキシド $Na^{+-}OCH_3$ と反応させると，塩素原子がメトキシ基によって置換された生成物が得られる．

この反応は形式的にはハロゲン化アルキルの S_N2 反応と類似しているが，反応機構はまったく異なる．この反応の機構を，図10.13 に示す．

ハロゲン化アルキルの S_N2 反応と同様に，求核剤 CH_3O^- は正に分極した炭素原子を攻撃するが，炭素―ハロゲン結合の開裂は同時には進行せず，負電荷をもつ反応中間体が生成する（段階①）．この反応中間体の共鳴構造式を書くと，負電荷はベンゼン環のみならず，塩素原子に対して o 位，および p 位にあるニトロ基にも非局在化して安定化していることがわかる．こ

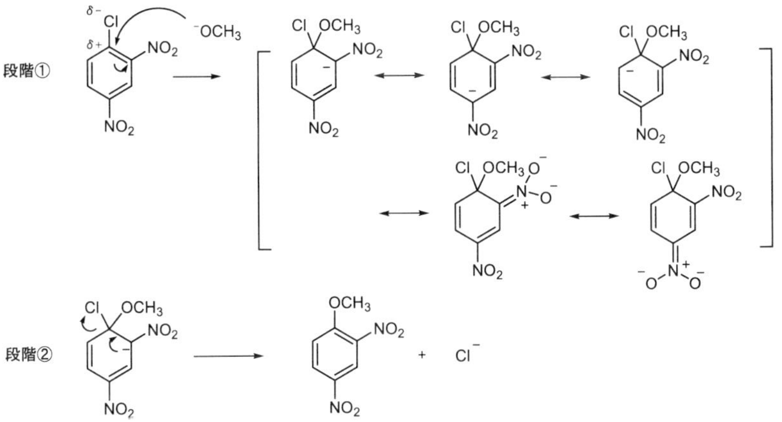

図 10.13 1-クロロ-2,4-ジニトロベンゼンの芳香族求核置換反応の機構

の段階①が律速段階であり，ニトロ基によりこの反応中間体が安定化を受けることによってこの段階の活性化エネルギーが低下し，この反応が進行する．実際，ニトロ基をもたないクロロベンゼン C_6H_5Cl や，ニトロ基があっても塩素原子に対して m 位にある 3,5-ジニトロ体では，ニトロ基が反応中間体の安定化に寄与しないため，置換反応は進行しない．

このように，強い電子求引性置換基をもつベンゼン環に置換したハロゲン原子の求核剤による置換反応は，付加とそれに続く脱離の二段階で進行する．このような反応を，**芳香族求核置換反応**といい，**ArS_N2 反応**と表記する．また，この反応に関与する負電荷をもった反応中間体を，発見者にちなんで**マイゼンハイマー中間体**とよんでいる．

・**ベンザイン** 強い電子求引性置換基をもたないハロゲン化アリールでも，液体アンモニア中でカリウムアミド $K^+\,{}^-NH_2$ と反応させることにより，ハロゲン原子のアミドイオン ${}^-NH_2$ による置換反応が進行する．この反応では，ハロゲン原子が ${}^-NH_2$ に置換された生成物のほかに，ハロゲン原子が結合していた炭素原子の o 位に ${}^-NH_2$ が置換した生成物も得られる．

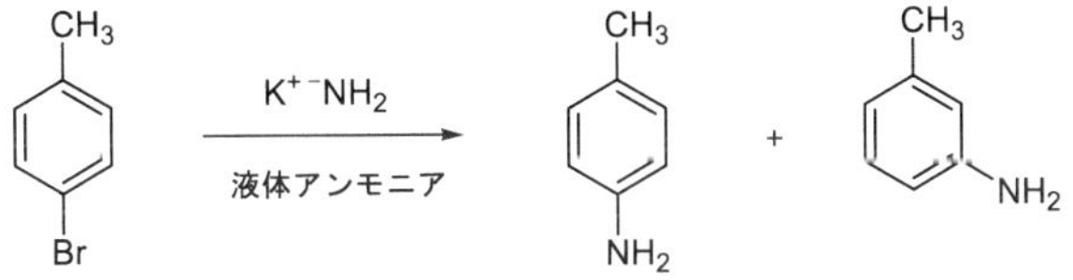

さまざまな研究の結果，この反応は，ハロゲン化アルキルの脱離反応のように，まず $^-NH_2$ が塩基として作用し，ハロゲン化水素が脱離した化合物を経由して反応が進行することが明らかにされた．この反応の機構を図 10.14 に示す．

ハロゲン化アリールからハロゲン化水素が脱離して生成する化合物は，ベンゼンから隣接する 2 個の水素原子を除去した環状のアルキンとなる（段階①）．この化合物は，一般に**ベンザイン**とよばれ，本来は直線構造が安定な sp 混成炭素が六員環に組み込まれた構造をもち，きわめてエネルギーの高い不安定な化合物である．このため，ベンザインは反応中間体として振る舞うことになり，ただちに求核剤 $^-NH_2$ と反応して安定な化合物へと変化する．この際，ベンザインの三重結合を構成する 2 個の炭素に求核剤の攻撃が起こることによって，2 種類の生成物の生成が説明される（段階②）．芳香環に結合した水素原子の酸性度は非常に低いので，ハロゲン化アリールからベンザインを発生させるには，$^-NH_2$ のようなきわめて強い塩基が必要となる．

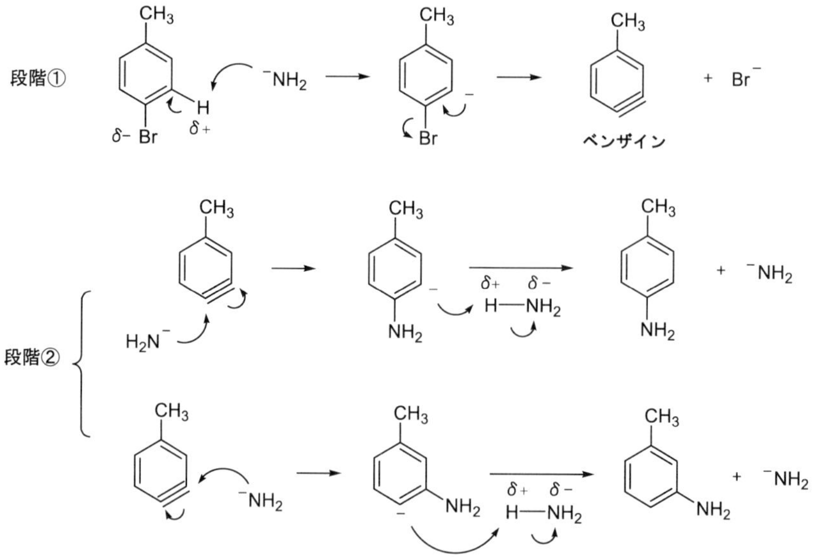

図 10.14　ベンザインを経由するハロゲン化アリールの求核置換反応の機構

第 11 章
カルボニル化合物 I　アルデヒドとケトン

炭素—酸素二重結合 >C=O を**カルボニル基**といい，その結合をもつ有機化合物を**カルボニル化合物**とよぶ．本章と次章で述べるようにカルボニル化合物は，特徴的な物理的性質をもつとともに，多彩な反応性を示す．カルボニル基は，有機化学において最も重要な官能基といっても過言ではない．

カルボニル基に含まれる炭素原子を**カルボニル炭素**というが，その炭素原子に結合している置換基によってカルボニル化合物はさまざまな名称でよばれる．本章では，一般式 RR'C=O（R および R' は水素原子，アルキル基，あるいはアリール基）で表される化合物を扱い，次章ではカルボニル炭素に酸素原子や窒素原子が結合した化合物について述べる．一般式 RCH=O で表される化合物が**アルデヒド**であり，R と R' がともにアルキル基，あるいはアリール基の化合物 RR'C=O を**ケトン**という．また，RC(=O) をまとめて置換基としてよぶ場合には，**アシル基**ということばが使われる．

11.1　アルデヒドとケトンの構造と性質

11.1.1　カルボニル基の構造と性質

カルボニル炭素は，アルケンの二重結合を構成している炭素原子と同様に sp^2 混成炭素であり，三方平面構造をとっている．したがって，カルボニル炭素とそれに結合している 3 個の原子は，同一平面上に存在することになる．カルボニル炭素の混成に関与しなかった 2p 軌道と酸素原子の p 軌道のあいだに π 結合が形成されており，炭素—炭素二重結合と同様に，炭素—酸素二重結合も σ 結合と π 結合からなっている．酸素原子は 6 個の価電子をもつので，酸素原子には 2 個の非共有電子対が存在している．

最も簡単なカルボニル化合物であるホルムアルデヒド $CH_2=O$ の構造と，

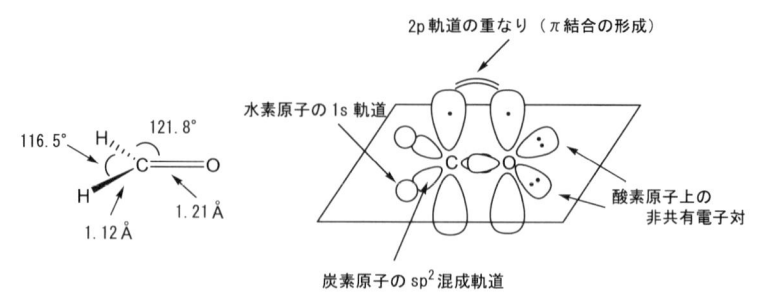

図 11.1 ホルムアルデヒドの構造と sp² 混成軌道を用いたホルムアルデヒドの電子構造の表記

混成軌道を用いた電子構造を図 11.1 に示す．C—O 二重結合距離は $1.21\,\text{Å}$ であり，エチレン $CH_2=CH_2$ の C—C 二重結合の $1.34\,\text{Å}$ よりも短い．また，ホルムアルデヒドの C—O 二重結合の結合解離エネルギーは $742\,\text{kJ mol}^{-1}$ であり，エチレンの C—C 二重結合の $719\,\text{kJ mol}^{-1}$ よりも大きくなっている．このように，炭素—酸素二重結合は比較的強い結合である．

カルボニル基 C=O と炭素—炭素二重結合 C=C との決定的な違いは，C=O 結合には電荷のかたよりがあることである．酸素原子は炭素原子よりも電気陰性なので，カルボニル基は $C^{\delta+}=O^{\delta-}$ と分極している．さらに，ハロゲン化アルキル RX やアルコール ROH における分極と異なるのは，C=O 結合の分極には原子核の束縛が比較的弱い π 電子が関与していることである．このため，C=O 結合には大きな分極が誘起され，またカルボニル基が他の π 電子系と共役すると，分極は遠くまで伝達されることになる．カルボニル基の分極と，その共鳴構造式を用いた表記を図 11.2 に示す．カルボニル化合物が特有の物理的，および化学的性質を示すのは，このようにカルボニル基が大きく分極していることに起因している．

カルボニル基の分極によって，アルデヒドやケトンは双極子モーメントを

図 11.2 カルボニル化合物 $R_2C=O$ における分極とその共鳴による表現

左図の矢印は双極子モーメントの方向を表す．共鳴構造式の巻矢印は別の極限構造を描くための電子の移動を示している．

もつ極性分子となる．ホルムアルデヒドの双極子モーメントは 2.33 D であり，カルボニル基の大きな分極を反映して，メタノール CH_3OH（1.66 D）や塩化メチル CH_3Cl（1.89 D）より大きい．また，分子間に双極子—双極子相互作用が働くため，アルデヒドやケトンの沸点は，同程度の分子量をもつアルカンやハロゲン化アルキルよりもかなり高くなる．さらに，比較的分子量の小さいアルデヒドやケトンは水に対する溶解性が高く，アセトアルデヒド $CH_3CH=O$ やアセトン $(CH_3)_2C=O$ は水と自由に混ざる．しかし，炭素数が 6 個程度になると無極性の炭化水素基の性質が優先して，水に難溶となる．

11.1.2　α 水素の酸性度に及ぼすカルボニル基の効果

前項で述べたカルボニル基の分極に加えて，カルボニル基のもう 1 つの重要な性質として，カルボニル基に隣接する炭素原子（**α 炭素**）に及ぼす影響がある．一般に，アルデヒドやケトンの α 炭素原子上の水素原子（**α 水素**）の pK_a は 20 程度であり，カルボニル基のないアルカンの pK_a が 50 程度であることを考えるときわめて小さい値となる．言い換えると，カルボニル化合物 $RCH_2(C=O)R'$ の α 水素の酸性度は，炭素原子に結合した水素原子としては比較的高い．これは，$RCH_2(C=O)R'$ の共役塩基 $RC^-H(C=O)R'$ が，比較的安定であることを意味している．カルボニル化合物の α 水素が解離して生成するアニオンを**エノラートイオン**，あるいは単に**エノラート**という．エノラートの安定性は何に由来するのだろうか．

図 11.3 に $RCH_2(C=O)R'$ から生成するエノラートの構造を示す．α 水素がプロトンとして解離するとカルボアニオンが生成するが，負電荷を担う α 炭素上の電子対は 2p 軌道に入って隣接するカルボニル基の π 結合と共役することができる．これによって，電子対は電気陰性度の大きい酸素上に非局在化することができ，強く安定化する．図にはエノラートの共鳴構造式を用いた表現を併せて示した．共鳴の考え方では，エノラートは極限構造 II の大きな寄与によって安定化しているということができる．

エノラートの安定性により，比較的弱い塩基でもアルデヒドやケトンの α 水素を解離させることができる．生成したエノラートは，塩基あるいは求核剤として働くが，その際には図 11.3 の極限構造 I に示したカルボアニオ

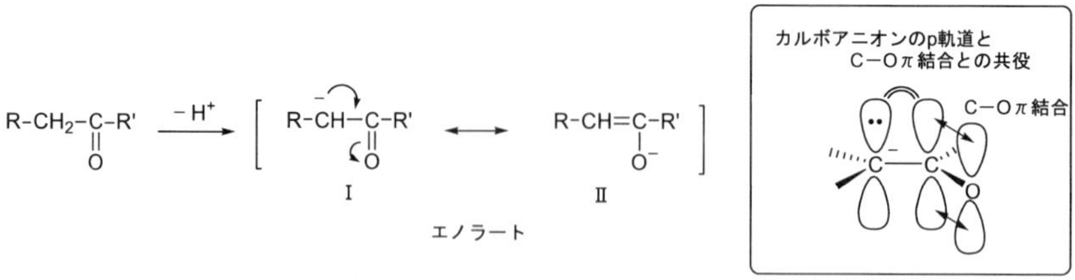

R-CH₂-C-R' の構造式等 （図中）

図 11.3 アルデヒドやケトン RCH$_2$(C=O)R' から生成するエノラートの電子構造とその共鳴による表現
共鳴構造式の巻矢印は別の極限構造を描くための電子の移動を示す．

ンとして振る舞う．エノラートが関与する反応は後述するが，エノラートの生成と反応により，カルボニル化合物は有機合成化学において，きわめて重要な化合物となっている．

11.2 アルデヒドとケトンの合成

実験室ではアルデヒドやケトンは，以下のような反応によって合成される．
(1) アルコールの酸化反応（8.3.4 項）
(2) アルケンのオゾン分解（9.3.5 項(c)）
(3) アルキンの水和反応（水の求電子付加反応；9.4.2 項(b)）
(4) 芳香族化合物のフリーデル–クラフツアシル化反応（芳香族求電子置換反応；10.3.1 項(a)）

11.3 アルデヒドとケトンの反応

アルデヒドやケトンはさまざまな試剤と反応し，その反応には有機合成化学の観点からも重要なものが多い．しかし，反応機構の立場から眺めると，それらはすでに述べたカルボニル化合物の 2 つの重要な性質，すなわち
・炭素—酸素二重結合の分極
・α 水素の高い酸性度によるエノラートの発生
にもとづいて整理することができる．

11.3.1 求核付加反応

・**反応機構** アルデヒドやケトン $RR'C=O$ の基本的な反応は，**求核付加反応**である．その反応機構を図11.4に示す．

$RR'C=O$ の炭素―酸素結合は $C^{\delta+}=O^{\delta-}$ と分極しているため，電子豊富な化学種 Nu^- は求核剤となってカルボニル炭素原子を攻撃することができる．Nu^- の電子対がカルボニル炭素原子に供給されて，Nu^- と炭素原子の間に σ 結合が形成されるとともに，炭素―酸素 π 結合が開裂する．π 結合を形成していた2個の電子対は酸素原子上に収容されて，酸素原子に負電荷が生ずる．酸 H^+ を加えて生成物を取り出すと，最終的にアルデヒドやケトンの炭素―酸素二重結合に NuH が付加した化合物が得られる．

・**アルデヒドとケトンの反応性** 一般に，アルデヒド $RCH=O$ は，ケトン $RR'C=O$ よりも，求核付加反応の反応性が高い．反応の遷移状態の構造から，その理由を考えてみよう（図11.5）．

第5章で示したように求核剤はカルボニル基が形成する平面の外からカルボニル炭素原子を攻撃する（図5.2参照）．遷移状態では，求核剤とカルボニル炭素原子のあいだに部分的に σ 結合が形成されており，カルボニル炭素の平面性は失われ，sp^2 混成から sp^3 混成へと移行する途上にある．さて，遷移状態では，カルボニル炭素原子に結合している2個の置換基 R，R′ が反応物よりも接近するが，置換基の一方が水素であるアルデヒドの方が，2個とも炭化水素基であるケトンより R，R′ 間の立体的反発が小さく，遷移

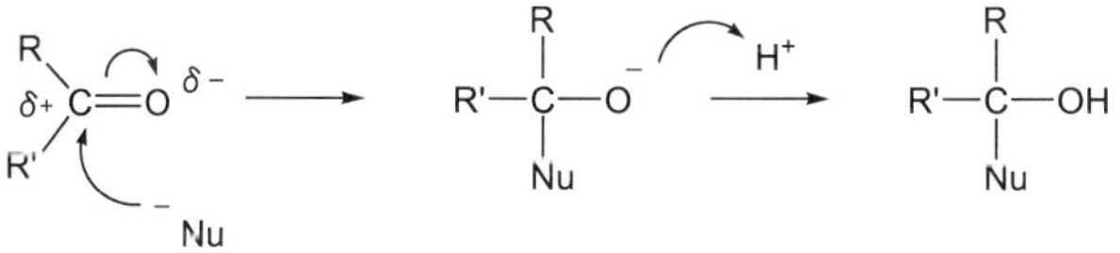

図11.4 アルデヒドやケトンの求核付加反応の反応機構

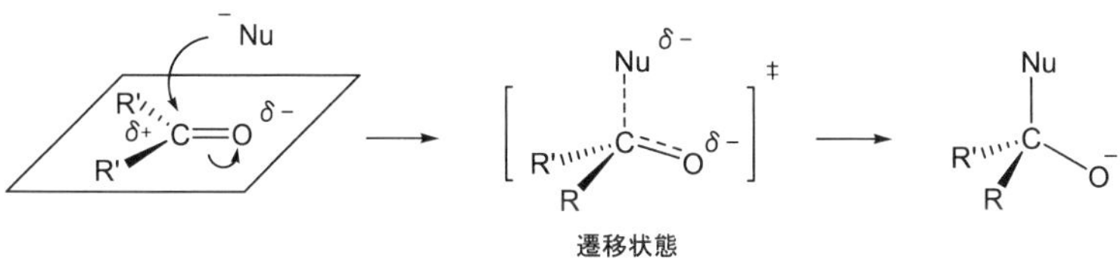

図11.5 アルデヒドやケトンの求核付加反応の遷移状態

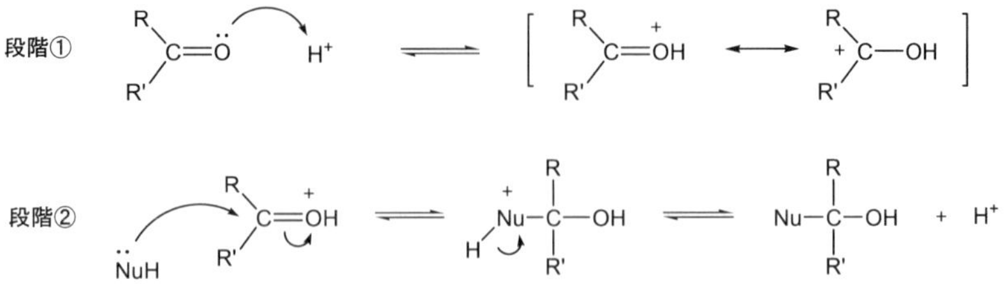

図 11.6 酸存在下におけるアルデヒドやケトンの求核付加反応の反応機構

状態の不安定化が少ない．さらに，遷移状態では求核剤の負電荷がカルボニル炭素にも分散するので，ケトンのもつ R，R' の電子供与性は，遷移状態を不安定化させる要因となる．以上のような立体的，および電子的理由により，アルデヒドはケトンより求核付加反応に対する反応性が高くなる．

・**酸触媒反応** さまざまな求核剤がアルデヒドやケトンに対して付加反応を起こすが，負電荷をもつ求核剤 Nu^- については，すべて図 11.4 に示した機構で進行すると考えてよい．電気的に中性の求核剤 NuH もカルボニル炭素を攻撃するが，一般に求核性が低いため反応は遅い．しかし，この場合には酸 H^+ を加えることによって反応が著しく加速する．これは，添加された H^+ がカルボニル基の酸素原子を求電子的に攻撃して，酸素原子にプロトン化が起こり，これによってカルボニル炭素原子の正電荷が増大して求核剤の攻撃が容易になるからである．酸存在下のアルデヒドやケトンの求核付加反応の機構を図 11.6 に示す．図から付加反応生成物の生成とともに，H^+ が再生されることがわかる．すなわち，この反応は酸触媒反応である．

以下にアルデヒドやケトンの求核付加反応のいくつかの例を示す．付加反応生成物が反応条件下でさらに反応して，別の化合物に変化する場合もある．

(a) アルコールの付加反応

アルコール R"OH は比較的弱い求核剤であるが，酸の存在下でアルデヒドやケトン RR'C=O に付加して，**ヘミアセタール** RR'C(OH)OR" を与える．ヘミアセタールはさらにもう 1 分子のアルコールと反応して，最終的に**アセタール** RR'C(OR")$_2$ が得られる．アルコールとしてエチレングリコール HOCH$_2$CH$_2$OH などの 1, 2-ジオールを用いると，分子内の 2 個のヒドロキシ基が反応して，五員環構造をもつアセタールが得られる．

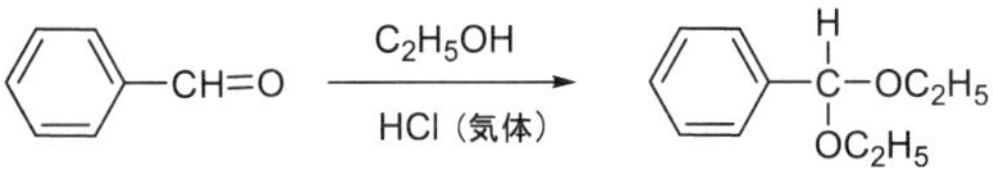

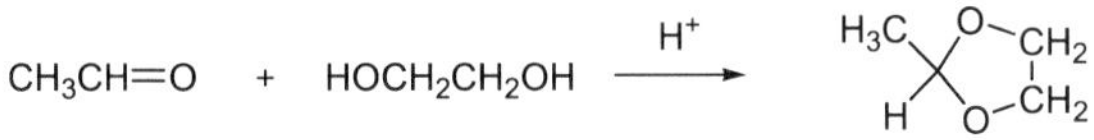

11.3 アルデヒドとケトンの反応

アルデヒドやケトンに対するアルコールの付加反応は，図 11.6 の反応機構によって進行する．ただし，NuH は R″OH である．生成したヘミアセタール RR′C(OH)OR″ は，図 11.7 に示した反応機構によってアセタールに変換される．

図 11.6 および図 11.7 からわかるように，アルデヒドからアセタールの生成はすべての段階が可逆的になっている．したがって，アセタールを合成するためには，過剰のアルコールを用いたり，副生する水を反応系から除去することによって，平衡をアセタール生成側にかたよらせる必要がある．一方，アセタールに対して過剰の水を用いると平衡はアルデヒド側にかたよる．この反応を，**アセタールの加水分解**という．

(b) アンモニアとその誘導体の付加反応

アンモニアあるいはその一置換体 R″NH$_2$ (R″ は水素原子，アルキル基，あるいはアリール基) も，アルコールと同様に，アルデヒドやケトン RR′C=O に対して求核付加反応を起こす．最初に，ヘミアミナールとよばれる RR′C(OH)NHR″ の構造をもつ化合物が生成するが，この化合物は容易に水を脱離して，RR′C=NR″ の構造をもつ化合物が得られる．最終的に得られた炭素―窒素二重結合をもつ化合物は，**イミン**，あるいは**シッフ塩基**

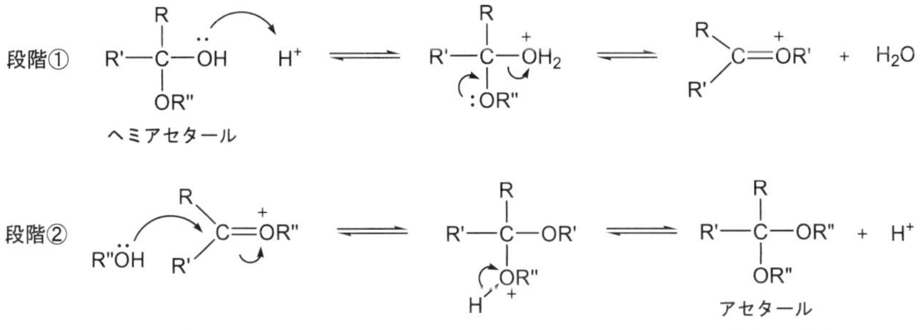

図 11.7 酸存在下においてヘミアセタールからアセタールが生成する機構

とよばれる．このように，水などの小さい分子の脱離を伴って 2 個の分子が結合する反応を，一般に**縮合反応**という．

$$CH_3CH=O + H_2NCH_2CH_2CH_2CH_3 \xrightarrow{-H_2O} CH_3CH=NCH_2CH_2CH_2CH_3$$

$RR'C=O$ と $R''NH_2$ から，イミン $RR'C=NR''$ が生成する反応の機構を図 11.8 に示す．$R''NH_2$ の求核性はアルコールよりも強いので，酸が存在しなくても付加反応は進行する．しかし，ヘミアミナールから水が脱離する過程（段階②, ③）は酸触媒反応なので，塩基性条件では遅くなる．一方，強い酸性条件では，$R''NH_2$ がプロトン化を受けて R''^+NH_3 となるため，その求核性が低下する．この相反する 2 つの効果により，イミンの生成反応速度は pH 4~5 において最大となる．

ある種のアンモニア誘導体では，生成するイミンの結晶性が高く明瞭な融点を与える場合があり，アルデヒドやケトンの確認に用いられている．このための代表的なアンモニア誘導体として，**ヒドロキシルアミン** H_2NOH や，2,4-ジニトロフェニルヒドラジン $H_2NNHC_6H_3(2,4\text{-}NO_2)_2$ などの**ヒドラジン** H_2NNH_2 誘導体がある．アルデヒドやケトン $RR'C=O$ とヒドロキシルアミンから生成するイミン $RR'C=NOH$ を，特に**オキシム**とよぶ．また，ヒドラジン誘導体 H_2NNHR'' から生成するイミン $RR'C=NNHR''$ は，**ヒドラゾン**とよばれる．

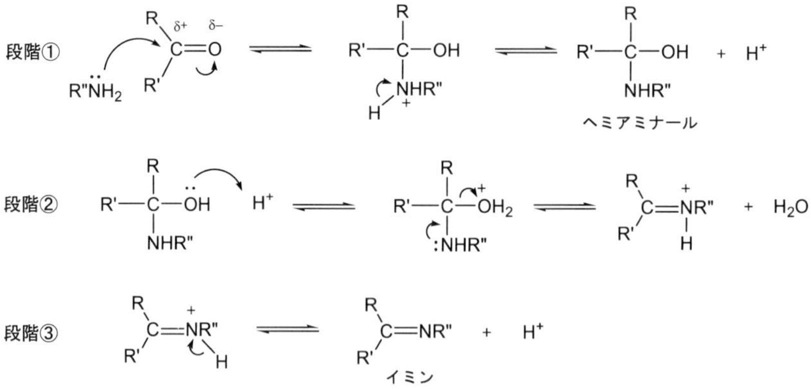

図 11.8 アルデヒドやケトンとアンモニア誘導体 $R''NH_2$ からイミンが生成する反応の反応機構

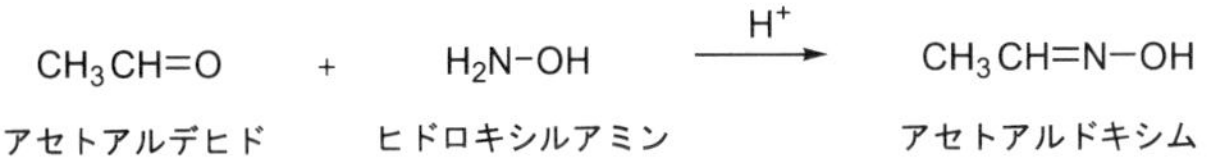

CH₃CH=O + H₂N-OH →(H⁺) CH₃CH=N-OH
アセトアルデヒド　ヒドロキシルアミン　アセトアルドキシム

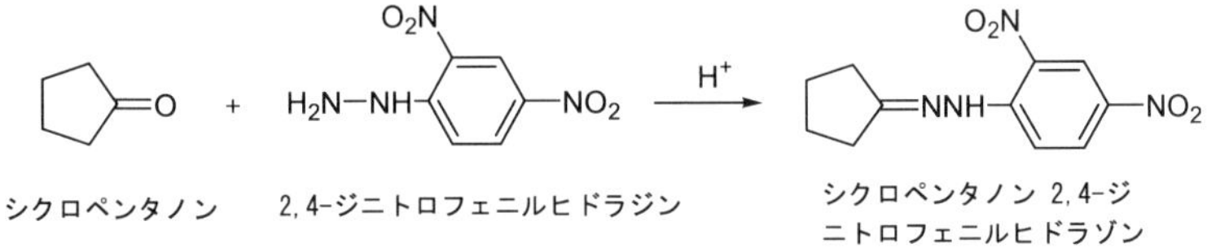

シクロペンタノン + 2,4-ジニトロフェニルヒドラジン →(H⁺) シクロペンタノン 2,4-ジニトロフェニルヒドラゾン

(c) シアン化物イオンの付加反応

アルデヒドやケトン RR'C=O をシアン化水素 HCN と反応させると，求核付加反応が進行し，**シアノヒドリン** RR'C(OH)CN が得られる．RR'C=O と HCN の反応は可逆的であり，塩基性条件では平衡はシアノヒドリンの解離の方向にかたよる．シアノヒドリンを合成するためには，HCN を大過剰に用いる必要があるが，猛毒の気体である HCN の使用を避けるため，実際には，シアン化物塩に酸を添加して反応系内で HCN を発生させる方法がとられている．

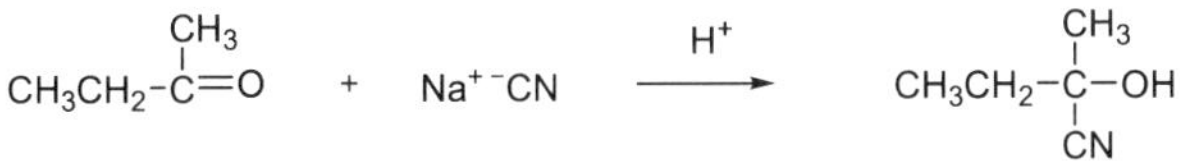

CH₃CH₂-C(CH₃)=O + Na⁺⁻CN →(H⁺) CH₃CH₂-C(CH₃)(OH)CN

この反応条件では，求核性の強いシアン化物イオン ⁻CN が触媒として反応に関与している（図11.9）．

シアノヒドリンはヒドロキシ基 OH とシアノ基 C≡N の2つの官能基をもち，それぞれをさらに他の官能基へ変換することができるため，有機合成の中間物質として重要な化合物である．また，シアノヒドリンの生成反応では，カルボニル炭素とシアン化物イオンとのあいだに新しい炭素―炭素結合が形成される．このような反応は，簡単な有機化合物から，複雑な構造をもつ有機化合物を合成するための手法として重要な意味をもつ．

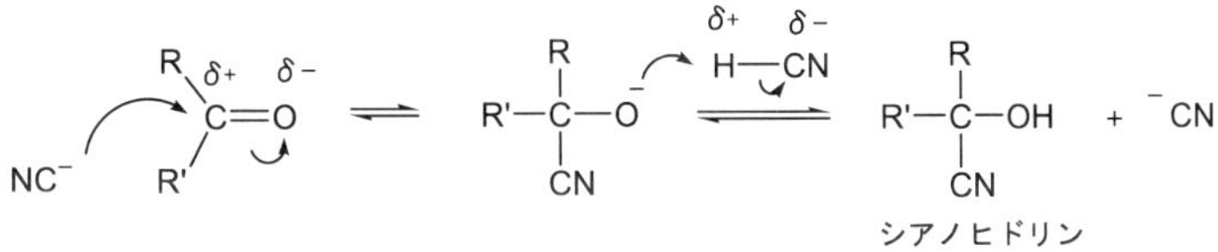

図11.9 シアノヒドリン生成の反応機構

(d) 有機金属化合物の付加反応

第7章で述べたように，ハロゲン化アルキル RX から合成されるグリニャール試剤 RMgX や有機リチウム試剤 RLi などの有機金属化合物 RM では，炭素一金属結合は $C^{\delta-}-M^{\delta+}$ と分極している．このため，炭化水素基はカルボアニオン R^- として振る舞い，アルデヒドやケトンのカルボニル炭素に対して求核攻撃が起こる．反応後に，水あるいは薄い酸を加えるとアルコキシドがプロトン化され，生成物としてアルコールが得られる（図 11.10）．

この反応も新しい炭素一炭素結合が形成される反応であり，有機合成反応として価値が高い．ホルムアルデヒド $CH_2=O$ を用いると第一級アルコールが得られ，他のアルデヒド $RCH=O$ からは第二級アルコール，またケトンからは第三級アルコールが得られる．なお，ブロモベンゼン C_6H_5Br などのハロゲン化アリール ArX からもグリニャール試剤や有機リチウム試剤を合成することができ，これを用いると芳香環をもったアルコールを合成することができる．

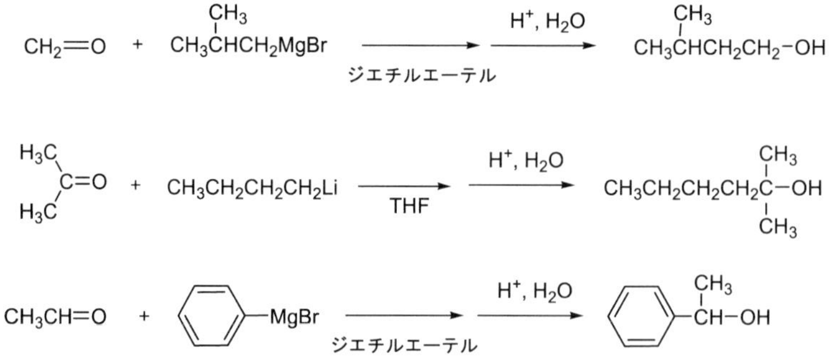

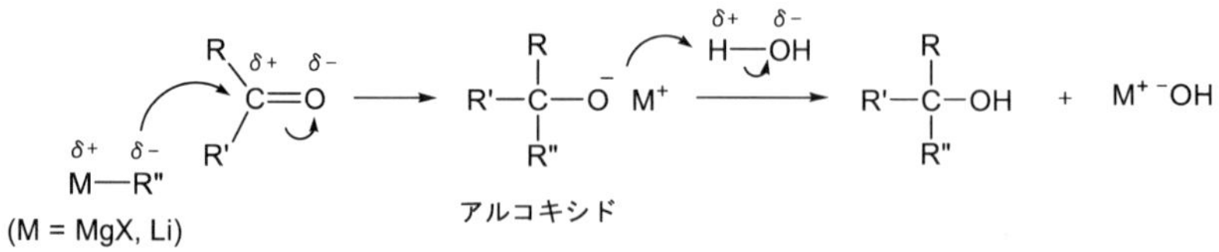

図 11.10 アルデヒドやケトンと有機金属化合物によるアルコールの生成反応の反応機構

第9章ではsp混成炭素に結合した水素原子の酸性が比較的強いことを利用して，アセチリド $RC\equiv C^{-+}M$（$M=Li$，$MgBr$）が合成できることを述べた．アセチリドも求核剤としてアルデヒドやケトンと反応し，三重結合をもったアルコールを与える．

$$CH_3CH=O + CH_3C\equiv C^{-+}MgBr \xrightarrow{\text{ジエチルエーテル}} \xrightarrow{H^+, H_2O} CH_3C\equiv C-\underset{\underset{CH_3}{|}}{CH}-OH$$

(e) リンイリドの付加反応

ハロゲン化アルキル $RR'CHX$ とトリフェニルホスフィン $(C_6H_5)_3P$ を反応させると，$(C_6H_5)_3P$ を求核剤とする求核置換反応が進行し，ホスホニウム塩 $RR'CH^+P(C_6H_5)_3X^-$ が生成する．次いで，ブチルリチウム $CH_3(CH_2)_3Li$ などの塩基と反応させるとプロトンが脱離し，$RR'C=P(C_6H_5)_3$ の構造をもった化合物が得られる．

$$RR'CHX + (C_6H_5)_3P \longrightarrow \underset{\text{ホスホニウム塩}}{RR'CH-\overset{+}{P}(C_6H_5)_3\ X^-} \xrightarrow[-HX]{\text{塩基}} \underset{\text{リンイリド}}{RR'C=P(C_6H_5)_3}$$

得られた化合物は，以下のような共鳴混成体として存在し，正電荷をもつリン原子によって安定化されたカルボアニオンとみることができる．この化合物を，**リンイリド**とよぶ．

$$\left[RR'C=P(C_6H_5)_3 \longleftrightarrow RR'\overset{-}{C}-\overset{+}{P}(C_6H_5)_3 \right]$$

リンイリドの炭素原子はカルボアニオン性をもつので，有機金属化合物と同様に，求核剤としてアルデヒドやケトンのカルボニル炭素を攻撃する．この反応も，新しい炭素—炭素結合が形成される反応である．この反応では，最終的にアルケンとトリフェニルホスフィンオキシド $(C_6H_5)_3P=O$ が生成する．

$$CH_3CH_2CH=O + CH_3CH_2\underset{\underset{CH_3}{|}}{C}=P(C_6H_5)_3 \longrightarrow CH_3CH_2\underset{\underset{CH_3}{|}}{C}=CHCH_2CH_3 + (C_6H_5)_3P=O$$

$$\text{シクロヘキサノン} + CH_2=P(C_6H_5)_3 \longrightarrow \text{メチレンシクロヘキサン} + (C_6H_5)_3P=O$$

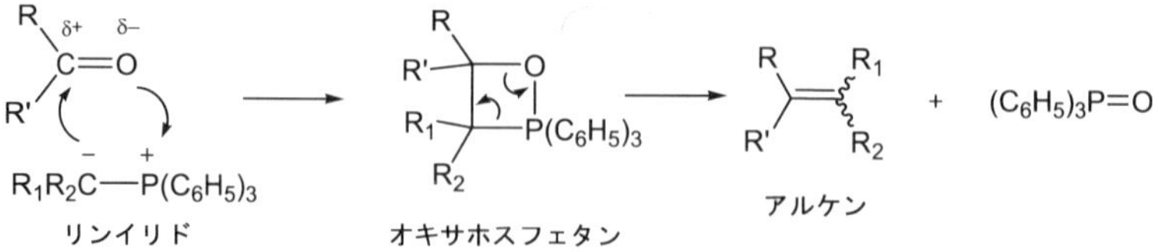

図 11.11 ウィッティッヒ反応の反応機構
アルケンの波線はシス-トランス異性体の混合物として得られることを示している．

　この反応はアルケンの合成法として重要な反応であり，この反応を発見したウィッティッヒ（G. Wittig, 1897-1987）の名前をつけて，**ウィッティッヒ反応**とよばれている．ウィッティッヒ反応の機構を図 11.11 に示す．この反応は，リンイリドの炭素原子のカルボニル炭素への求核攻撃によって開始され，オキサホスフェタンとよばれる四員環化合物を経由して進行する．オキサホスフェタンは，安定なリン—酸素二重結合の形成が駆動力となって速やかに分解し，アルケンが生成する．

11.3.2　還元反応
(a) アルコールへの還元
・**水素化反応**　炭素—炭素二重結合と同様に，アルデヒドやケトン $RR'C=O$ の炭素—酸素二重結合もパラジウム Pd やニッケル Ni を触媒として水素 H_2 と反応し，炭素—酸素二重結合に H_2 が付加した構造のアルコール $RR'CHOH$ を与える．ただし，反応性は炭素—炭素二重結合より低く，実用的な速度で反応を進めるためには，高温や高圧が必要な場合もある．また，炭素—炭素二重結合と炭素—酸素二重結合をもつ化合物では，前者のみを選択的に水素化することができる．

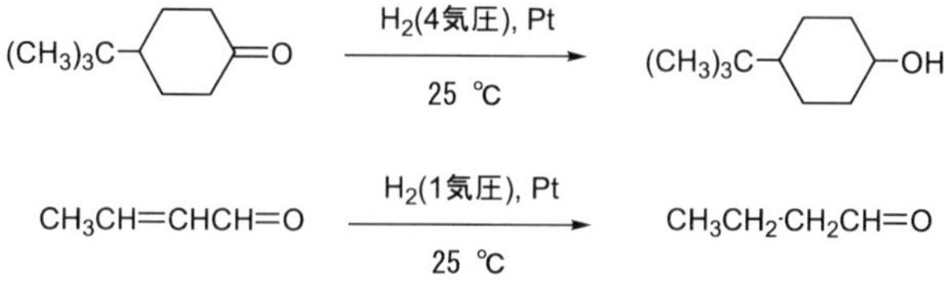

・**水素化物イオン供与体による還元**　水素化アルミニウムリチウム $LiAlH_4$ や水素化ホウ素ナトリウム $NaBH_4$ は，水素化物イオン H^-（**ヒドリド**ともい

う) を供給する試剤である.アルデヒドやケトン RR'C=O をこれらの試剤と反応させると,カルボニル炭素に対する H^- の求核攻撃が起こり,アルコキシド $RR'CHO^-$ が生成する.水を添加することによって,水素化反応で得られるものと同じ構造のアルコール RR'CHOH が得られる. H^- は炭素―炭素二重結合には反応しないので,炭素―炭素二重結合と炭素―酸素二重結合をもつ化合物にこれらの試剤を反応させると,水素化反応とは逆に,炭素―酸素二重結合のみが還元された化合物を得ることができる.

$$\text{シクロペンタノン} \xrightarrow{\text{LiAlH}_4} \xrightarrow{H^+, H_2O} \text{シクロペンタノール}$$

$$\text{Ph-CH=CH-CH=O} \xrightarrow{\text{LiAlH}_4} \xrightarrow{H^+, H_2O} \text{Ph-CH=CHCH}_2\text{OH}$$

アルミニウム―水素結合は,ホウ素―水素結合よりも分極の程度が大きいので,$LiAlH_4$ は $NaBH_4$ よりも還元力が強い.$LiAlH_4$ は水 H_2O と速やかに反応し,水素 H_2 を放出して分解するが,$NaBH_4$ は水溶液やアルコール溶液中でも用いることができる.

(b) 炭化水素への還元

カルボニル基 C=O はメチレン基 CH_2 に還元することができ,アルカンの合成法として用いられる.特に,第一級アルキル基が置換したベンゼン誘導体 RCH_2Ar の合成に用いられる.10.3.1 項で述べたように,RCH_2Ar は ArH と RCH_2X によるフリーデル-クラフツアルキル化反応によって合成が可能であるが,転位反応によりアルキル基の構造が変化したり,アルキル基の置換によるベンゼン環の活性化によって二置換体,三置換体が形成される場合が多い.これに対して,まず R(C=O)X を用いたフリーデル-クラフツアシル化反応によって R(C=O)Ar を合成し,次いでカルボニル基をメチレン基に還元すれば,確実に RCH_2Ar を合成することができる.カルボニル基のメチレン基への還元反応として,相補的な 2 種類の方法がある.

アルデヒド,あるいはケトン RR'C=O を濃塩酸中で,亜鉛アマルガム Zn(Hg) と反応させると,$RR'CH_2$ が得られる.この反応は,1913 年にクレメンゼン (E. C. Clemmensen, 1876-1941) が発見したことから,**クレメンゼン還元**とよばれている.

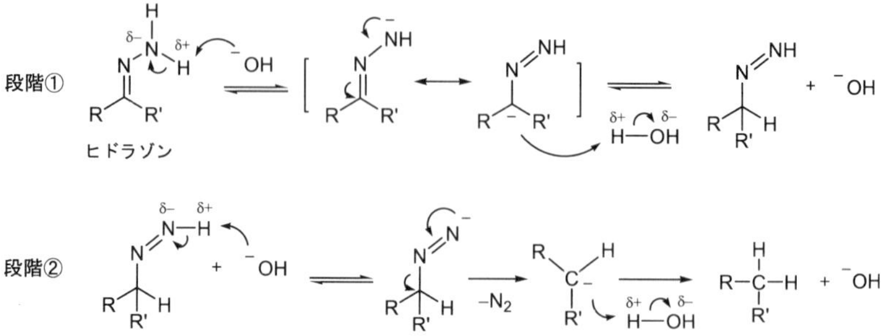

図 11.12 ヒドラゾンの塩基による窒素脱離の反応機構

　また，アルデヒド，あるいはケトン RR'C=O をヒドラジン H_2NNH_2 と反応させてヒドラゾン RR'C=NNH_2 とし，引き続いて塩基とともに加熱すると，窒素 N_2 の脱離を伴って RR'CH$_2$ が得られる．この反応を，**ウォルフ–キシュナー還元**という．ヒドラゾンから炭化水素が生成する反応は，図 11.12 に示した反応機構で進行するとされている．

　ウォルフ–キシュナー還元は，実際には，中間生成物であるヒドラゾンを単離することなく行なわれることが多い．すなわち，アルデヒド，あるいはケトンをエチレングリコール HOCH$_2$CH$_2$OH などの高沸点アルコールに溶かし，水酸化カリウム KOH あるいは水酸化ナトリウム NaOH とヒドラジン水溶液を加えて加熱することにより，炭化水素を得る．

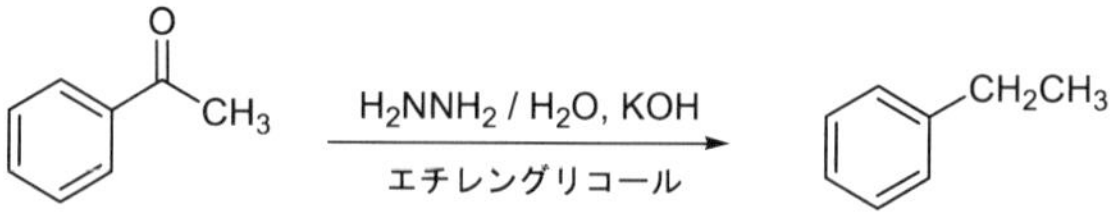

　クレメンゼン還元は酸によって分解する官能基をもつ化合物には用いることができないが，その場合にはウォルフ–キシュナー還元を用いる．一方，塩基に弱い官能基をもつ化合物に対しては，クレメンゼン還元が用いられる．

11.3.3 酸化反応

　アルデヒド RCH=O は，第一級，および第二級アルコールを酸化するのと同じ酸化剤，たとえば酸化クロム(VI) や過マンガン酸カリウムによって容易にカルボン酸 RC(=O)OH に酸化される．ケトンはこれらの試剤では

酸化されない．

さらにアルデヒドは，穏和な酸化剤である銀イオン Ag^+ によっても酸化される．たとえば，アンモニア性硝酸銀水溶液をアルデヒドと反応させると，水溶液中の銀アンモニア錯イオン $[Ag(NH_3)_2]^+$ によってアルデヒドが酸化される．これに伴って，銀錯イオンが還元されて銀 Ag が鏡のように析出する．

$$RCH=O + [Ag(NH_3)_2]^+ \longrightarrow RCOO^- + Ag\,(銀鏡)$$

この反応は，アルデヒドの検出に用いられる．検出に用いるアンモニア性硝酸銀水溶液は発見者の名をつけて，**トレンス試薬**とよばれている．

11.3.4 エノラートが関与する反応

すでに述べたように，カルボニル基の重要な性質の1つに，α水素の酸性度が高いことがある．これによって，アルデヒドやケトン $RCH_2(C=O)R'$ から容易に，カルボアニオン $RCH^-(C=O)R'$，すなわちエノラートを発生させることができる．エノラートは，以下のような反応に関与する．

(a) α水素のハロゲン化反応

α水素をもつアルデヒドやケトン $RCH_2(C=O)R'$ を水酸化物イオン OH^- などの塩基の存在下にハロゲン X_2（$X=Cl$, Br, I）と反応させると，α水素がハロゲン原子で置換された化合物 $RCXH(C=O)R'$ が得られる．

$$H_3C-\underset{O}{\overset{}{C}}-CH_3 + Br_2 \xrightarrow{OH^-} H_3C-\underset{O}{\overset{}{C}}-CH_2Br + Br^-$$

この反応は，図 11.13 に示すエノラートの発生を含む反応機構で進行する．律速段階はエノラートの生成段階（段階①）であり，この反応の反応速度はハロゲンの濃度に依存しない．

なお，生成した α-ハロカルボニル化合物 $RCXH(C=O)R'$ の α水素の酸性度は，反応物 $RCH_2(C=O)R'$ の α水素の酸性度よりも高い．これは，前者から生成するエノラート $RC^-X(C=O)R'$ がハロゲン原子の電子求引性によってさらに安定化するためである．したがって，$RCXH(C=O)R'$ の α水素は，さらにハロゲン化を受けることになる．メチルケトン類 $R(C=O)CH_3$

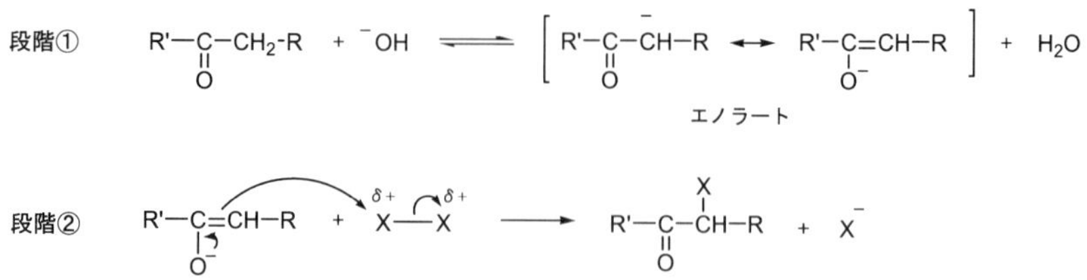

段階① R'-C(=O)-CH₂-R + ⁻OH ⇌ [R'-C(=O)-CH-R ↔ R'-C(-O⁻)=CH-R] + H₂O
エノラート

段階② R'-C(=O)-CH⁻-R + X-X → R'-C(=O)-CHX-R + X⁻

図 11.13 塩基存在下におけるアルデヒドやケトンの α 水素のハロゲン化の反応機構

にこの反応を行なうと，炭素ー炭素結合の開裂が引き起こされる．すなわち，$R(C=O)CH_3$ を塩基性条件下でハロゲン X_2（$X=Cl$，Br，I）と反応させると，メチル基の水素原子が次々とハロゲン化され，$R(C=O)CX_3$ となった後，最終的にカルボン酸 $R(C=O)OH$ とトリハロメタン CHX_3 が得られる．この反応を，生成するトリハロメタンの慣用名を付して**ハロホルム反応**という．ヨウ素を用いた場合には，生成するトリヨードメタン（慣用名ヨードホルム，CHI_3）が黄色固体として析出する．この反応は**ヨードホルム反応**とよばれ，メチルケトン類の検出反応として用いられている．

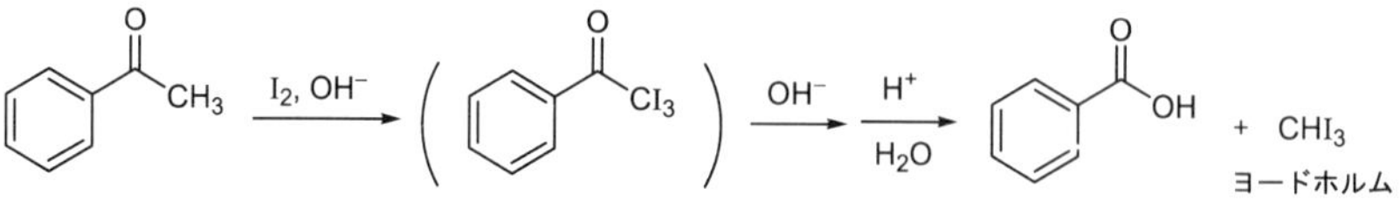

PhCOCH₃ →[I₂, OH⁻] (PhCOCl₃) →[OH⁻ / H⁺, H₂O] PhCOOH + CHI₃
ヨードホルム

炭素ー炭素結合が開裂するのは，トリハロメチル基 CX_3 は，3個のハロゲン原子によってアニオン $⁻CX_3$ が安定化を受けるため，良好な脱離基となるからである．このため，次章で詳しく述べるように，$R(C=O)CX_3$ は水酸化物イオン $⁻OH$ による求核置換反応を受け，$⁻CX_3$ が脱離する．

アルデヒドやケトン $RCH_2(C=O)R'$ の α 水素は，酸性条件下においてもハロゲン化を受ける．酸性条件下ではエノラートは発生しないが，酸によって $RCH_2(C=O)R'$ のエノール $RCH=C(OH)R'$ への互変異性化が促進され，エノールが反応に関与する（図 11.14）．律速段階はエノール化（段階②）であり，この反応の反応速度もハロゲンの濃度に依存しない．

酸性条件下では，塩基性条件下のハロゲン化とは異なり，ハロゲン化は一置換体 $RCHX(C=O)R'$ の生成で停止する．これは，$RCHX(C=O)R'$ のカ

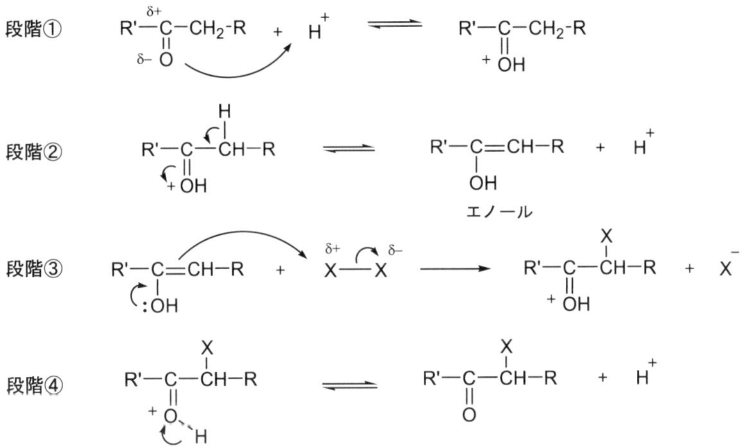

11.3 アルデヒドとケトンの反応　　197

段階①　　R'−C−CH₂-R   +   H⁺   ⇌   R'−C−CH₂-R
　　　　　　　‖   ‖
　　　　　　　O   ⁺OH

段階②　　R'−C−CH−R   ⇌   R'−C=CH−R   +   H⁺
　　　　　　　‖ | |
　　　　　　⁺OH   OH
　　　　　　　　　　　　　　　　エノール

段階③　　R'−C=CH−R   +   X−X   →   R'−C−CH−R   +   X⁻
　　　　　　　| ‖ |
　　　　　　 :OH   ⁺OH X

段階④　　R'−C−CH−R   ⇌   R'−C−CH−R   +   H⁺
　　　　　　　| | ‖ |
　　　　　　⁺O X   O   X
　　　　　　　H

図 11.14 酸性条件下におけるアルデヒドやケトンの α 水素のハロゲン化の反応機構

ルボニル酸素の塩基性が，ハロゲン原子の強い電子求引性のため，もとのカルボニル化合物 $RCH_2(C=O)R'$ より低くなるためである．これによって，$RCHX(C=O)R'$ ではプロトン化（段階①）が起こりにくくなるため，エノール化（段階②）が進まず，ハロゲン化反応の進行が抑制される．

(b) アルドール縮合反応

アセトアルデヒド $CH_3CH=O$ に薄い水酸化ナトリウム NaOH 水溶液を加えると，二量化反応が起こり 3-ヒドロキシブタナール $CH_3CH(OH)CH_2$-$CH=O$ が得られる．一般に，塩基性条件下で，α 水素をもつアルデヒド 2 分子が結合し，β 位にヒドロキシ基をもつアルデヒドを与える反応を，**アルドール縮合反応**という．アルドールは，3-ヒドロキシブタナールの慣用名である．

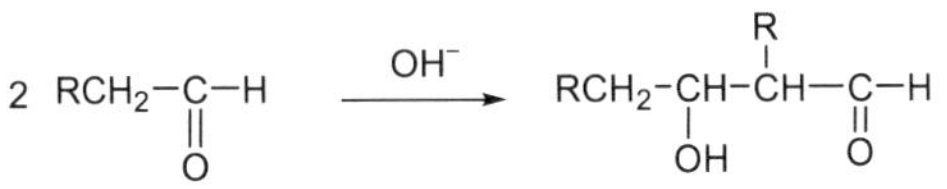

$$2\ RCH_2-\underset{O}{\underset{\|}{C}}-H \xrightarrow{OH^-} RCH_2-\underset{OH}{\underset{|}{CH}}-\underset{R}{\underset{|}{CH}}-\underset{O}{\underset{\|}{C}}-H$$

β-ヒドロキシアルデヒド

アルドール縮合反応は，一見複雑な反応にみえるが，反応機構に沿って眺めてみると，起こるべくして起こる反応であることかわかる．アルデヒド $RCH_2CH=O$ と水酸化物イオンによるアルドール縮合反応の機構を図 11.15

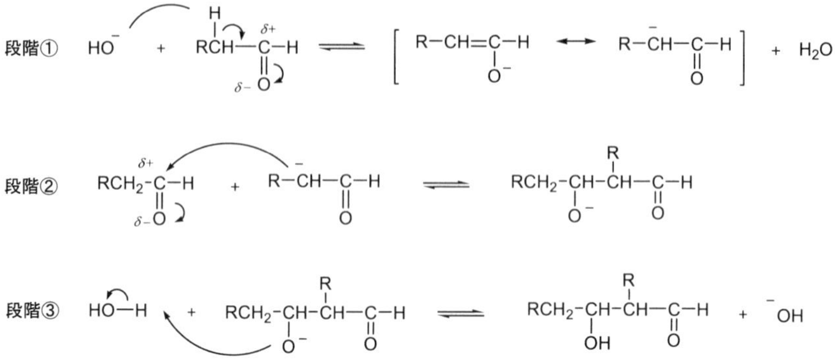

段階① HO⁻ + RCH₂-C(δ+)(H)H(δ-O) ⇌ [R-CH=C-H / O⁻ ↔ R-CH⁻-C-H / O] + H₂O

段階② RCH₂-C(δ+)H(δ-O) + R-CH⁻-C-H(O) ⇌ RCH₂-CH(O⁻)-CH(R)-C-H(O)

段階③ HO-H + RCH₂-CH(O⁻)-CH(R)-C-H(O) ⇌ RCH₂-CH(OH)-CH(R)-C-H(O) + ⁻OH

図 11.15 アルデヒド $RCH_2CH=O$ のアルドール縮合反応の反応機構

に示す.

　すでに繰り返し述べたように，アルデヒド $RCH_2CH=O$ の α水素の酸性度は比較的高いので，水酸化物イオン OH^- により脱プロトン化が進行し，エノラート $RC^-HCH=O$ が生成する（段階①）. $RC^-HCH=O$ は，過剰に存在する $RCH_2CH=O$ に対して求核剤として作用し，求核付加反応が進行する（段階②）. 生成したアルコキシドがプロトン化を受けて，生成物が得られるとともに OH^- が再生される（段階③）. すべての段階は平衡になっている. $RCH_2CH=O$ の α水素の酸性度が高いといっても pK_a は20程度なので，段階①の平衡は $RCH_2CH=O$ にかたよっている. しかし，段階②がアルコキシドの安定性によって著しく生成物側が有利となるため，全体の反応は生成物の方へ移動する. この反応機構をみると，アルドール縮合反応は，カルボニル化合物の2つの重要な性質，すなわちエノラートの生成とカルボニル炭素への求核攻撃が組み合わされた反応であることがわかる.

　アルドール縮合反応は，有機金属化合物の反応と同様に，新しい炭素—炭素結合が形成される反応であることに注意しなければならない. これは，エノラートが，カルボアニオンとして作用し，正の部分電荷をもつカルボニル炭素を攻撃したためである. これによって，アルドール縮合反応は，有機合成化学において炭素骨格を構築するための重要な反応となっている.

　α水素をもつケトン $RCH_2(C=O)R'$ も同様の条件下で2分子が結合し，β-ヒドロキシケトンを与える. この反応もアルドール縮合反応とよばれ，図11.15と同様の反応機構で進行する.

$$2\ CH_3\text{-}\underset{O}{\underset{\|}{C}}\text{-}CH_3 \xrightarrow{OH^-} CH_3\text{-}\underset{OH}{\underset{|}{\overset{CH_3}{\overset{|}{C}}}}\text{-}CH_2\text{-}\underset{O}{\underset{\|}{C}}\text{-}CH_3$$

　　アセトン　　　　　　　　4-ヒドロキシ-4-メチル-2-ペンタノン
　　　　　　　　　　　　　　　　（ジアセトンアルコール）

　アルドール縮合反応で生成した β-ヒドロキシアルデヒドや β-ヒドロキシケトンは，加熱するか，酸と処理すると脱水反応を起こし，α, β 位に二重結合をもったアルデヒドやケトン，すなわち α, β-**不飽和カルボニル化合物**が得られる．特に，生成する二重結合が芳香環と共役できる場合は，生成物の安定性によって脱水反応は容易に進行する．また，α 水素をもつ β-ヒドロキシアルデヒドや β-ヒドロキシケトンが生成するアルドール縮合反応では，反応を高温で行なうと，脱水反応も同時に進行した縮合反応生成物が得られることが多い．これは，脱水反応が，塩基による α 水素の脱プロトン化を経て，不可逆的に進行するためである．

$$2\ Ph\text{-}\underset{O}{\underset{\|}{C}}\text{-}CH_3 \xrightarrow{^-OC_2H_5} \left(Ph\text{-}\underset{OH}{\underset{|}{\overset{CH_3}{\overset{|}{C}}}}\text{-}CH_2\text{-}\underset{O}{\underset{\|}{C}}\text{-}Ph\right) \xrightarrow{-H_2O} Ph\text{-}CH=CH\text{-}\underset{O}{\underset{\|}{C}}\text{-}Ph$$

$$2\ CH_3(CH_2)_4CH_2\text{-}\underset{O}{\underset{\|}{C}}\text{-}H \xrightarrow[\text{加熱}]{^-OH} \left(CH_3(CH_2)_4CH_2\text{-}\underset{OH}{\underset{|}{\overset{CH_3(CH_2)_4}{\overset{|}{C}H}}}\text{-}\underset{O}{\underset{\|}{C}}\text{-}H\right) \xrightarrow{-H_2O} CH_3(CH_2)_4CH_2CH=\underset{CH_3(CH_2)_4}{\overset{|}{C}}\text{-}\underset{O}{\underset{\|}{C}}\text{-}H$$

　エノラートを発生させるカルボニル化合物と求核攻撃を受けるカルボニル化合物が異なる場合のアルドール縮合反応を，**交差アルドール縮合反応**という．しかし，2 種類のカルボニル化合物を塩基の存在下で反応させると，それぞれからエノラートが発生し，それぞれに対して求核攻撃が起こるので，4 種類のアルドール縮合反応生成物が得られることになり，合成反応としての意義は薄い．しかし，反応条件を工夫すると，1 つの交差アルドール縮合反応生成物を主生成物として得ることができる．次の例では，アセトアルデヒドから発生したエノラートがベンズアルデヒドに対して求核攻撃した構造の交差アルドール縮合反応生成物が得られている．

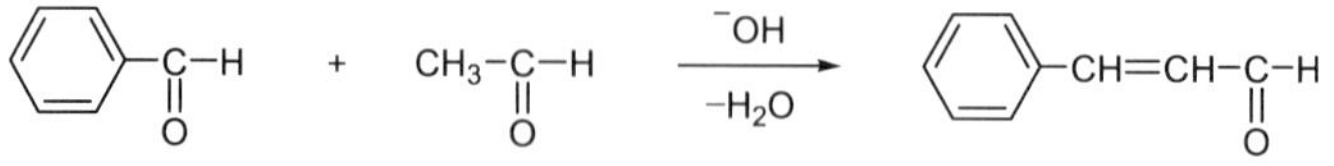

```
   ベンズアルデヒド        アセトアルデヒド                  (生成物: 桂皮アルデヒド)
```

この反応ではベンズアルデヒドは α 水素をもたないので，発生するエノラートはアセトアルデヒドに由来するものに限られる．さらに，反応は，ベンズアルデヒドと水酸化物イオンの混合物に，アセトアルデヒドをゆっくり添加することによって行なわれる．これによって，アセトアルデヒドの濃度は常に低く保たれ，発生したエノラートは大過剰に存在するベンズアルデヒドと反応して，交差アルドール縮合反応生成物を与えることになる．

11.3.5 α, β-不飽和カルボニル化合物の求核付加反応

アルドール縮合反応で生成した α, β-不飽和カルボニル化合物 RCH=CH-C(=O)R′ は，**共役エノン** ともよばれる．α, β-不飽和カルボニル化合物は，さらにさまざまな化合物に変換することができるため，有機合成の反応中間物質として重要な化合物である．基本的には，炭素−炭素二重結合と炭素−酸素二重結合の性質を併せもつ化合物であるが，それらが共役していることから，特異な反応性を示す場合がある．特に，求核剤 Nu^- に対しては図 11.16 に示すように，2 種類の付加反応を起こす可能性がある．

1,2-付加 は，普通のカルボニル基に対する求核付加反応である．これに対して，共役している二重結合の末端炭素に求核剤が攻撃する反応を，**1,4-付加**，あるいは **共役付加** という．1,4-付加反応の結果，炭素−炭素二重結合が

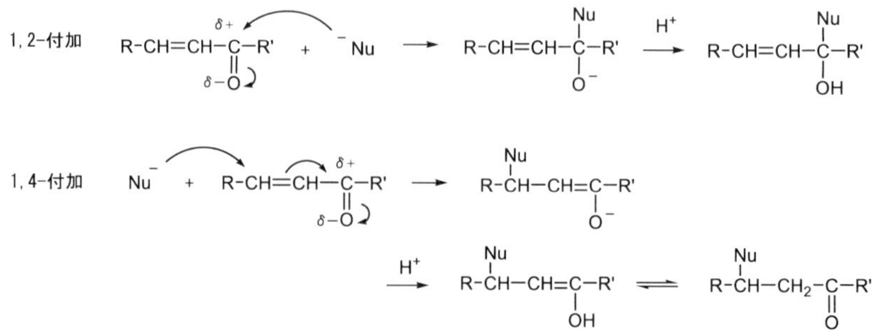

図 11.16 α, β−不飽和カルボニル化合物に対する求核剤の付加反応

移動してエノールが生成するが，これはケト-エノール互変異性化によってカルボニル化合物となる．したがって，形式的には α,β-不飽和カルボニル化合物の炭素—炭素二重結合に，Nu^-H^+ が付加した構造の化合物が得られる．

1,2-付加と 1,4-付加のどちらが起こるかは，求核剤の種類や反応条件に依存する．一般に，付加反応が可逆の場合には，熱力学的に安定な 1,4-付加反応生成物を与えることが多い．

$$\text{C}_6\text{H}_5\text{-CH=CH-C(=O)-C}_6\text{H}_5 + \text{Na}^+ \text{-CN} \xrightarrow{\text{H}^+} \text{C}_6\text{H}_5\text{-CH(CN)-CH}_2\text{-C(=O)-C}_6\text{H}_5$$

$$(\text{CH}_3)_2\text{C=CH-C(=O)-CH}_3 + \text{CH}_3\text{-NH}_2 \longrightarrow (\text{CH}_3)_2\text{C(NHCH}_3)\text{-CH}_2\text{-C(=O)-CH}_3$$

エノラートも α,β-不飽和カルボニル化合物に対して，1,4-付加を起こす．この反応を**マイケル付加反応**という．次の反応では，アセチルアセトンから生成したエノラートがアクロレインに対して 1,4-付加している．マイケル付加反応も，新しい炭素—炭素結合が形成される反応である．

$$\text{CH}_2\text{=CH-CHO} + \text{CH}_3\text{-C(=O)-CH}_2\text{-C(=O)-CH}_3 \xrightarrow{\text{ピリジン}} (\text{CH}_3\text{CO})_2\text{CH-CH}_2\text{-CH}_2\text{-CHO}$$

アクロレイン　　　アセチルアセトン

この反応の反応機構を図 11.17 に示す．この例でも示したように，マイケル付加反応には 1,3-ジカルボニル化合物 $RC(=O)CH_2C(=O)R'$ から発生するエノラート $RC(=O)\bar{C}HC(=O)R'$ を用いる場合が多い．このエノラートは 2 個のカルボニル基によって共鳴安定化を受けるので，非常に安定である．したがって，1,3-ジカルボニル化合物の 2 個のカルボニル基にはさまれたメチレン基の水素原子の pK_a は 9～13 と非常に小さくなる．このため，1,3-ジカルボニル化合物のマイケル付加反応は，ピリジン C_5H_5N などの弱い塩基を用いても進行する．

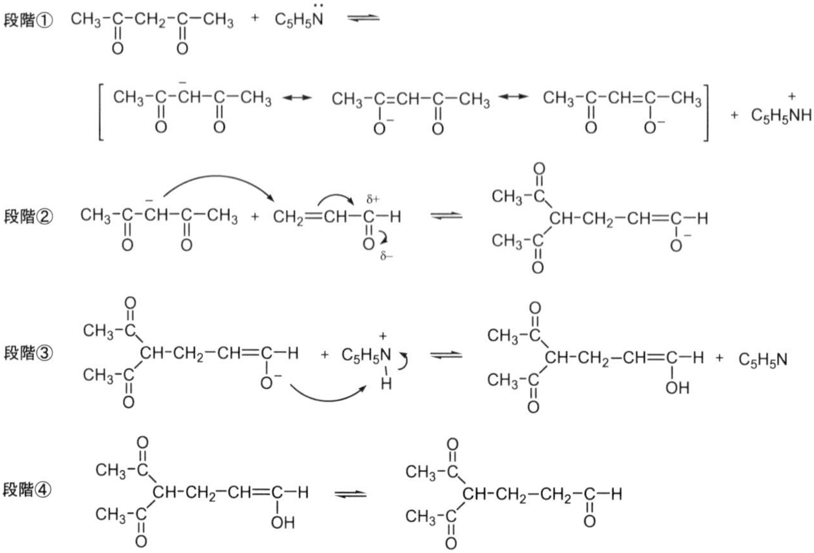

段階① CH₃-C-CH₂-C-CH₃ + C₅H₅N̈ ⇌
         ‖   ‖
         O   O

[CH₃-C-C̄H-C-CH₃ ↔ CH₃-C=CH-C-CH₃ ↔ CH₃-C-CH=C-CH₃] + C₅H₅NH⁺
     ‖   ‖ | ‖   ‖ |
     O   O   O⁻   O   O   O⁻

段階② CH₃-C-C̄H-C-CH₃ + CH₂=CH-C^(δ+)-H ⇌ CH₃-C-CH-CH₂-CH=C-H
         ‖   ‖   ‖   ‖ | |
         O   O   O^(δ−)   O   C-CH₃   O⁻
                                                  ‖
                                                  O

段階③ CH₃-C-CH-CH₂-CH=C-H + C₅H₅N⁺H ⇌ CH₃-C-CH-CH₂-CH=C-H + C₅H₅N
         ‖ | | ‖ | |
         O C-CH₃   O⁻   O C-CH₃   OH
            ‖   ‖
            O   O

段階④ CH₃-C-CH-CH₂-CH=C-H ⇌ CH₃-C-CH-CH₂-CH₂-C-H
         ‖ | | ‖ | ‖
         O C-CH₃   OH   O C-CH₃   O
            ‖   ‖
            O   O

図 11.17 アセチルアセトンとアクロレインのマイケル付加反応の反応機構

第 12 章
カルボニル化合物 II　カルボン酸とその誘導体

　官能基 C(=O)OH を**カルボキシル基**といい，カルボキシル基をもつ有機化合物 RC(=O)OH（R は水素原子，アルキル基，あるいはアリール基）を**カルボン酸**という．反応によってカルボン酸と相互に変換することができる一般式 RC(=O)W（W は電気陰性な置換基）をもつ有機化合物を，**カルボン酸誘導体**と総称する．代表的なものとして，以下のような化合物がある．

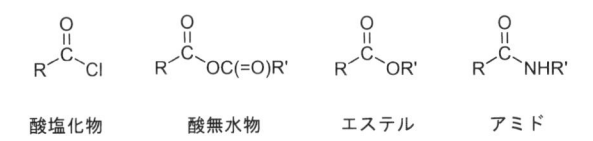

酸塩化物	酸無水物	エステル	アミド
R−C(=O)−Cl	R−C(=O)−OC(=O)R'	R−C(=O)−OR'	R−C(=O)−NHR'

　カルボン酸とその誘導体は，アシル基 RC(=O) に電気陰性な置換基 W が結合した化合物とみることができる．これらもカルボニル化合物なので，前章で述べたカルボニル基がもつ特有の性質を保持している．しかし，置換基 W の性質により，アルデヒドやケトンとはやや異なった物理的性質や反応性を示す．

12.1　カルボン酸の構造と性質

　カルボキシル基 C(=O)OH の炭素原子も sp^2 混成炭素であり，三方平面構造をとっている．したがって，炭素原子に結合した3個の原子は，互いにほぼ 120° の結合角をもって同一平面上に存在している．図 12.1 にギ酸 HC(=O)OH の単量体の構造を示す．
　カルボキシル基 C(=O)OH は，カルボニル基 C=O とヒドロキシ基 OH から構成され，それぞれに由来する強い極性をもっている．また，アルコールと同様，分子間で水素結合を形成することができる．特に，カルボン酸は，

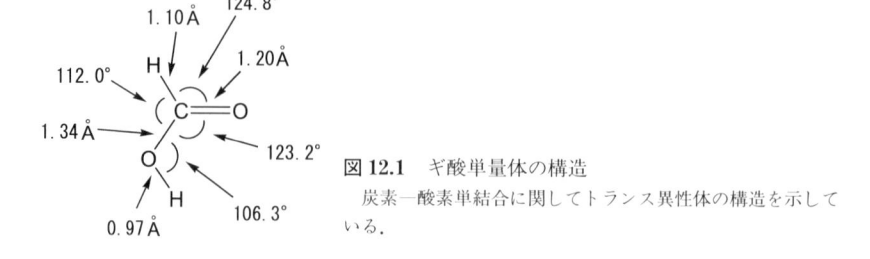

図 12.1 ギ酸単量体の構造
炭素—酸素単結合に関してトランス異性体の構造を示している．

固体あるいは液体状態では二分子間で水素結合を形成し，図のような構造の二量体として存在していることが知られている．

この性質によりカルボン酸の沸点は，同程度の分子量をもつアルコールよりもさらに高くなる．たとえば，分子量が60である1-プロパノール $CH_3CH_2CH_2OH$ と酢酸 CH_3COOH の沸点はそれぞれ 97.4℃，118.2℃ であり，また，分子量74である1-ブタノール $CH_3CH_2CH_2CH_2OH$ とプロピオン酸 CH_3CH_2COOH の沸点はそれぞれ 117.3℃，140.8℃ と，いずれもカルボン酸の方が20度程度高い．また，カルボン酸は，水と水素結合を形成することができるため水に対する溶解性も高く，炭素数4までのカルボン酸は水と自由に混じる．

カルボン酸 $RCOOH$ は，有機化合物のうちで最も強い酸性を示す化合物である．カルボン酸が強い酸性を示す理由，および置換基 R が酸性の強さに及ぼす影響については，すでに第4章で述べた．

12.2　カルボン酸とその誘導体の合成

酢酸 CH_3COOH は工業的にも需要が多く，アセトアルデヒド CH_3CHO の酢酸コバルト(III) $Co(OCOCH_3)_3$ を触媒とする酸化反応や，ヨウ化ロジウム RhI_3 とヨウ素 I_2 を触媒とするメタノール CH_3OH と一酸化炭素 CO の反応によって，大量に製造されている．実験室ではカルボン酸は次のような反応を利用して合成される．

(1) 第一級アルコールの酸化反応（8.3.4 項）
(2) アルキルベンゼンの酸化反応（10.3.2 項(a)）
(3) 有機金属化合物と二酸化炭素との反応

二酸化炭素 CO_2 は $O^{\delta-}=C^{\delta+}=O^{\delta-}$ と分極しており，カルボニル化合物の一種とみることができる．したがって，有機金属化合物 $R^{\delta-}M^{\delta+}$ のカルボアニオン性をもつ炭化水素基は，二酸化炭素の炭素原子に求核攻撃を起こす．生成した塩を，酸を加えることによってプロトン化すると，カルボン酸が得られる．

$$CH_3CH_2\text{-}CH\text{-}CH_3 \xrightarrow{CO_2} CH_3CH_2\text{-}CH\text{-}CH_3 \xrightarrow{H^+} CH_3CH_2\text{-}CH\text{-}CH_3$$
$$\phantom{CH_3CH_2\text{-}}|\phantom{CH\text{-}CH_3} | |$$
$$\phantom{CH_3CH_2\text{-}}MgCl COO^-\ {}^+MgCl COOH$$

(4) カルボン酸誘導体の加水分解（12.3.1 項(b)-(e)）
(5) ニトリルの加水分解反応（12.4.2 項(b)）

カルボン酸誘導体はいずれも，カルボン酸あるいは他のカルボン酸誘導体を原料として，以下に述べる求核置換反応によって合成される．

12.3 カルボン酸とその誘導体の反応

カルボン酸とその誘導体の反応も，前章に述べたカルボニル基の 2 つの重要な性質，すなわちカルボニル炭素への求核攻撃とエノラートの生成にもとづいている．

12.3.1 求核置換反応

カルボン酸とその誘導体 $R(C=O)W$ の炭素—酸素二重結合も $C^{\delta+}=O^{\delta-}$ と分極しているため，カルボニル炭素は求核剤の攻撃を受ける．$R(C=O)W$ が，アルデヒドやケトン $RC(=O)R'$ と異なっているのは，カルボニル基に結合している電気陰性の置換基 W が脱離基として作用することである．このため，アルデヒドやケトンの基本的反応が求核付加反応であったのに対して，カルボン酸とその誘導体の基本的な反応は**求核置換反応**となる．

・反応機構　カルボン酸とその誘導体 $R(C=O)W$ の求核剤 Nu^- による求核置換反応の反応機構を図 12.2 に示す．

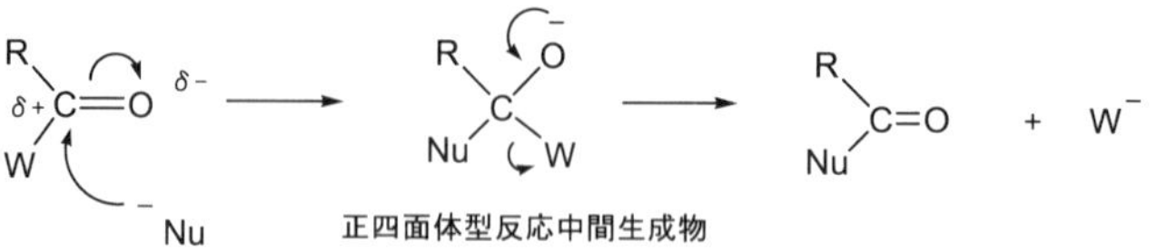

図 12.2 カルボン酸とその誘導体の求核置換反応の反応機構

　反応は，まず付加反応によって正四面体型反応中間生成物が生成し，つづいて脱離反応が起こり，結果的に R(C=O)W の置換基 W が求核剤 Nu で置き換わった化合物が得られる．形式的には第 7 章で述べたハロゲン化アルキル RX の求核置換反応と類似しているが，反応機構はまったく異なることに注意しなければならない．アルデヒドやケトン RC(=O)R′ において求核置換反応が起こらないのは，R および R′ が水素原子，アルキル基，アリール基であるため，いずれもアニオン R^-，R'^- が不安定であり，脱離基になりえないからである．

　アルデヒドやケトンに対する反応と同様に，求核性の弱い電気的に中性の求核剤 NuH に対しては，酸を添加して RC(=O)W の求電子性を高めてやる必要がある．酸存在下における RC(=O)W の求核置換反応の反応機構を，図 12.3 に示す．

・**カルボン酸とその誘導体の反応性**　すでに述べたように，カルボキシル基の

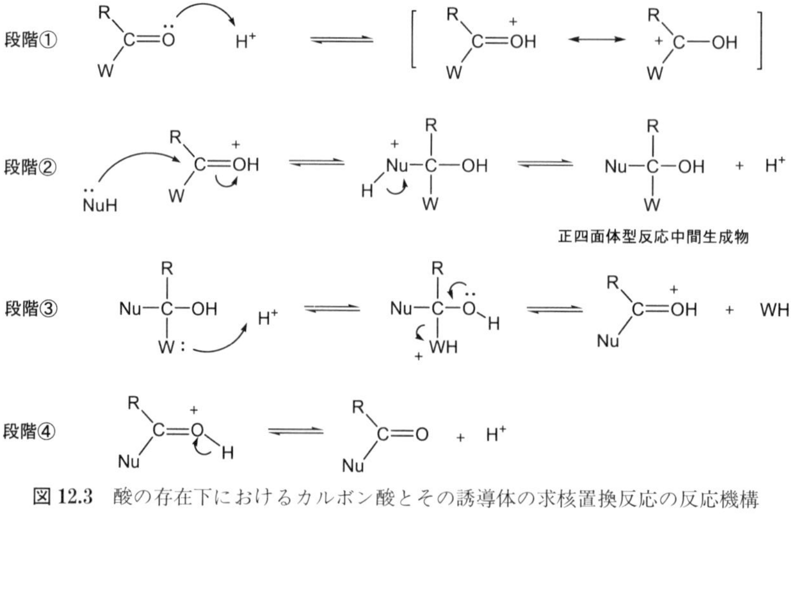

図 12.3 酸の存在下におけるカルボン酸とその誘導体の求核置換反応の反応機構

水素原子の酸性は強いため，一般に，負電荷をもつ求核剤 Nu⁻ やアミン RNH₂ などの塩基性の強い電気的に中性の求核剤 NuH は，カルボン酸 RC(=O)OH に対しては塩基として作用する．このため，下式のような脱プロトン化が優先し，求核置換反応は起こらない．

$$R-C(=O)OH + Nu^- \longrightarrow R-C(=O)O^- + NuH$$

カルボン酸誘導体 RC(=O)W は，求核剤と反応して求核置換反応を起こすが，その反応性は置換基 W に著しく依存し，次の順に低下する．

$$\underset{酸塩化物}{R-C(=O)Cl} > \underset{酸無水物}{R-C(=O)OC(=O)R} > \underset{エステル}{R-C(=O)OR'} > \underset{アミド}{R-C(=O)NHR'}$$

この反応性の順序は，カルボニル基に及ぼす置換基 W の誘起効果，およびメソメリー効果によって合理的に説明できる．W の電子求引性誘起効果（−I 効果）が大きいほどカルボニル炭素の正電荷が増大し，反応性は増大する．一方，R(C=O)W は図 12.4 のような共鳴混成体として存在するが，W の電子供与性メソメリー効果（+M 効果）が大きいほど構造 II の寄与が大きくなり，カルボニル炭素の正電荷が減少して反応性が低下する．

塩素原子 Cl は大きな−I 効果をもち，また，非共有電子対が 3p 軌道にあることからカルボニル基の π 軌道との相互作用が小さく，共鳴における構造 II の寄与は小さい．このため，酸塩化物 R(C=O)Cl の反応性が最も高くなる．一方，アミノ基 NHR′ の窒素原子は，塩素原子や酸素原子と比べて電気陰性度が低く，さらにアミノ基 NHR′ は，カルボニル基に対して効果的に非共有電子対を供与することができるため構造 II の寄与も大きい．このため，アミド R(C=O)NHR′ の反応性が最も低くなる．酸無水物とエステルを比較すると，前者の OC(=O)R 基のアシル基に結合した酸素原子

図 12.4 カルボン酸誘導体 RC(=O)W の共鳴による表現
構造 I に示した巻矢印は構造 II を描くための電子の移動を表す．

$$\left[\underset{構造 I}{\overset{\delta^-}{O}=\underset{\delta^+}{C}\overset{R}{\underset{W}{}}} \longleftrightarrow \underset{構造 II}{\overset{O^-}{\underset{R}{C}}=W^+} \right]$$

上の非共有電子対は，2個のカルボニル基に共有されているので，電子供与性が低下している．このため，エステル $RC(=O)OR'$ よりも構造 II の寄与は小さく，求核剤に対する反応性は高くなる．

(a) カルボン酸の求核置換反応

前述したように，求核剤 Nu^- をカルボン酸 $RC(=O)OH$ と反応させると，Nu^- の塩基としての反応が優先するため，求核置換反応生成物を得ることはできない．しかし，以下のような反応を用いると，求核置換反応が進行してカルボン酸をカルボン酸誘導体に変換することができる．

・**塩化チオニルによる酸塩化物の生成**　カルボン酸 $RC(=O)OH$ と塩化チオニル $SOCl_2$ を反応させると，酸塩化物 $RC(=O)Cl$ が得られる．この反応は，酸塩化物の最も基本的な合成反応として用いられる．

$$CH_3CH_2CH_2C(=O)OH + SOCl_2 \longrightarrow CH_3CH_2CH_2C(=O)Cl + HCl + SO_2$$

この反応では，アルコール ROH の塩化チオニルによる塩素化（8.3.2 (b)）と類似して，クロロスルフィン酸無水物 $RC(=O)OS(=O)Cl$ が反応中間生成物として経由する．反応機構を図 12.5 に示す．

・**酸触媒反応によるエステルの合成**　カルボン酸 $RC(=O)OH$ とアルコール $R'OH$ を酸の存在下で反応させると，エステル $RC(=O)OR'$ が生成する．

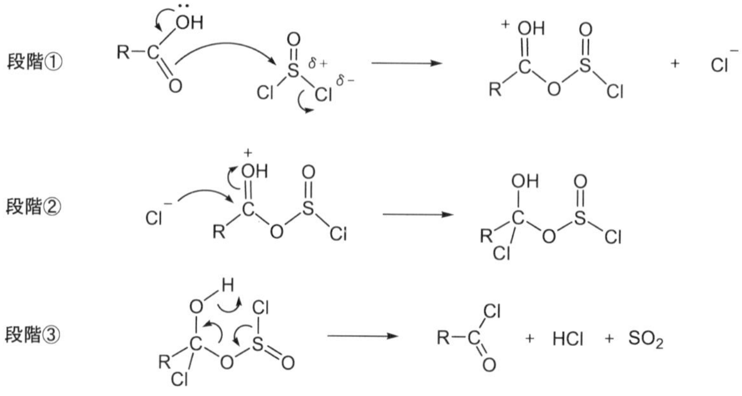

図 12.5　カルボン酸と塩化チオニルの反応による酸塩化物の生成機構

$$\text{C}_6\text{H}_5\text{COOH} + \text{CH}_3\text{OH} \underset{}{\overset{\text{H}^+}{\rightleftarrows}} \text{C}_6\text{H}_5\text{COOCH}_3 + \text{H}_2\text{O}$$

　この反応は，図 12.3（W＝OH，NuH＝R′OH）に示した反応機構で進行する．したがって，反応は可逆的であり，この反応をエステルの合成に用いるためには，過剰のアルコールを用いるか，生成する水を反応系から除去することによって，平衡を生成物側に移動させる必要がある．また，酸の存在下でエステル RC(＝O)OR′ を多量の水と反応させると，この反応の逆反応が進行し，カルボン酸 RC(＝O)OH とアルコール R′OH が得られる．これを，**エステルの加水分解**という．

(b) 酸塩化物の求核置換反応

　前述したように酸塩化物 RC(＝O)Cl は，カルボン酸誘導体のうちで最も求核置換反応に対する反応性が高い．求核性が低い電気的に中性の求核剤との反応も，酸触媒がなくても容易に進行する．たとえば，RC(＝O)Cl に水 H_2O を加えると加水分解が進行して，カルボン酸 RC(＝O)OH が生成する．また，アルコール R′OH を加えると，エステル RC(＝O)OR′ が生成する．これらの反応は，副生する塩化水素 HCl を除去するためにピリジン $\text{C}_5\text{H}_5\text{N}$ などの塩基の存在下で行なわれる．

$$\text{CH}_3\text{COCl} + \text{CH}_3\text{CH}_2\text{CH}_2\text{OH} \xrightarrow{\text{C}_5\text{H}_5\text{N}} \text{CH}_3\text{COOCH}_2\text{CH}_2\text{CH}_3 + \text{C}_5\text{H}_5\text{NH}^+\text{Cl}^-$$

　酸塩化物 RC(＝O)Cl とアルコール R′OH の反応の機構を図 12.6 に示す．
　また，酸塩化物 RC(＝O)Cl にアンモニア NH_3，またはアミン R′NH_2 を反応させると，同様の反応機構によってアミド RC(＝O)NH_2，または RC(＝O)NHR′ が得られる．

(c) 酸無水物の求核置換反応

　酸塩化物と同様に，酸無水物 RC(＝O)OC(＝O)R（または [RC(＝O)]$_2$O，(RCO)$_2$O と表記する）も，求核剤に対して置換反応を起こす．脱離基は，カルボン酸イオン RC(＝O)O$^-$ となる．電気的に中性な求核剤との反応は酸触媒がなくても進行するが，酸塩化物に比べてかなり遅い．
　酢酸 CH_3COOH の酸無水物 $(\text{CH}_3\text{CO})_2\text{O}$ は**無水酢酸**とよばれ，最も代表

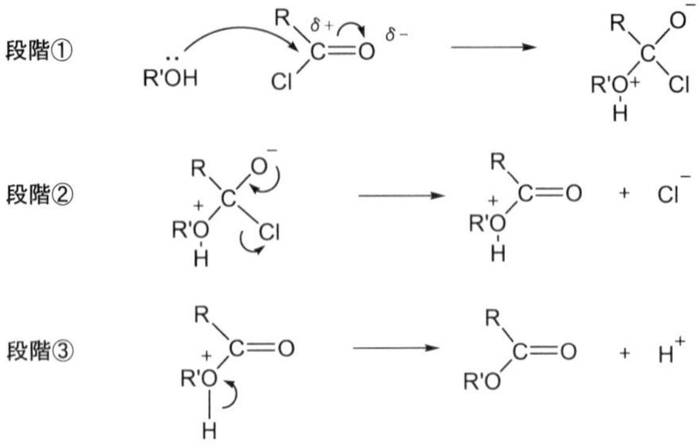

段階① 図：R'OHがC=O（R, Cl置換）を攻撃 → R'O(+)(H)–C(R)(Cl)–O(−)

段階② → R'O(+)(H)–C(R)=O + Cl(−)

段階③ → R'O–C(R)=O + H(+)

図 12.6 酸塩化物とアルコールの反応によるエステルの生成機構

的な酸無水物である．無水酢酸とアルコール ROH を反応させると酢酸エステル $CH_3C(=O)OR$ が生成し，アミン RNH_2 と反応させるとアミド $CH_3C(=O)NHR'$ が得られる．アシル基の1つである $CH_3(C=O)$ を**アセチル基**とよび，アセチル基を導入する反応を**アセチル化**という．無水酢酸は，アルコールやアミンのアセチル化剤としてしばしば用いられる．

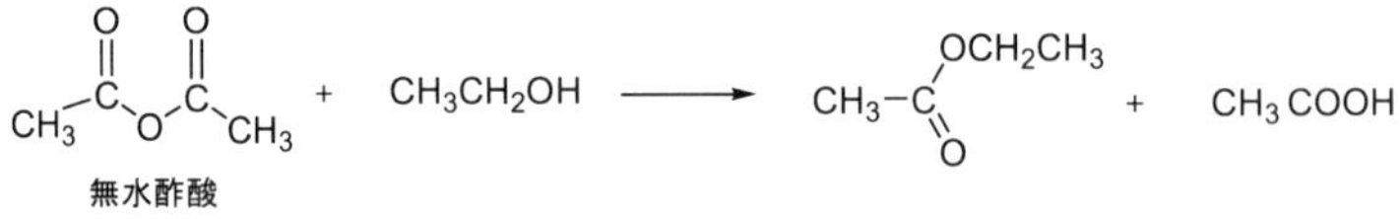

$$CH_3C(=O)OC(=O)CH_3 \text{ (無水酢酸)} + CH_3CH_2OH \longrightarrow CH_3C(=O)OCH_2CH_3 + CH_3COOH$$

(d) エステルの求核置換反応

エステル $RC(=O)OR'$ の反応性は酸塩化物や酸無水物ほど高くはないが，さまざまな求核剤と反応して，置換反応生成物を与える．

・**エステルの加水分解**　すでに述べたように，酸触媒の存在下でエステル $RC(=O)OR'$ を多量の水 H_2O と反応させると加水分解が進行し，カルボン酸 $RC(=O)OH$ とアルコール $R'OH$ が得られる．求核置換反応に対するエステルの反応性は低いので，酸がないとエステルと水の反応はきわめて遅い．

一方，エステル $RC(=O)OR'$ を水酸化物イオン ^-OH と反応させると，^-OH による求核置換反応が進行し，エステルは加水分解される．この反応は油脂から石鹸を製造する際に用いられる反応であり，**けん化**とよばれる．反応は，図 12.2（$W=OR'$，$Nu^- = {}^-OH$）に示した反応機構で進行する．ま

た，生成する RC(=O)OH は R'O⁻ によって脱プロトン化され，カルボン酸イオン RC(=O)O⁻ となる．RC(=O)O⁻ は負電荷が非局在化した安定なイオンであり R'OH による求核攻撃を受けないので，エステルのけん化は不可逆反応となる．

$$\text{PhC(=O)OCH}_2\text{CH}_3 \xrightarrow{\text{NaOH, H}_2\text{O}} \text{PhC(=O)O}^-\text{Na}^+ + \text{CH}_3\text{CH}_2\text{OH}$$

・**エステル交換反応** エステル RC(=O)OR' を酸触媒の存在下でアルコール R″OH と反応させると，R″OH による求核置換反応が進行し，新たなエステル RC(=O)OR″ が得られる．これを**エステル交換反応**という．反応は酸触媒存在下の加水分解と同様，図 12.3（W=OR'，NuH=R″OH）に示した反応機構で進行する．この反応も可逆的に進行し，次式で示すような平衡状態となる．したがって，エステル交換反応を進行させるためには，R″OH を過剰に用いるか，生成する R'OH を除去することによって，平衡を生成物側に移動させる必要がある．

$$\text{R-C(=O)OR'} + \text{R''OH} \underset{}{\overset{\text{H}^+}{\rightleftarrows}} \text{R-C(=O)OR''} + \text{R'OH}$$

エステル交換反応は，塩基性条件下でも起こる．すなわち，エステル RC(=O)OR' にアルコキシドイオン R″O⁻ を反応させると，図 12.2（W=OR'，Nu⁻=R″O⁻）に示した反応機構に従って R″O⁻ による求核置換反応が進行し，RC(=O)OR″ が得られる．この反応では，脱離した R'O⁻ が求核剤として反応できるため，酸触媒条件と同様に可逆反応となる．

$$\text{R-C(=O)OR'} + \text{R''O}^- \rightleftarrows \text{R-C(=O)OR''} + \text{R'O}^-$$

・**グリニャール試剤との反応** グリニャール試剤 R″MgX の炭化水素基はカルボアニオン R″⁻ として振る舞い，エステル RC(=O)OR' のカルボニル炭素に求核攻撃を起こす．図 12.2（W=OR'，Nu⁻=R″⁻）に示した機構に従って求核置換反応が進行し，ケトン RC(=O)R″ が生成する．ところが，11.3.1 項で述べたように，グリニャール試剤はケトンに対して求核付加反

応を起こすので，反応はさらに進んで最終的にアルコール RR″R‴COH が得られる．反応中間生成物であるケトンは速やかにグリニャール試薬と反応するので，エステルとグリニャール試薬との反応では，あらかじめ 2 当量のグリニャール試薬を用い，第三級アルコールの合成を目的として行なわれることが多い．

$$\underset{O}{\underset{\|}{CH_3CHC-OCH_2CH_3}} + 2\ CH_3MgI \xrightarrow[\text{ジエチルエーテル}]{H^+,\ H_2O} \underset{OH}{\underset{|}{CH_3CH-C(CH_3)_2}}$$
(CH₃ 上に分岐)

(e) アミドの求核置換反応

アミド RC(=O)NHR′ はカルボン酸誘導体のうちで，求核置換反応に対する反応性が最も乏しい．たとえば，他のカルボン酸誘導体と同様に，アミドは加水分解されてカルボン酸を与えるが，アミドの加水分解には強い塩基性，あるいは強い酸性の条件下で長時間加熱することが必要である．塩基性条件下のアミドの加水分解は図 12.2 に示した反応機構で進行し（W=NHR′，Nu⁻=OH⁻），生成したカルボン酸 RC(=O)OH はただちに脱離した R′NH⁻ によって脱プロトン化され，カルボン酸アニオン RC(=O)O⁻ とアミン R′NH₂ が生成する．一方，酸性条件下では図 12.3 に示した反応機構で進行し（W=NHR′，NuH=H₂O），カルボン酸 RC(=O)OH が得られる．脱離したアミンは酸によるプロトン化を受けて，アンモニウム塩 R′NH₃⁺ となる．

$$\text{C}_6\text{H}_5\text{C(=O)NH}_2 \xrightarrow[\text{加熱}]{H_2SO_4,\ H_2O} \text{C}_6\text{H}_5\text{C(=O)OH} + NH_4^+\ HSO_4^-$$

12.3.2 還元反応

アルデヒドやケトンと同様に，カルボン酸とその誘導体も水素化物イオン H⁻ を供給する試薬と反応し，カルボニル基が還元された生成物を与える．たとえば，水素化アルミニウムリチウム LiAlH₄ は，酸塩化物 RC(=O)Cl，酸無水物 [RC(=O)]₂O，およびエステル RC(=O)OR′ と反応して，アルコール RCH₂OH を与える．

$$\text{CH}_3(\text{CH}_2)_{10}\text{-C}(=O)\text{OCH}_3 \xrightarrow[\text{ジエチルエーテル あるいはTHF}]{\text{LiAlH}_4} \xrightarrow{\text{H}^+, \text{H}_2\text{O}} \text{CH}_3(\text{CH}_2)_{10}\text{CH}_2\text{OH} + \text{CH}_3\text{OH}$$

カルボン酸 $RC(=O)OH$ と $LiAlH_4$ を反応させると H^- は塩基として働き，水素 H_2 が発生してカルボン酸イオン $RC(=O)O^-$ が生成する．しかし，$LiAlH_4$ の還元力は強いので，さらに $RC(=O)O^-$ のカルボニル基に対する H^- の求核反応が進行してアルコキシド RCH_2O^- となり，酸を加えてプロトン化することによってアルコール RCH_2OH が得られる．

$$\text{R-COOH} \xrightarrow[\text{ジエチルエーテル あるいはTHF}]{\text{LiAlH}_4} \xrightarrow{\text{H}^+, \text{H}_2\text{O}} \text{R-CH}_2\text{OH}$$

水素化ホウ素ナトリウム $NaBH_4$ の還元力は $LiAlH_4$ より弱いので，カルボン酸やエステルは $NaBH_4$ によって還元されない．このため，たとえば，ケトンとエステルをともにもつ化合物を $NaBH_4$ と反応させると，ケトンのみが還元された生成物を得ることができる．

$$\underset{\text{メタノール, 0 ℃}}{\xrightarrow{\text{NaBH}_4}} \xrightarrow{\text{H}_2\text{O}}$$

シス-トランス異性体の混合物

12.3.3 エノラートが関与する反応

(a) クライゼン縮合反応

エステル $RCH_2C(=O)OR'$ の α 水素の pK_a は 25 程度であり，アルデヒドやケトンの α 水素よりやや大きい．それでも，エステルは塩基によって脱プロトン化を受け，生成したエノラートが反応に関与する．

酢酸エチル $CH_3C(=O)OC_2H_5$ とナトリウムエトキシド $Na^+\,{}^-OC_2H_5$ を反応させると，二量化反応が起こりアセト酢酸エチル $CH_3C(=O)CH_2\text{-}C(=O)OC_2H_5$ が得られる．一般に，塩基の存在下で，α 水素をもつエステル 2 分子が縮合して β 位にカルボニル基をもつエステル，すなわち **β-ケトエステル** が生成する反応を，この反応を開発したクライゼン（R. L. Claisen, 1851-1930）の名を付して，**クライゼン縮合反応** という．

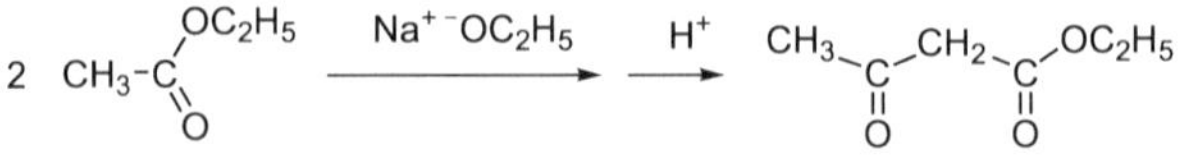

$$2\ CH_3-\underset{O}{\underset{\|}{C}}-OC_2H_5 \xrightarrow{Na^+\ {}^-OC_2H_5} \xrightarrow{H^+} CH_3-\underset{O}{\underset{\|}{C}}-CH_2-\underset{O}{\underset{\|}{C}}-OC_2H_5$$

クライゼン縮合反応もまた，新しい炭素—炭素結合が形成される反応であり，有機合成反応としての有用性が高い．

　酢酸エチルのクライゼン縮合反応の反応機構を図 12.7 に示した．酢酸エチルに対してエトキシドイオンが塩基として働き，エノラートが生成する（段階①）．エノラートは求核剤として別の酢酸エチル分子のカルボニル炭素を攻撃し，エステルの求核置換反応が起こる（段階②）．生成したアセト酢酸エチルの 2 個のカルボニル基にはさまれた CH_2 の酸性度は非常に高く（pK_a 13），エトキシドイオンによってただちに脱プロトン化を受ける（段階③）．すべての段階は平衡反応であり，段階①および②の平衡は生成物側が不利となっている．しかし，アセト酢酸エチルのエノラートの安定性によって段階③が著しく生成物側にかたよっているため，全体の反応は生成物の方へ移動する．最終的に酸を加えてエノラートをプロトン化すると，アセト酢酸エチルが得られる．

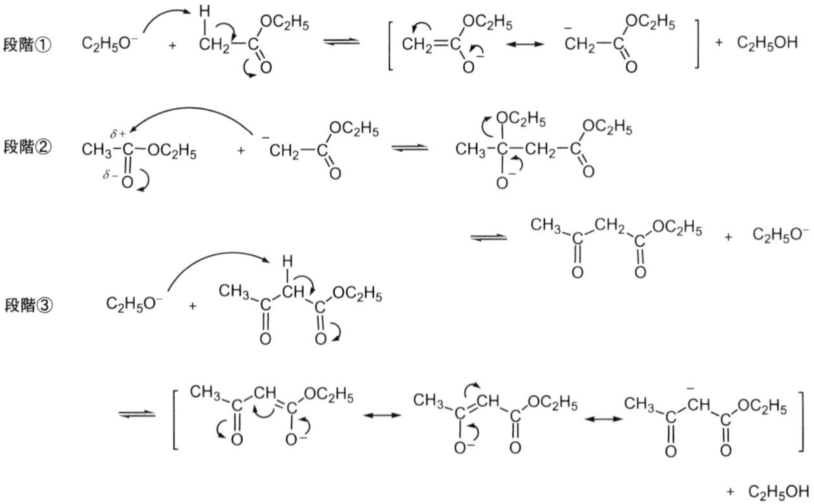

図 12.7 酢酸エチルのクライゼン縮合反応の反応機構
共鳴構造式の巻矢印は別の極限構造を描くための電子の移動を表す．

エステル RC(=O)OR′ のクライゼン縮合反応に塩基として用いるアルコキシドイオン R″O⁻ のアルキル基 R″ は，エステルのアルコール部分のアルキル基 R′ と一致させておく必要がある．これは，反応系内では，R″O⁻ がエステルに対して求核剤として働く反応も同時に進行しており，エステル交換反応が起こるためである．たとえば，酢酸エチルのクライゼン縮合反応に塩基としてメトキシドイオン CH_3O^- を用いると，エチル基がメチル基に置き換わった生成物が得られる．塩基としてエトキシドイオンを用いれば，事実上，エステル交換反応は観測されなくなる．

エノラートを発生させるエステルと求核攻撃を受けるエステルが異なる場合のクライゼン縮合反応を，**交差クライゼン縮合反応**という．この反応においても，交差アルドール縮合の場合と同様に，エノラートの発生が一方のエステルに限られる場合にのみ，合成反応として有用な反応となる．次の例では，プロピオン酸エチルから発生したエノラートと安息香酸エチルの交差クライゼン縮合反応生成物が得られている．安息香酸エチルは α 水素をもたないので，エノラートの発生はプロピオン酸エチルに限られる．

安息香酸エチル　　プロピオン酸エチル

(b) ディークマン縮合反応

分子内でクライゼン縮合反応が起こり，環状の β-ケトエステルが生成する反応を，特に**ディークマン縮合反応**とよぶ．ディークマン縮合反応は，立体ひずみの少ない五員環および六員環が形成される場合に最も収率よく進行する．

(c) β-ケトエステルの反応

クライゼン縮合反応によって得られる β-ケトエステル RC(=O)CH_2-C(=O)OR′ は，有機合成の反応中間物質として重要な化合物である．特に，

β-ケトエステルから発生するエノラート $RC(=O)CH^-C(=O)OR'$ は求核剤として働き、ハロゲン化アルキル $R''X$ $(X=Br, I)$ に対して二分子的求核置換反応（S_N2反応）を起こし、カルボニル基の α 位がアルキル化された β-ケトエステル $RC(=O)CR''HC(=O)OR'$ を与える。この化合物を加水分解すると β-ケトカルボン酸 $RC(=O)CR''HC(=O)OH$ が得られるが、この化合物は加熱すると容易に二酸化炭素 CO_2 を失い、最終的にケトン $RC(=O)CH_2R''$ が得られる。この一連の反応は、さまざまな置換基をもつケトンの合成法に用いられている。

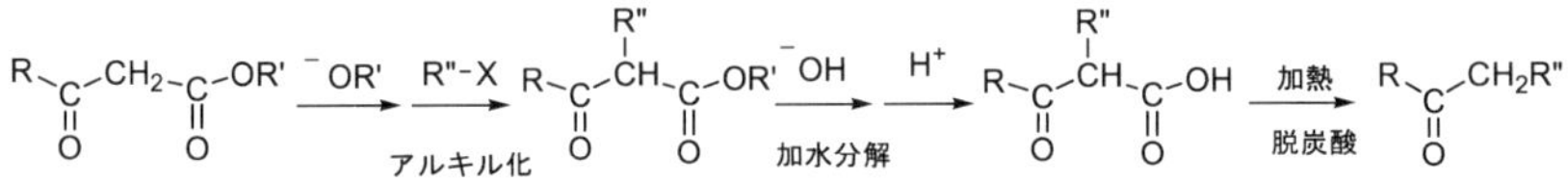

β-ケトカルボン酸から CO_2 が失われる反応は**脱炭酸**とよばれ、図12.8に示すように、環状の遷移状態を経由して協奏的に進行する。

特に、出発物質の β-ケトエステルとしてアセト酢酸エステル $CH_3C(=O)CH_2C(=O)OR'$ を用いると、メチルケトン誘導体 $CH_3C(=O)CH_2R^1$ が得られる。アルキル化の段階を繰り返すことによって二置換体 $CH_3C(=O)CHR^1R^2$ も合成でき、この反応はメチルケトン類の合成法として有用である。この手法を、**アセト酢酸エステル合成法**とよぶ。

また、マロン酸ジエチル $C_2H_5OC(=O)CH_2C(=O)OC_2H_5$ を出発物質として、β-ケトエステルの場合と同様に、エノラートの発生、ハロゲン化アルキルとの S_N2 反応、加水分解、脱炭酸を行なうと、アルキル基が置換した酢酸 $R^1CH_2C(=O)OH$、あるいは $R^1R^2CHC(=O)OH$ を得ることができる。この反応は、**マロン酸エステル合成法**とよばれ、酢酸誘導体の合成法として有用である。この方法を用いた4-メチルペンタン酸 $(CH_3)_2CHCH_2CH_2$-

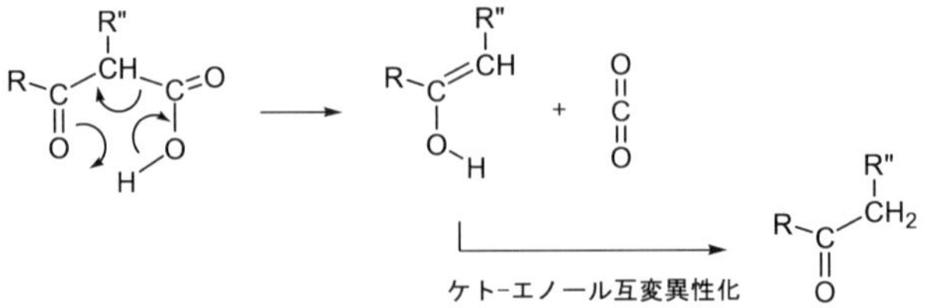

図12.8 β-ケトカルボン酸の脱炭酸の反応機構

C(＝O)OH の合成経路を以下に示す．

$$CH_2(COOC_2H_5)_2 \xrightarrow{^-OC_2H_5} \xrightarrow{(CH_3)_2CHCH_2Br} (CH_3)_2CHCH_2CH(COOC_2H_5)_2$$

$$\xrightarrow{^-OH} \xrightarrow{H^+,\ H_2O} (CH_3)_2CHCH_2CH(COOH)_2 \xrightarrow[-CO_2]{加熱} (CH_3)_2CHCH_2CH_2COOH$$

12.4 ニトリルの構造と反応

　官能基 C≡N を**シアノ基**とよび，シアノ基をもつ有機化合物 RC≡N（R はアルキル基あるいはアリール基）を**ニトリル**という．R が水素原子のシアン化水素 HC≡N は，無機化合物に分類される．後述するように，ニトリルを加水分解するとカルボン酸が得られ，またニトリルの反応性もカルボン酸誘導体 RC(＝O)W と類似していることから，ニトリルはカルボン酸と関連が深い化合物である．

12.4.1　ニトリルの構造と性質

　シアノ基 C≡N の炭素原子は sp 混成炭素であり，アルキンと同様に直線構造をとっている．ニトリルの炭素―窒素三重結合距離は 1.16 Å 程度であり，アルキンの炭素―炭素三重結合の 1.20 Å より短い．

　シアノ基は，炭素原子と窒素原子の電気陰性度の差によって $C^{\delta+}$≡$N^{\delta-}$ と分極している．分極の程度はかなり大きく，これによってニトリルは大きな双極子モーメントをもっている．たとえば，アセトニトリル CH_3C≡N の双極子モーメントは 3.93 D であり，アセトアルデヒド CH_3CH＝O の 2.75 D よりも大きい．アセトニトリルは水と自由に混ざり，代表的な非プロトン性極性溶媒としてしばしば用いられる．

12.4.2　ニトリルの合成と反応
(a) ニトリルの合成
　ニトリルは，実験室では以下の反応を用いて合成される．
　(1) シアン化物イオンによるハロゲン化アルキルの求核置換反応（7.3.1 項）

(2) シアン化物イオンとジアゾニウム塩との反応（芳香族求核置換反応；13.2.2項(c)）

(b) ニトリルの反応

すでに述べたように，ニトリル $RC\equiv N$ のシアノ基は $C^{\delta+}\equiv N^{\delta-}$ のように分極しているため，求核剤 Nu^- はシアノ基の炭素原子を攻撃する．したがって，ニトリルの基本的な反応は，シアノ基に対する求核付加反応となる．

・**ニトリルの加水分解**　ニトリル $RC\equiv N$ を酸性条件下で水 H_2O と反応させるか，あるいは塩基性条件下で水酸化物イオン ^-OH と反応させると，加水分解が進行し，カルボン酸 $RC(=O)OH$ が得られる．加水分解に対するニトリルの反応性は高くなく，加水分解には高濃度の酸または塩基とともに加熱する必要がある．

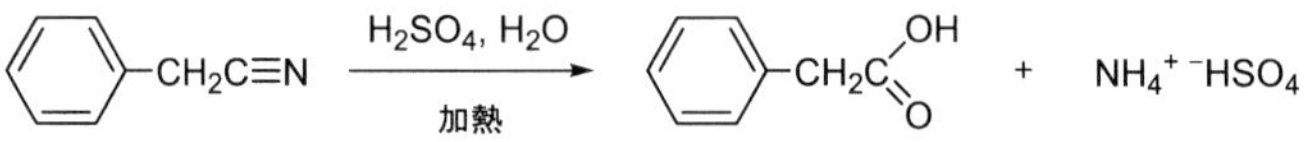

PhCH$_2$CN $\xrightarrow[\text{加熱}]{H_2SO_4, H_2O}$ PhCH$_2$COOH + $NH_4^+\ ^-HSO_4$

ニトリル $RC\equiv N$ の加水分解は，シアノ基に対する水あるいは水酸化物イオンの求核攻撃によって開始され，アミド $RC(=O)NH_2$ が反応中間物質として生成する．酸の存在下でニトリル $RC\equiv N$ がアミド $RC(=O)NH_2$ に変換される機構を，図12.9に示す．反応機構は，酸の存在下におけるカルボ

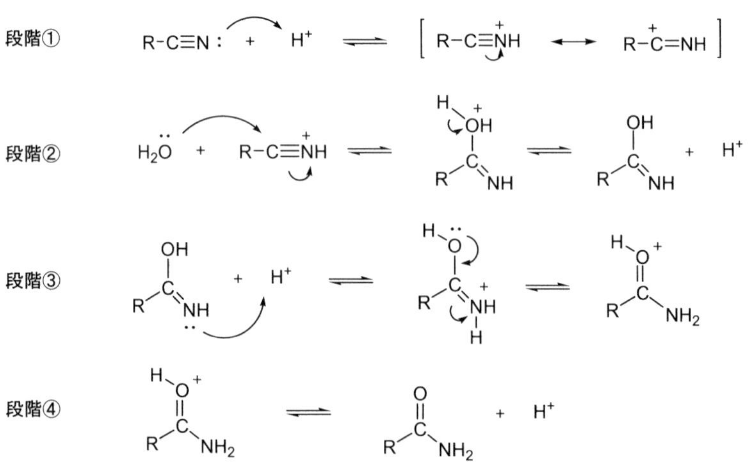

図12.9　酸の存在下におけるニトリルのアミドへの加水分解の反応機構

ン酸誘導体の求核置換反応の機構（図12.3）とよく似ている．まず，ニトリル $RC\equiv N$ の窒素原子に対するプロトン化が起こり（段階①），次いで，求電子性が増大したシアノ基の炭素原子に水 H_2O の求核攻撃が起こる（段階②）．生成したアミドは，12.3.1項(e) で述べたように酸または塩基性条件下で加水分解を受けるので，最終的にカルボン酸が得られる．

・**有機金属化合物との反応**　ニトリル $RC\equiv N$ にグリニャール試薬 $R'MgX$ などの有機金属化合物を反応させると，カルボアニオン R'^- のシアノ基の炭素原子に対する求核攻撃が起こり，イミンの塩 $RR'C=N^-{}^+MgX$ が生じる．酸を加えるとイミンは速やかに加水分解され，最終的にケトン $RR'C=O$ が得られる．

$$CH_3C\equiv N + CH_3CH_2CH_2MgBr \xrightarrow{THF} \left(\begin{array}{c} N^-{}^+MgBr \\ \parallel \\ CH_3-C-CH_2CH_2CH_3 \end{array} \right) \xrightarrow{H^+, H_2O} CH_3-\underset{\parallel}{\overset{O}{C}}-CH_2CH_2CH_3$$

・**ニトリルの還元反応**　ニトリル $RC\equiv N$ と水素化アルミニウムリチウム $LiAlH_4$ を反応させると，アミン RCH_2NH_2 が得られる．この反応は，$LiAlH_4$ から供給された水素化物イオン H^- のシアノ基の炭素原子に対する求核攻撃によって開始され，まずイミン $RCH=NH$ が生成するが，さらに H^- の攻撃を受けて最終的にアミン RCH_2NH_2 まで還元される．$LiAlH_4$ よりも反応性の低い水素化ホウ素ナトリウム $NaBH_4$ はニトリルとは反応しない．

$$CH_3CH_2CH_2CH_2C\equiv N \xrightarrow{LiAlH_4} \xrightarrow{H^+, H_2O} CH_3CH_2CH_2CH_2CH_2NH_2$$

また，ニトリル $RC\equiv N$ は，ニッケル Ni やパラジウム Pd を触媒とする水素 H_2 との反応によっても，対応するアミン RCH_2NH_2 に還元される．

第 13 章
窒素を含む有機化合物　ニトロ化合物とアミン

　これまでもしばしば窒素原子を含む有機化合物を取り扱ってきた．窒素原子を含む官能基には多くの種類があるが，本章ではその代表的なものとして**ニトロ基** NO_2 と**アミノ基** NR_2（R は水素原子，アルキル基，またはアリール基）を取り上げ，それらの官能基をもつ有機化合物の性質を述べる．ニトロ基をもつ有機化合物は**ニトロ化合物**とよばれ，アミノ基をもつ有機化合物は**アミン**と総称される．

13.1　ニトロ化合物の合成と反応

13.1.1　ニトロ化合物の性質と合成

(a) ニトロ基の構造と性質

　ニトロ化合物 RNO_2 は，脂肪族あるいは芳香族炭化水素の水素原子がニトロ基によって置換された化合物である．図 13.1 にニトロメタン CH_3NO_2 におけるニトロ基部分の構造を示す．

　図に示したように，ニトロ基に含まれる 2 個の N—O 結合距離は等しく，酸素原子は等価になっている．また，窒素原子とそれに結合している 3 個の原子はほぼ 120°の角度をとり，同一平面上に存在している．混成軌道の考え方を用いるとニトロ基の窒素原子は sp^2 混成で表現され，さらに酸素原子

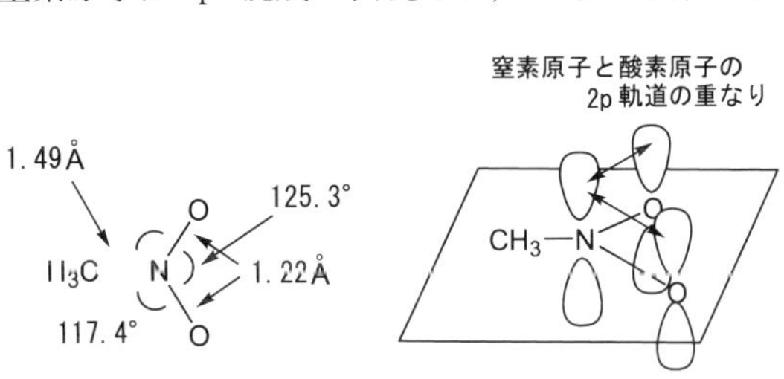

図 13.1　ニトロメタンの構造とその電子構造の sp^2 混成軌道を用いた表現

が等価であることは，ニトロ基が以下のような共鳴混成体として存在すると考えることによって説明される．

$$\left[\begin{array}{c} \text{CH}_3-\overset{+}{\text{N}}\overset{\overset{O^-}{\|}}{\underset{O}{}} \end{array} \longleftrightarrow \begin{array}{c} \text{CH}_3-\overset{+}{\text{N}}\overset{\overset{O}{\|}}{\underset{O^-}{}} \end{array} \right]$$

ニトロ基は酸素原子の高い電気陰性度によって電子求引性誘起効果（$-$I 効果）をもつ．これによってニトロ基の炭素―窒素結合は $C^{\delta+}-N^{\delta-}$ と分極し，ニトロ化合物は極性分子となる．ニトロメタン CH_3NO_2 の双極子モーメントは 3.46 D であり，アセトニトリル $CH_3C\equiv N$（3.93 D）よりやや小さい．ニトロメタンは水にやや溶ける程度であり（100 mL に対して 10 g 程度），水に対する溶解性もアセトニトリルより低い．

図 13.1 に示されているように，ニトロ基 NO_2 は π 結合をもつ官能基なので，芳香族ニトロ化合物 $ArNO_2$ では，ニトロ基の π 電子系は芳香環の π 電子系と共役する．これによってニトロ基は，電子求引性メソメリー効果（$-$M 効果）を示し，芳香環に大きな電子的効果を与える（図 3.3 参照）．

カルボニル基と同様にニトロ基の強い電子求引性は，隣接する炭素原子に結合した水素原子の酸性度に影響を与える．ニトロメタン CH_3NO_2 の水素原子の pK_a は 10 程度であり，ニトロメタンはフェノール C_6H_5OH と同じくらいの強さをもつ酸である．これは，CH_3NO_2 の水素原子がプロトンとして解離して生成するアニオン $^-CH_2NO_2$ が，次の共鳴構造式で表されるとおり，ニトロ基の強い $-$M 効果によって著しく安定化を受けるからである．

$$\left[\begin{array}{c} ^-\text{CH}_2-\overset{+}{\text{N}}\overset{\overset{O^-}{\|}}{\underset{O}{}} \end{array} \longleftrightarrow \begin{array}{c} ^-\text{CH}_2-\overset{+}{\text{N}}\overset{\overset{O}{\|}}{\underset{O^-}{}} \end{array} \longleftrightarrow \begin{array}{c} \text{CH}_2=\overset{+}{\text{N}}\overset{\overset{O^-}{\|}}{\underset{O^-}{}} \end{array} \right]$$

(b) ニトロ化合物の合成

脂肪族ニトロ化合物 RNO_2 は，ハロゲン化アルキルなどに対する亜硝酸イオン NO_2^- の求核置換反応によって合成される．芳香族ニトロ化合物 $ArNO_2$ は，芳香族炭化水素 ArH のニトロ化反応（芳香族求電子置換反応；10.3.1 項(a)）を用いて合成される．

13.1.2 ニトロ化合物の反応

ニトロ化合物の反応としては，芳香族ニトロ化合物 $ArNO_2$ の還元反応が最も重要である．これによって，芳香族炭化水素 ArH から，芳香族ニトロ化合物 $ArNO_2$，さらにその還元生成物を経由して，さまざまな官能基をもつ芳香族化合物を合成する経路が開かれる．

芳香族ニトロ化合物 $ArNO_2$ を塩酸などの酸性条件下で，スズ Sn, 亜鉛 Zn, あるいは鉄 Fe と反応させると，芳香族アミン $ArNH_2$ が得られる．

$$CH_3-C_6H_4-NO_2 \xrightarrow[\text{加熱}]{Sn, HCl} CH_3-C_6H_4-NH_2$$

この反応の機構は複雑であるが，基本的には金属から $ArNO_2$ へ電子が移動し，プロトン化と水の脱離が繰り返されて還元反応が進行する．$ArNO_2$ が $ArNH_2$ に還元される際には，反応中間物質として，**ニトロソ化合物** ArN=O および**ヒドロキシルアミン** ArNHOH を経由する．$ArNO_2 \rightarrow ArN=O \rightarrow ArNHOH \rightarrow ArNH_2$ それぞれの段階の還元反応に 2 個の電子が必要なので，$ArNO_2$ の $ArNH_2$ への還元反応は 6 電子過程である．反応条件を選べばこれらの反応中間物質を単離することは可能であるが，一般には難しい．

芳香族ニトロ化合物 $ArNO_2$ は，ニッケル Ni などの金属を触媒とする水素 H_2 との反応によっても，収率よくアミン $ArNH_2$ に還元される．

13.2 アミンの合成と反応

13.2.1 アミンの性質と合成

(a) アミノ基の構造と性質

アミンはアンモニア NH_3 の水素原子を，アルキル基あるいはアリール基で置換した化合物である．水素原子が置換された数によって，アミンは次のように分類される．

RNH_2	$RR'NH$	$RR'R''N$	(R,R',R''はアルキル基またはアリール基)
第一級アミン	第二級アミン	第三級アミン	

図13.2にメチルアミン CH_3NH_2 のアミノ基部分の構造を示す．ニトロ基とは対照的に，窒素原子とそれに結合した3個の原子は同一平面上には存在せず，結合角は109°に近くなっている．これは，窒素原子上に非共有電子対が存在するためであり，アミンの窒素原子は非共有電子対を含めて正四面体構造をとっているとみることができる．このようにアミンの窒素原子は三角錐構造をもち，その構造は sp^3 混成によって表現される．

アミンの窒素原子は sp^3 混成原子なので，結合している3個の置換基がすべて異なるアミン，たとえば RR′NH（R≠R′）の窒素原子は不斉中心となる．したがって，この化合物はキラルであり，1対の鏡像異性体が存在する（図13.3の構造 I と構造 II）．しかし，一般に，キラルなアミン RR′NH（R≠R′）を光学分割することはできない．これは，アミンにおいては，図13.3に示したような鏡像異性体間の相互変換が速やかに進行するためである．この過程に必要な活性化エネルギーは $20 \sim 30 \, kJ \, mol^{-1}$ であり，室温では十分に供給される．この過程を，**アミンの反転**という．

アミノ基が芳香環に結合したアミンが芳香族アミンであり，そのうち最も重要なものが**アニリン** $C_6H_5NH_2$ である．第3章で述べたように，アミノ基は強い電子供与性メソメリー効果（＋M効果）をもち，芳香環に大きな電子的効果を与える．このことは，窒素原子上の非共有電子対と芳香環の π 電子系との共役によって説明されるが（図4.3参照），その際には，窒素原子は sp^2 混成とみなし，非共有電子対は $2p$ 軌道に収容されているモデルを

図13.2 メチルアミンの構造

図13.3 アミンにおける鏡像異性体と反転による相互変換

用いた．これは，芳香族アミンでは，図 13.3 に描かれている遷移状態の構造が安定化して反転に必要なエネルギーが低下するため，室温溶液中では反転がきわめて速やかに起こっており，平均的に窒素原子は平面構造とみなせることにもとづいている．なお，結晶状態ではアニリンの窒素原子も三角錐構造をとっていることが知られている．

第一級および第二級アミン RR′NH は，電気陰性な窒素原子に結合した水素原子をもつので，アルコール ROH と同様に水素結合を形成することができる．しかし，窒素原子は酸素原子より電気陰性度が低いので，アミンの水素結合はアルコールより弱い．このため，アミンの沸点は，同じ程度の分子量をもつアルカンより高いが，アルコールより低くなる．たとえば，メチルアミン CH_3NH_2 の沸点は $-6.3℃$ であり，メタン CH_4 ($-161.7℃$) やエタン CH_3CH_3 ($-88.6℃$) より高いが，メタノール CH_3OH ($65.0℃$) よりかなり低い．また，メチルアミンの双極子モーメントは 1.27 D であり，メタノール（1.66 D）や塩化メチル CH_3Cl（1.89 D）よりも小さい．

アミンは，電気的に中性の有機化合物のうちで最も強い塩基性を示す化合物である．アミン RNH_2 の置換基 R が塩基性の強さに及ぼす影響については，すでに第 4 章で述べた．第一級および第二級アミンは，酸としても作用することができ，アルコールと同様，両性化合物である．

$$CH_3NH_2 \rightleftharpoons H^+ + CH_3NH^- \quad pK_a = \sim 35$$
酸

$$CH_3NH_2 + H^+ \rightleftharpoons CH_3NH_3^+ \quad pK_a = 10.6$$
塩基

(b) アミンの合成

アミンは以下のような反応によって合成される．

(1) ハロゲン化アルキルに対するアンモニアまたはアミンの求核置換反応（7.3.1 項）
(2) ニトリルの還元反応（12.4.2 項(b)）
(3) ニトロ化合物の還元反応（13.1.2 項）

13.2.2 アミンの反応

(a) 求核剤としての反応

アミンは塩基性とともに，電気的に中性な分子としては比較的強い求核性をもつ．これまでの章で述べたいくつかの反応において，アミンは求核剤として用いられた．それらを以下にまとめて示す．

(1) ハロゲン化アルキル RX に対する求核置換反応の求核剤（第 7 章）．この反応により，第一級アミンは第二級アミンへ，第二級アミンは第三級アミンへ変換される．第三級アミン R_3N をハロゲン化アルキル $R'X$ と反応させると，**第四級アンモニウム塩** $R_3R'N^+X^-$ が得られる．反応は，二分子的な機構（S_N2 機構）で進行する．

(2) アルデヒドやケトンに対する求核付加反応の求核剤（第 11 章）．アルデヒドやケトン $RR'C=O$ に対して第一級アミン $R''NH_2$ を反応させると，ヘミアミナール $RR'C(OH)NHR''$ を経て，イミン $RR'C=NR''$ が得られる．また，第一級アミンは，$α,β$-不飽和カルボニル化合物 $RCH=CHC(=O)R'$ に対して 1,4-付加反応生成物を与える．

(3) カルボン酸誘導体に対する求核置換反応の求核剤（第 12 章）．酸塩化物 $RC(=O)Cl$ に対して第一級あるいは第二級アミン R'_2NH を反応させると，アミド $RC(=O)NR'_2$ が得られる．第三級アミンは反応しない．

(b) 第四級アンモニウム塩の脱離反応

第四級アンモニウム塩 $RR^1CH-CR^2R^3N^+R'_3$ は水酸化物イオン ^-OH などの塩基の存在下で脱離反応を起こし，アルケン $RR^1C=CR^2R^3$ を与える．この反応を，**ホフマン脱離反応**という．この反応は，ハロゲン化アルキルの塩基による脱離反応と同様，二分子脱離反応（E2 反応）である．反応機構を図 13.4 に示す．

ホフマン脱離反応を第一級アミンからアルケンを合成する反応に用いると

図 13.4 ホフマン脱離反応の反応機構

きには，アミンを過剰のヨウ化メチル CH_3I と反応させて第四級アンモニウム塩とした後，酸化銀 Ag_2O と反応させて水酸化アンモニウムに変換し，その塩を加熱する．

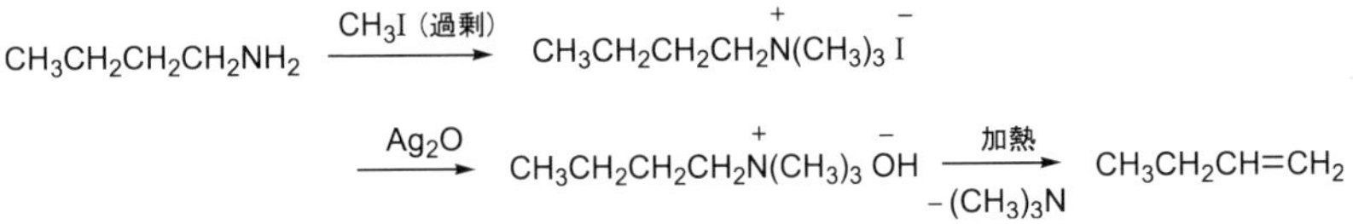

$$CH_3CH_2CH_2CH_2NH_2 \xrightarrow{CH_3I (過剰)} CH_3CH_2CH_2CH_2\overset{+}{N}(CH_3)_3 \; I^-$$

$$\xrightarrow{Ag_2O} CH_3CH_2CH_2CH_2\overset{+}{N}(CH_3)_3 \; OH^- \xrightarrow[-(CH_3)_3N]{加熱} CH_3CH_2CH=CH_2$$

窒素原子が結合した炭素原子について非対称な構造をもつ第四級アンモニウム塩では，二重結合の位置の異なった複数のアルケンが生成する可能性がある．この場合，ホフマン脱離では，二重結合の炭素原子に結合しているアルキル基の数が最も少ないアルケンが主生成物となる．

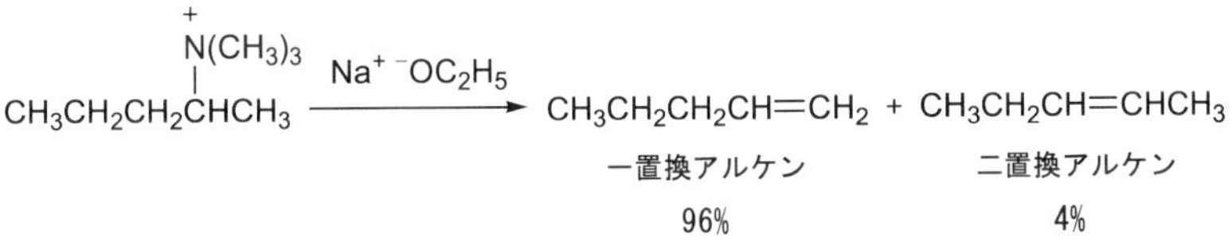

$$CH_3CH_2CH_2\overset{\overset{+}{N(CH_3)_3}}{CH}CH_3 \xrightarrow{Na^+ \; ^-OC_2H_5} CH_3CH_2CH_2CH=CH_2 \; + \; CH_3CH_2CH=CHCH_3$$

一置換アルケン　　　　二置換アルケン
96%　　　　　　　　　4%

この位置選択性は，7.3.2項で述べたハロゲン化アルキルのE2反応において，最も置換基の多いアルケンが生成するザイチェフ脱離とは対照的である．この違いは，遷移状態における電子状態の違いによって説明されている．

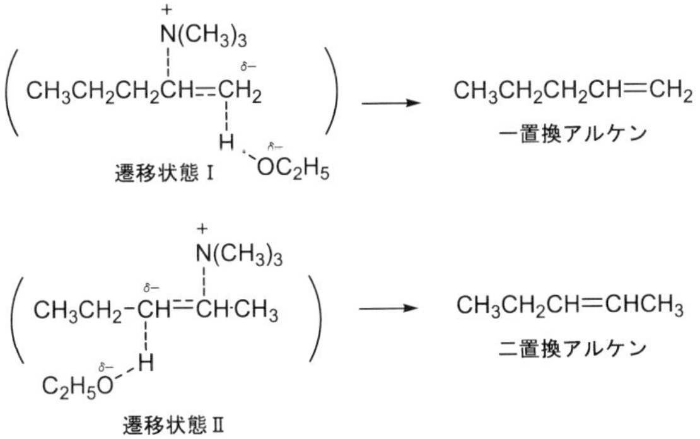

$$\left(CH_3CH_2CH_2\overset{\overset{+}{N(CH_3)_3}}{\underset{\underset{^-OC_2H_5}{H}}{CH}}\overset{\delta-}{=}CH_2 \right) \longrightarrow CH_3CH_2CH_2CH=CH_2$$

遷移状態 I　　　　　　　　　　　　一置換アルケン

$$\left(CH_3CH_2\overset{\delta-}{\underset{\underset{C_2H_5O}{H}}{CH}}\overset{\overset{+}{N(CH_3)_3}}{=}CHCH_3 \right) \longrightarrow CH_3CH_2CH=CHCH_3$$

遷移状態 II　　　　　　　　　　　　二置換アルケン

図 13.5 ホフマン脱離の位置選択性
アルキル基の電子供与性により遷移状態 II の方が不安定になるため，一置換アルケンの生成が優先する．

すなわち，セイチェフ脱離ではアルケンに類似した遷移状態であるのに対して，ホフマン脱離では図 13.4 に示したように，遷移状態はカルボアニオン性をもっている．これは，$^+NR'_3$ 基の強い電子求引性によって負電荷が安定化されるためである．アルキル基は電子供与性をもつので，アルキル基の少ない炭素原子上のカルボアニオンの方が安定になり，その炭素原子に結合した水素原子が塩基による攻撃を受ける．この結果，アルキル基が最も少ないアルケンが優先して生成することになる（図 13.5）．

(c) 芳香族アミンの反応

・**求電子置換反応**　第 10 章で述べたように，芳香族化合物は求電子剤と反応して，置換反応生成物を与える．アミノ基 NH_2 は最も強力な電子供与基の1つであり，求電子置換反応に対して芳香環を強く活性化する．このため，たとえば臭素化は，ベンゼン C_6H_6 に対しては 10.3.1 項(a)で述べたように $FeBr_3$ などのルイス酸触媒が必要であったが，アニリン $C_6H_5NH_2$ では触媒がなくても容易に進行し，しかも多置換が起こる．

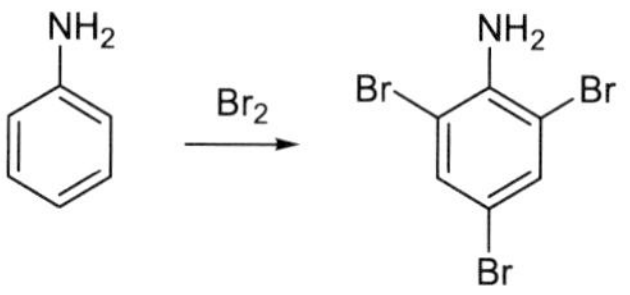

ただし，強い酸性溶液中ではアミノ基はプロトン化を受けてアンモニウムイオンとなるため，求電子置換反応は，メタ配向不活性基である $^+NH_3$ 基によって支配されることになる．したがって，アニリンを酸性溶液中でニトロ化すると，反応の進行は遅く，生成物として m-ニトロ体が得られる．

・**ジアゾニウム塩の生成と反応**　芳香族第一級アミン $ArNH_2$ を塩酸などの酸に溶かし亜硝酸ナトリウム $NaNO_2$ を加えると，**ジアゾニウム塩** $ArN^+≡N$ が生成する．この反応を**ジアゾ化**とよぶ．ジアゾ化では，まず，図 13.6 に示した機構によって $NaNO_2$ と酸からニトロソニウムイオン ^+NO が発生し，

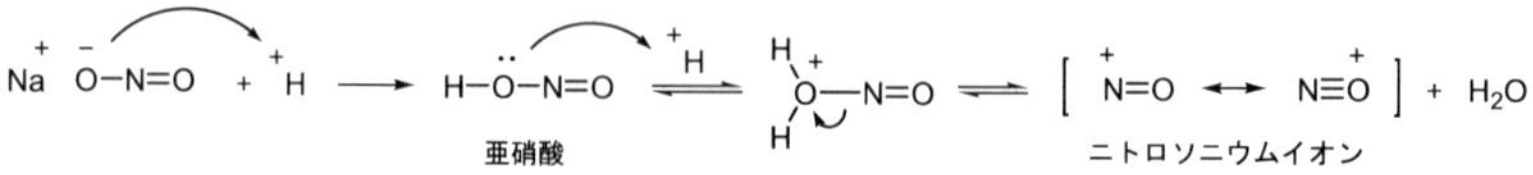

図 13.6　亜硝酸ナトリウムと酸によるニトロソニウムイオンが発生する機構

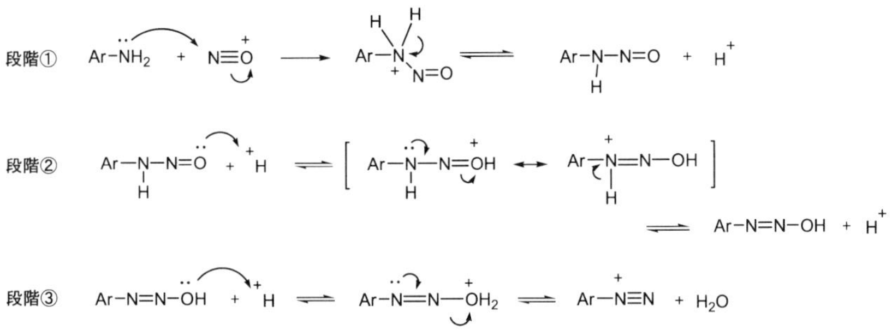

13.2 アミンの合成と反応　　　229

段階①　Ar–NH$_2$ + N≡O$^+$ ⟶ Ar–N$^+$H$_2$–N=O ⇌ Ar–NH–N=O + H$^+$

段階②　Ar–NH–N=O + H$^+$ ⇌ [Ar–NH–N=OH ↔ Ar–N$^+$H=N–OH] ⇌ Ar–N=N–OH + H$^+$

段階③　Ar–N=N–OH + H$^+$ ⇌ Ar–N=N–O$^+$H$_2$ ⇌ Ar–N$^+$≡N + H$_2$O

図 13.7　第一級アミンからジアゾニウム塩が生成する反応機構

求電子剤として ArNH$_2$ の窒素原子を攻撃する．

　図 13.7 には，芳香族第一級アミン ArNH$_2$ と $^+$NO から，ジアゾニウム塩 ArN$^+$≡N が生成する機構を示した．なお第二級アミン ArRNH と $^+$NO を反応させると，反応は段階①で停止し，N-ニトロソアミン ArRN–N=O が生成する．

　このようにして生成したジアゾニウム塩 ArN$^+$≡N は，容易に窒素 N$_2$ を脱離してアリールカチオン Ar$^+$ を与える．Ar$^+$ は求核剤 Nu$^-$ によって捕捉されるので，この反応によってさまざまな芳香族化合物 Ar–Nu が合成できることになる．たとえば，ArN$^+$≡N を水中で加熱すると水 H$_2$O が求核剤となって Ar$^+$ と反応し，フェノール ArOH が得られる．この反応は，一分子的な芳香族求核置換反応であり，**ArS$_N$1 反応**と表記される．このように，ジアゾニウム塩は，芳香族化合物の合成中間物質としてきわめて重要な化合物である．

　しかし，ジアゾニウム塩 ArN$^+$≡N と求核剤 Nu$^-$ との反応は，複雑な反応混合物を与えることが多く，目的とする Ar–Nu の収率は必ずしも良くない．1884 年にザンドマイヤー（T. Sandmeyer, 1854-1922）はハロゲン化物イオン X$^-$（X=Cl, Br）を求核剤とする ArN$^+$≡N の分解反応において，ハロゲン化銅(I) が存在すると収率良くハロゲン化アリール ArX が得られることを発見した．この反応は，**ザンドマイヤー反応**とよばれ，現在でも ArX の合成法として用いられている．ただし，この反応は Ar$^+$ を経由する ArS$_N$1 反応ではなく，ラジカル中間体が関与する機構で進行するとされている．ArN$^+$≡N は不安定なので，低温で生成させた後，単離することな

く ArX の合成に用いられる．

同様に，ジアゾニウム塩 $ArN^+\equiv N$ をシアン化銅(I) CuCN と反応させると，ニトリル $ArC\equiv N$ が得られる．この反応もザンドマイヤー反応に分類される．

ヨウ化物イオン I^- は求核性が強いのでヨウ化銅(I) を必要とせず，ジアゾニウム塩 $ArN^+\equiv N$ の水溶液にヨウ化カリウム KI を加えることによって，ヨウ化アリール ArI を得ることができる．

また，ジアゾニウム塩 $ArN^+\equiv N$ を経由してフッ化アリール ArF を合成することもできる．$ArN^+\equiv N$ の溶液にフッ化ホウ素酸 HBF_4 を加えると，フッ化ホウ素酸ジアゾニウム $ArN^+\equiv N\ BF_4^-$ の沈殿が生成する．$ArN^+\equiv N\text{-}BF_4^-$ は単離できるほど安定なジアゾニウム塩であり，加熱すると分解して，三フッ化ホウ素 BF_3 と窒素 N_2 とともに ArF を与える．この反応は発見者の名前をつけて，**シーマン反応**とよばれている．

さらに，ジアゾニウム塩 $ArN^+\equiv N$ を還元剤と反応させると，形式的にジアゾニウム基 $-N^+\equiv N$ の水素化物イオン H^- による置換反応が進行し ArH が得られる．この反応のために最も有用な還元剤が，次亜リン酸 H_3PO_2 である．この反応を用いると，芳香環に結合したアミノ基 $-NH_2$ やニトロ基 $-NO_2$ を除去することができるので，この反応は，目的とする置換様式をもつ芳香族化合物を合成するための反応としてしばしば利用される．

また，ジアゾニウム塩 $ArN^+\equiv N$ は，芳香族化合物に対して求電子剤と

して作用する．ただし，$ArN^+\equiv N$ の求電子性は弱いので，反応は，フェノール C_6H_5OH，あるいはアニリン $C_6H_5NH_2$ や N,N-ジメチルアニリン $C_6H_5N(CH_3)_2$ などのような強く活性化された芳香族化合物に対してのみ起こる．

$$\underset{}{}\text{C}_6\text{H}_4\text{-N(CH}_3)_2 + \text{C}_6\text{H}_5\text{-N}^+\equiv\text{N Cl}^- \longrightarrow (\text{CH}_3)_2\text{N-C}_6\text{H}_4\text{-N=N-C}_6\text{H}_4\text{-N(CH}_3)_2$$

この反応は，**アゾカップリング**，あるいは**ジアゾカップリング**とよばれ，ジアゾニウム塩 $ArN^+\equiv N$ を求電子剤とする芳香族求電子置換反応である．反応は第 10 章で述べたニトロ化などと同様に，正電荷が非局在化したカルボカチオン中間体を経由して進行する（図 10.2 参照）．生成物の官能基 -N=N- を**アゾ基**とよび，アゾ基をもつ化合物を**アゾ化合物**という．アゾ化合物は強く着色しており，合成染料として重要な化合物である．

付録　有機化学命名法

　有機化合物の命名法は，IUPAC（International Union of Pure and Applied Chemistry：国際純正応用化学連合）によって国際的に統一されている．命名法にはいくつかの方式があるが，一般には，普遍性の高い **置換命名法** が用いられ，**基官能命名法** が併用されている．有機化合物の命名法の概略を以下に述べる．

(1) 有機化合物を，その骨格を形成する飽和炭化水素や芳香族炭化水素を母体構造とし，それにアルキル基やさまざまな官能基が置換基として結合しているものとみなす．そして，その母体構造名を命名の中心に置き，結合している置換基は，接頭語，あるいは接尾語で表す．

(2) 置換命名法では，定められた規則に従って最も優先順位の高い官能基を **主原子団** として，それを接尾語で表し，他の置換基はすべて接頭語とする．接尾語で表される主な官能基の優先順位は，以下のとおりである．
　-COOH ＞ -C≡N ＞ -CH=O ＞ -C(=O)- ＞ -OH ＞ -NH$_2$
　基官能命名法では接尾語を使わずに，主原子団は独立した1つの官能種類名で表す．

(3) 置換基の位置は，母体構造につけられた位置番号によって表す．位置番号は，主原子団となる官能基ができるだけ小さい番号になるようにつける．

(4) 接頭語となる置換基名はアルファベット順に配列し，同一の置換基が複数あるときは，基の前にジ di-，トリ tri-，テトラ tetra- などの数詞をつける．
　以下に，各章で述べた化合物について，具体的な命名法を述べる．

1　アルカン

　アルカンの名称は，炭素数1から4までは慣用名，メタン methane，エタン ethane，プロパン propane，ブタン butane を用い，それ以上は，ラテン語やギリシャ語に由来する炭素数を示す語の語尾を -ane とすることによってつくられる．炭素数5から10までの名称は，ペンタン pentane，ヘキサン hexane，ヘプタン heptane，オクタン octane，ノナン nonane，デカン decane となる．

　直鎖構造のアルカン RH の末端の水素原子を除いてできる炭化水素基 R- は，アルカンの語尾 -ane をイル -yl に変えて命名する．分枝構造をもつアルカンでは，最長の炭素鎖を母体構造とし，側鎖のアルキル基を接頭語として付記する．

例　　　　6　5　4　3　2　1
　　　　CH$_3$-CH-CH$_2$-CH-CH-CH$_3$　　　2,3,5-トリメチルヘキサン
　　　　　　｜　　　　｜　｜
　　　　　　CH$_3$　　CH$_3$ CH$_3$　　　2,3,5-trimethylhexane

2　ハロゲン化アルキル

　置換命名法では置換したハロゲン原子 F-，Cl-，Br-，I- をそれぞれ接頭語フルオロ fluoro-，クロロ chloro-，ブロモ bromo-，ヨード iodo- で表し，母体構造となるアルカンの前につける．基官能命名法では，それぞれを官能種類名フルオリド fluoride, クロリド chloride, ブロミド bromide, ヨージド iodide で表し，母体構造となるアルキル基名の後につけて命名する．日本語名では，アルキル基名の前にフッ化，塩化，臭化，ヨウ化をつける．

　　例　　　　　CH₃
　　　　　　 $\overset{1}{CH_3}-\overset{2}{\underset{Cl}{\overset{|}{C}}}-\overset{3}{CH_3}$　　　2-クロロ-2-メチルプロパン　2-chloro-2-methylpropane
　　　　　　　　　　　　　　　塩化 *t* -ブチル　　*t*-butyl chloride

3　アルコールとエーテル

　アルコール ROH は，置換命名法では，アルカン RH の語尾 -e をとり接尾語オール -ol をつけて命名する．基官能命名法では，官能種類名アルコール alcohol を母体構造の基名の後につけて命名する．

　　例　　$\overset{1}{CH_3}-\overset{2}{\underset{OH}{CH}}-\overset{3}{CH_3}$　　2-プロパノール　　2-propanol
　　　　　　　　　　　　　　　イソプロピルアルコール　　isopropyl alcohol

　化合物にヒドロキシ基 -OH より優先する官能基がある場合や側鎖に -OH がある場合には，-OH は接頭語ヒドロキシ hydroxy- で表す．

　エーテルは，置換命名法では，アルコキシ基 RO- の名称を接頭語として母体構造名につける．置換基 RO- は，炭化水素基 R- の名称に接尾語オキシ -oxy をつけて命名する．基官能命名法では，酸素原子に結合している 2 個の炭化水素基の名称を並べた後に，官能種類名エーテル ether をつける．

　　例　　CH₃-O-CH₂-CH₃　　メトキシエタン　　methoxyethane
　　　　　　　　　　　　　　 エチルメチルエーテル　　ethyl methyl ether

4　アルケンとアルキン

　二重結合を 1 つもつ炭化水素は，相当する飽和炭化水素の接尾語アン -ane をエン -ene に変えて命名する．二重結合が 2 つ以上の場合は，接尾語アジエン -adiene,

アトリエン -atriene などとする．二重結合の番号はできるだけ小さくなるようにし，二重結合の位置は，二重結合を形成する炭素原子につけられた番号のうち小さい番号のみを示して表す．

例　　$\overset{6}{C}H_3-\overset{5}{C}H=\overset{4}{C}H-\overset{3}{C}H_2-\overset{2}{C}H=\overset{1}{C}H_2$　　1,4-ヘキサジエン　　1,4-hexadiene

三重結合をもつ炭化水素は，相当する飽和炭化水素の接尾語アン -ane をイン -yne に変えて命名する．位置番号のつけ方は二重結合の場合と同じである．

例　　$\overset{1}{C}H_3-\overset{2}{C}\equiv\overset{3}{C}-\overset{4}{C}H_2-\overset{5}{C}H_3$　　2-ペンチン　　2-pentyne

5　芳香族化合物

単環の芳香族炭化水素は，ベンゼン C_6H_6 を母体構造として命名する．

例　　Cl—⌬—Br　　1-ブロモ-4-クロロベンゼン　　1-bromo-4-chlorobenzene

なお，トルエン $C_6H_5CH_3$，キシレン $C_6H_4(CH_3)_2$ などは，慣用名としてその使用が認められている．ナフタレン $C_{10}H_8$，アントラセン $C_{14}H_{10}$ などの多環芳香族炭化水素の名称も慣用名として認められており，それぞれの置換体はそれらを母体構造として命名される．

6　カルボニル化合物――アルデヒドとケトン

直鎖構造の炭化水素を母体構造とするアルデヒドは，相当する炭化水素名の語尾 -e をとり，接尾語アール -al をつけて命名する．アルデヒド基 $-CH=O$ が環式炭化水素に結合しているアルデヒドは，環式化合物の名称に接尾語カルバルデヒド -carbaldehyde をつける．化合物に優先する置換基がある場合は，$-CH=O$ は接頭語ホルミル formyl- で表す．

ケトンは置換命名法では，母体構造となる飽和炭化水素の語尾 -e をとり，接尾語オン -one をつけて命名する．基官能命名法では，カルボニル基に結合している 2 個の炭化水素基の名称を並べた後に，ケトン ketone をつける．

例　　$\overset{4}{C}H_3-\overset{3}{C}H_2-\overset{2}{\underset{\underset{O}{\|}}{C}}-\overset{1}{C}H_3$　　2-ブタノン　　2-butanone
エチルメチルケトン　ethyl methyl ketone

7　カルボニル化合物——カルボン酸とその誘導体

　直鎖構造の炭化水素の主鎖末端の CH_3 を COOH に置き換えてできるカルボン酸は，炭化水素名の語尾 -e をとり，接尾語 -oic acid をつけて命名する．日本語名では，炭化水素名に「酸」をつける．

　　例　　$\overset{7}{CH_3}-\overset{6}{CH_2}-\overset{5}{CH_2}-\overset{4}{CH_2}-\overset{3}{CH_2}-\overset{2}{CH_2}-\overset{1}{COOH}$　　ヘプタン酸　heptanoic acid

　カルボキシル基が環式化合物の炭素原子に結合しているカルボン酸は，環式化合物の名称に接尾語カルボン酸 -carboxylic acid をつける．なお，ギ酸 formic acid，酢酸 acetic acid，安息香酸 benzoic acid などは，慣用名としてその使用が認められている．

　カルボン酸 RCOOH から生成するアシル基 RCO- は，もとのカルボン酸名の語尾 -oic acid を接尾語オイル -oyl に変えて命名する．なお，アセチル acetyl (CH_3CO-) などは，慣用名としてその使用が認められている．酸塩化物 RCOCl は，アシル基名に官能種類名クロリド chloride をつけて命名する．

　カルボン酸 RCOOH とアルコールまたはフェノール R'OH から生成するエステル RCOOR' は，炭化水素基 R' の名称に，カルボン酸名の語尾 -oic acid を -ate に変えてつくられる陰イオンの名称をつける．日本語では，カルボン酸の名称と炭化水素基 R' の名称を並べて命名する．

　　例　　C₆H₅-O-C(=O)-CH₃　　フェニルアセタート　　phenyl acetate
　　　　　　　　　　　　　　　　　酢酸フェニル

　直鎖構造の炭化水素の主鎖末端の CH_3 を CN に置き換えてできるニトリル RCN は，炭化水素名に接尾語ニトリル -nitrile をつけて命名する．RCOOH の誘導体とみなす場合は，カルボン酸名の語尾 -carboxylic acid を接尾語カルボニトリル -carbonitrile に変えて命名する．

8　窒素を含む有機化合物——ニトロ化合物とアミン

　ニトロ基 $-NO_2$ は，常に接頭語ニトロ nitro- で表す．

　第一級アミン RNH_2 は炭化水素基 R- の名称に接尾語アミン -amine をつけて命名する．対称的な第二級アミン R_2NH，第三級アミン R_3N は，炭化水素基名の前にジ di-，トリ tri- をつける．非対称的な第二級アミン RR'NH，第三級アミン RR'R''N は，結合している炭化水素基のうち最も複雑な炭化水素基を母体構造とする第一級アミンの誘導体とみなし，その N- 置換体として命名する．化合物にアミノ基 $-NH_2$ より優先する官能基がある場合は，$-NH_2$ は接頭語アミノ amino- で表す．

付録　有機化学命名法　　　　237

立体化学に関する命名法

1　*EZ* 表記法

　二重結合のシス-トランス異性体は，以下の規則に従って E 異性体，あるいは Z 異性体に分類される．命名の際には，E，Z の記号は括弧をつけて化合物名の前におく．
(1) アルケンを構成する炭素原子のそれぞれに結合した 2 個の置換基について，以下に示す順位規則に従って置換基の優先順位を決定する．
(2) それぞれの炭素原子について優先する置換基が，二重結合の反対側にあるものを E，同じ側にあるものを Z とする．

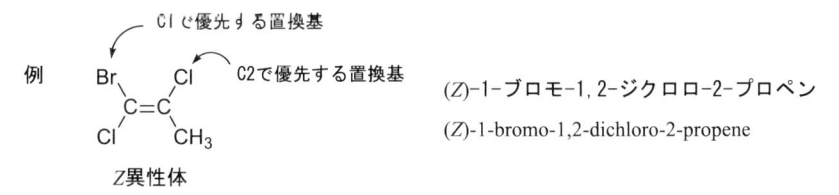

例

Br　　Cl　←C1で優先する置換基
　＼　／　　C2で優先する置換基
　　C＝C
　／　　＼
Cl　　CH₃

Z異性体

(Z)-1-ブロモ-1,2-ジクロロ-2-プロペン
(Z)-1-bromo-1,2-dichloro-2-propene

【順位規則】
　原子あるいは原子団の優先順位は，以下の規則に従う．
(1) 結合する原子の原子番号が大きい方を優先する．
(2) 結合する原子が同一の場合は，その原子に結合している原子を比較し，原子番号が大きい方を優先する．それでも決まらない場合は，順次その次の原子を比較する．たとえば，-CH₂CH₂OH と -CH₂CH₃ を比較すると，最初の原子は同一であるが，2 番目の原子を比べると -CH₂OH と -CH₃ の違いがあり，H より原子番号が大きい O が結合していることから，-CH₂CH₂OH の方が -CH₂CH₃ より優先順位が高くなる．
(3) 二重結合，三重結合がある場合は，単結合が二重，三重にあるものとみなす．たとえば，アルデヒド基 -CH=O は

　　H
　　｜
　　C　　O
　　(O)　(C)

とみなす．重複して示した原子（括弧をつけて示した）の先は結合原子がないと考える．芳香環はケクレ構造によって決める．

2　*RS* 表記法

　キラル中心のまわりの立体配置は，以下の規則に従って R あるいは S と決定される．命名の際には，R，S の記号は括弧をつけて化合物名の前に置く．位置番号

は R, S の前につける．
(1) キラル中心に結合した4個の異なる置換基について，上記の順位規則に従って優先順位を決定する（キラル中心に結合した置換基を a, b, c, d とし，その優先順位が，置換基 a, 置換基 b, 置換基 c, 置換基 d の順であるとする）．
(2) 最低順位の置換基 d を自分から最も遠い位置に置き，残りの3個の置換基の配列を見る．
(3) 置換基 $a \to b \to c$ の配列が時計回りのとき，キラル中心は R 配置，反時計回りのときは S 配置とする．

例

優先順位1位(a): Br
優先順位2位(b): CH$_2$CH$_3$
優先順位3位(c): CH$_3$
優先順位4位(d): H

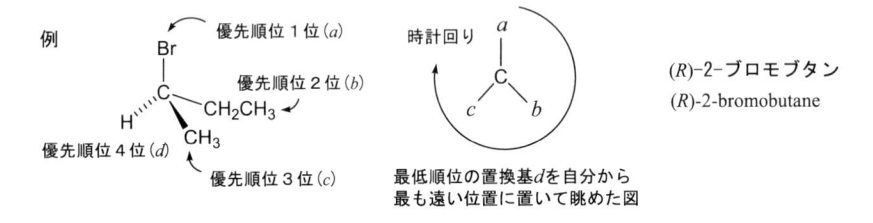

時計回り

最低順位の置換基 d を自分から最も遠い位置に置いて眺めた図

(R)-2-ブロモブタン
(R)-2-bromobutane

索引

[ア行]

アイリング（H. Eyring, 1901-1981） 69
　　──の式　69
亜鉛　151
亜鉛アマルガム　193
アキシアル水素　31
アキラル　36
アクリロニトリル　156
アクロレイン　201
亜硝酸ナトリウム　228
アシリウムイオン　169
アシルアミノ基　170
アシル基　168,181
アセタール　186
アセチリド　158,191
アセチルアセトン　201
アセチル化　210
アセチル基　210
アセチレン　13,157
アセトアルデヒド　183,189,197,199
アセト酢酸エステル　216
　　──合成法　216
アセト酢酸エチル　213
アセトニトリル　217
アセトン　86,183
アセトンオキシム　57
アゾ化合物　231
アゾカップリング　231
アゾ基　231
アニオン　51
アニソール　169
アニリン　81,224,228
アミド　203,207,212,218
アミノ基　49,81,170,221
アミン　81,108,221,223
アリルカチオン　153
アリルアルコール　154
アリル位　153
アリール基　49,125,161,170

アリル転位　154
アリルラジカル　153
アルカン　91
アルキル基　49,91,170
アルキルパーオキシラジカル　103
アルキルベンゼン　177
アルキルラジカル　100,147
アルキン　137,156
アルケニルラジカル　160
アルケン　115,137
アルコキシ基　49,133,170
アルコキシド　128
　　──イオン　76
アルコール　75,125
　　──発酵　127
アルダー（K. Alder, 1902-1958）　156
アルデヒド　132,181
　　──基　49,170
アルドール縮合反応　197
アレニウス（S.A. Arrhenius, 1859-1927）
　68,73
　　──の式　68
安息香酸　78,169
　　──エチル　215
アンチ形コンホメーション　27
アンチ-ジヒドロキシ化　151
アンチ脱離　116
アンチ付加　143
アントラセン　161,175
アンモニア　108,187
イオン結合　8
　　──性　42
イオン反応　53
イコサン　92
いす形コンホメーション　30
異性　5
異性体　5
位置異性体　5
一次反応　108
位置選択性　99

一分子求核置換反応　108, 110
一分子脱離反応　115, 119
イミン　187, 219
インゴールド（C.K. Ingold, 1893-1970）　86
ウィッティッヒ（G. Wittig, 1897-1987）
　　——反応　192
ウイリアムソン合成　134
ウェーラー（F. Wöhler, 1800-1882）　2
ウォルフ-キシュナー還元　194
右旋性　36
永年方程式　22
エクアトリアル水素　31
エステル　203, 208, 210
　　——基　49, 170
　　——交換反応　211
エタノール　75, 125
エタン　25, 233
エチル基　49
エチレン　12, 25, 137, 155
エチレングリコール　186, 194
エーテル　108, 125, 133
　　——結合　125
エナンチオマー　35
　　——過剰率　37
エネルギー図　60
エネルギー保存則　59
エノラート　183, 195, 201, 213
エノール　196
　　——形　159
エポキシ化　150
エポキシド　134, 150
エリトロース　37
塩化亜鉛　130
塩化アリル　154
塩化アルキル　130
塩化アルミニウム　168
塩化チオニル　130, 208
塩化鉄　166
塩化 t-ブチル　53
塩化メチル　44
塩基　73, 79, 83
　　——解離定数　80
塩素化反応　96
エンタルピー変化　59
エントロピー　65

オキサホスフェタン　192
オキシム　188
オキシラン　134
オクタデカン　94
オクタン　233
オクテット則　8
オゾニド　152
オゾン分解　151
オルト位　48
オルト-パラ配向　170, 171
オレフィン　137

[カ行]

可逆的　70
角度ひずみ　29
重なり形コンホメーション　26
重なり積分　22
過酸　150
過酸化物　146
過酸化ベンゾイル　146
加水分解　187, 209, 210, 218
ガソリン　95
カチオン　51
活性化エネルギー　60
活性化エンタルピー　69
活性化エントロピー　69
活性化自由エネルギー　69
活性基　169
価電子　7
カーバイド　157
過マンガン酸カリウム　132, 151, 177
加溶媒分解　115
カラーシ（M.S. Kharash, 1897-1957）　146
カリウムアミド　179
カリウム t-ブトキシド　122
カルボアニオン　52, 183, 190
カルボカチオン　52, 110, 119, 129, 131, 139, 165
カルボキシル基　49, 75, 170, 203
カルボニルオキシド　152
カルボニル化合物　181
カルボニル基　181
カルボニル炭素　181
カルボン酸　75, 203, 207, 208
還元反応　192, 212, 219, 223
環式化合物　3

環状エーテル　134
官能基　3
　——異性体　5
基　3
幾何異性体　5, 34
基官能命名法　233
キシレン　235
気体定数　66
軌道　8
　——概念　87
キノリン　160, 161
ギブズ（J.W. Gibbs, 1839-1903）　65
　——自由エネルギー　65
逆反応　70
逆マルコフニコフ付加　146, 148
求核
　——剤　53, 55, 83
　——性　55, 83
　——置換反応　107, 128, 134, 205
　——反応　53
　——付加反応　185, 200
求電子
　——剤　53, 56
　——性　56
　——置換反応　228
　——反応　53
　——付加反応　58, 138, 158
吸熱反応　59
競争　121
鏡像異性体　5, 35
協奏的反応　54
共鳴　19
　——エネルギー　19
　——効果　47
　——構造　19
　——混成体　19
　——積分　21
共役　17
　——エノン　200
　——塩基　74
　——系　17
　——酸　80
　——ジエン　154
　——付加　200
共有結合　8, 10

極限構造　19
極性　44
　——効果　46
　——分子　45
キラル　36
　——中心　36
均一開裂　50
銀鏡　195
くさび形表示法　4
鎖式化合物　3
クライゼン（R.L. Claisen, 1851-1930）　213
　——縮合反応　213
クラウジウス（R.J.E. Clausius, 1822-1888）　65
クラッキング　138
クラフツ（J.M. Crafts, 1839-1917）　168
クリセン　175
グリニャール（F.A.V. Grignard, 1871-1935）　123
　——試剤　123, 135, 190, 211, 219
クレメンゼン（E.C. Clemmensen, 1876-1941）　193
　——還元　193
m-クロロ過安息香酸　150
クロロクロム酸ピリジニウム　133
クロロ酢酸　78
クロロニウムイオン　143
クロロヒドリン　145
クロロベンゼン　167
クロロホルム　96
クロロ酪酸　78
クーロン積分　21
経験的分子軌道法　23
軽油　96
ケクレ（F.A. Kekule, 1829-1896）　162
　——構造　162
　——構造式　4
結合解離エネルギー　51
結合性分子軌道　10
β-ケトエステル　213, 215
ケト-エノール互変異性化　159, 201
ケト形　159
ケトン　181
ケトン基　49, 170
けん化　210

原子価殻 7
原子価結合法 20
原子軌道 8
光学異性体 5, 35
光学活性 36
光学分割 38
交差アルドール縮合反応 199
交差クライゼン縮合反応 215
合成ガス 127
酵素 39
構造異性体 5, 91
構造式 4
五塩化リン 130
国際純正応用化学連合 233
ゴーシュ形コンホメーション 27
骨格異性体 5
骨格構造式 4
互変異性化 159
コールタール 164
コレステロール 94
混成 11
　――軌道 11
コンホマー 27
コンホメーション 26

[サ行]

最高被占軌道(HOMO) 22
最低空軌道(LUMO) 22
最適化構造 22
酢酸 75, 204
　――エチル 213
　――鉛 160
　――コバルト 204
左旋性 36
酸 73
酸塩化物 203, 207-209
酸解離定数 74
酸化クロム 132
酸化的付加反応 149
酸化白金 149
酸化反応 132, 177, 194
三酸化硫黄 166
酸触媒反応 132, 142, 186
ザンドマイヤー（T. Sandmeyer, 1854-1922) 229
　――反応 229
三ハロゲン化リン 130
酸無水物 203, 209
1,3-ジアキシアル相互作用 33
ジアステレオマー 37
ジアゾ化 228
ジアゾカップリング 231
ジアゾニウム塩 228
シアノ基 49, 170, 217
シアノヒドリン 189
次亜ハロゲン酸 143
次亜リン酸 230
シアン化銅 230
シアン化物イオン 189
ジエチルエーテル 134
ジエノフィル 156
ジオキサン 134
1,2-ジオール 150
シクロアルカン 30, 91, 93
シクロアルケン 144
シクロデカン 33
シクロブタン 30
シクロヘキサン 30
シクロヘキセン 16, 144, 155
シクロヘプタトリエニルカチオン 163
シクロペンタジエニルアニオン 163
シクロペンタジエン 163
シクロペンタノン 189
シクロペンタン 30
ジクロロエチレン 45
ジクロロメタン 96
シス異性体 34, 35
シス-トランス異性体 5, 34
示性式 4
シッフ塩基 187
2,4-ジニトロフェニルヒドラジン 188
ジ t-ブチルパーオキシド 146
1,2-ジブロモエタン 57
脂肪族化合物 3
ジボラン 148
シーマン反応 230
ジメチルエーテル 45
ジメチルシクロヘキサン 35
ジメチルスルフィド 151
自由回転 26

索引　243

臭化鉄　167
臭化 t-ブチル　108
臭化ベンジル　177
臭素化反応　96
重油　96
縮合環　93
縮合構造式　4
縮合反応　188
主原子団　233
酒石酸　38
シュレーディンガー（E. Schrödinger, 1887-1961）　8
順位規則　237
ショウノウ　94
ジョーンズ酸化　132
シン-ジヒドロキシ化　151
シン付加　148
水素化アルミニウムリチウム　192, 212, 219
水素化熱　15, 118
水素化反応　15, 149, 192
水素化物イオン　192, 212
水素化ホウ素ナトリウム　192, 213
水素結合　126, 204, 225
水和反応　141, 159
スルホ基　49, 170
スルホン化　166, 176
スルホン酸　166
生成物　52
セイチェフ（A.M. Saytzeff, 1841-1910）　118
　——則　118
　——脱離　118, 227
正反応　70
石炭　164
石油　95, 164
接触リホーミング　164
遷移状態　60, 63
旋光性　36
双極子　41
　——モーメント　42
側鎖　91
速度支配　71, 155, 176
　——生成物　71
速度論　60, 67
ソルボリシス　115

［タ行］

第一級水素原子　92
第一級炭素原子　92
第一級ラジカル　100
第三級水素原子　92
第三級炭素原子　92
第三級ラジカル　100
第二級水素原子　92
第二級炭素原子　92
第二級ラジカル　100
第四級アンモニウム塩　226
第四級炭素原子　92
多環芳香族化合物　161
脱水反応　131
脱炭酸　216
脱離基　107
脱離基能　107
脱離反応　57, 131, 226
炭化カルシウム　157
炭化水素　3
炭化水素基　3
炭素鎖　91
炭素ラジカル　52
チオール基　49
置換基　3
置換反応　57
置換命名法　233
超共役　48
直鎖構造　91
ディークマン縮合反応　215
ディールス（O.P.H. Diels, 1876-1954）　156
ディールス-アルダー反応　156
デカン　92, 233
テトラヒドロフラン（THF）　134
テヘイ　42
転位反応　57, 113, 120, 141
電気陰性　44
　——度　43
電気陽性　44
電子求引性置換基　46
電子供与性置換基　46
電子雲　18
電子的効果　46
天然ガス　96

同族体　91
同族列　91
灯油　95
トランス異性体　34,35
トリアルキルアンモニオ基　49,170
トリアルキルボラン　148
トリハロメタン　196
トリフェニルホスフィン　191
トルエン　164,177,235
トレオース　37
トレンス試剤　195
トロピリウムイオン　163

[ナ行]

内部エネルギー　59
ナフサ　95
ナフタレン　161,162,174-176
二クロム酸カリウム　132
二クロム酸ナトリウム　177
二酸化炭素　205
二次反応　108,115
ニッケル　192
ニトリル　108,217,230
ニトロ化　166
ニトロ化合物　221,223
ニトロ基　47,49,170,221
N-ニトロソアミン　229
ニトロソ化合物　223
ニトロソニウムイオン　56,228
ニトロニウムイオン　56,166
ニトロベンゼン　166
ニトロメタン　221
二分子求核置換反応　108,109
二分子脱離反応　115
乳酸　36,39
ニューマン投影式　26
尿素　2
ねじれ形コンホメーション　26
ねじれひずみ　26,29
ねじれ舟形コンホメーション　31
熱分解　138
熱力学　60,65
　——支配　70,155,176
　——支配生成物　70
　——の第一法則　59

——の第二法則　65
燃焼　103
ノナン　233

[ハ行]

配向性　169
パウリ（W. Pauli, 1900-1958）　9
　——の排他原理　9
パーオキシカルボン酸　150
発煙硫酸　166
白金　149
発熱反応　59
波動関数　8
パラ位　48
パラジウム　149,192
パラフィン　91
ハロアルカン　105
ハロゲン化アリール　178,190,229
ハロゲン化アルキル　105
ハロゲン化銅　229
ハロゲン化反応　96,166,195
ハロゲン化メチル　106
ハロゲン原子　49,105,170
ハロニウムイオン　143,145
ハロヒドリン　145
ハロホルム反応　196
半経験的分子軌道法　24
反結合性分子軌道　10
反転　31,110,224
反応機構　85
反応基質　52
反応座標　61
反応試剤　53
反応速度　67
　——式　68
　——定数　68
反応中間体　52,63
反応熱　59
反応物　52
非局在化　17
　——エネルギー　19
非経験的分子軌道法　23
非結合性原子間相互作用　29
比旋光度　36
ヒドラジン　188,194

索引

ヒドラゾン 188
ヒドリド 192
　——移動 114
ヒドロキシ基 49,75,125,170
3-ヒドロキシブタナール 197
ヒドロキシルアミン 188,223
ヒドロホウ素化反応 148
非ベンゼン系芳香族化合物 163
ヒュッケル（E.A.A.J Hückel, 1896-1980）23,87
　——則 163
　——分子軌道法 23
標準ギブズ自由エネルギー 66
標準生成ギブズ自由エネルギー変化 66
ピリジン 161,201,209
ピレン 175
頻度因子 68
ファン・デル・ワールス（J.D. van der Waals, 1837-1923）28
　——半径 28
　——ひずみ 28,29
フェナントレン 161,175
フェニル基 49,161
フェノキシ基 133
フェノキシドイオン 76
フェノール 75,125,164
1,2-付加 154,200
1,4-付加 155,200
付加環化反応 155
不活性基 169
付加反応 57,158
不均一開裂 51
福井謙一（1918-1998） 87
複素環化合物 161
不斉合成 39
不斉炭素原子 36
ブタジエン 23,154,155,
ブタン 27,94,99,233
ブチルアルコール 134
t-ブチル基 173
1-ブテン 146
2-ブテン 34,142,150
不対電子 51
フッ化アリール 230
フッ化水素 41

舟形コンホメーション 30
部分電荷 41
α,β-不飽和カルボニル化合物 199,200
不飽和炭化水素 137
プランク定数 69
フリーデル（C. Friedel, 1832-1899） 168
フリーデル-クラフツ反応 168
フルオロ酢酸 78
ブレンステッド（J.N. Brϕnsted, 1879-1947） 73
プロトン化 56,128,135,186
プロパン 45,233
プロピオン酸 75
　——エチル 215
プロペン 139
N-ブロモコハク酸イミド（NBS） 153,177
ブロモニウムイオン 143
ブロモヒドリン 145
ブロモベンゼン 168
フロンティア軌道 88
フロンティア電子 88
　——理論 87,175
分極 41
分散力 95
分子軌道 9,20,87
　——法 21
　——論 85,87
分枝構造 91
分子式 4
分子力学法 30
平衡状態 66
平衡定数 66
ヘキサン 92,233
ヘテロリシス 51
ヘプタデカン 94
ヘプタン 92,233
ヘミアセタール 186
ヘミアミナール 187
ペリ環状反応 53,54,156
偏光 36
ベンザイン 179
ベンジルカチオン 177
ベンジル基 177
ベンジルラジカル 177
ベンズアルデヒド 199
ベンゼン 16,18,161,165

ベンゼンスルホン酸　166
ペンタジエン　16
ペンタデカン　92
ペンタン　91,93,94,233
ボーア（N.H.D. Bohr, 1887-1951）　7
芳香環　161
芳香族化合物　161
芳香族求核置換反応　179,229
芳香族求電子置換反応　165
芳香族性　163
芳香族炭化水素　161
飽和炭化水素　91
ホスホニウム塩　191
ホフマン脱離　226
ホモリシス　50
ボラン　148
ポーリング（L.C. Pauling, 1901-1994）
　　11,43
ボルツマン定数　69
ホルムアルデヒド　181

［マ行］

マイケル付加反応　201
マイゼンハイマー中間体　179
巻矢印　51
マグネシウム　123
末端アルキン　158
マリケン（R.S. Mulliken, 1896-1986）　43,87
マルコフニコフ（V.V. Markovnikov,
　　1838-1904）　139
　　――則　139
　　――付加　139
マロン酸エステル合成法　216
マロン酸ジエチル　53,216
水のイオン積　80
無機化合物　1
無極性分子　45
無水酢酸　209
メソ化合物　38
メソメリー効果　47
メタ位　48
メタノール　75,126
メタ配向　170
メタン　11,94,233
メチルアニオン　86

メチルアミン　81,224
メチル基　48,49
メチルケトン　195,216
メチルシクロヘキサン　32
メチルビニルケトン　156
メチルラジカル　54,97
メトキシ基　47

［ヤ行］

有機化合物　1
有機金属化合物　122,190,219
誘起効果　46
有機電子論　85,86
有機リチウム試剤　123,190
ヨウ化アリール　230
ヨウ化アルキル　130
ヨウ化ロジウム　204
溶媒効果　90
ヨードホルム反応　196
四塩化炭素　44,96
四酸化オスミウム　151

［ラ行］

ラジカル　50
　　――置換反応　58
　　――反応　53,54,96
　　――付加反応　146
ラセミ体　36,111
リチウム　123
　　――試剤　190
リチウムジイソプロピルアミド　122
律速段階　64
立体異性体　5
立体効果　90,122
立体選択的反応　117
立体特異的反応　117
立体配座　26
　　――異性体　5,27
　　――解析　29
立体配置異性体　5
立体ひずみ　28
硫酸水銀　159
両性化合物　127,225
リンイリド　191
リンゴ酸　39

索引

隣接二ハロゲン化物　142
リンドラー触媒　160
ルイス（G.N. Lewis, 1875-1946）　7
　　——塩基　167
　　——酸　167
連鎖開始反応　97
連鎖成長反応　98
連鎖停止反応　98
連鎖反応　97
ロビンソン（R. Robinson, 1886-1975）　86
ローリー（T.M. Lowry, 1874-1936）　73

[ワ行]

ワーグナー-メーヤワイン転位　114
ワルデン（P. Walden, 1863-1957）　110
　　——反転　110

[欧文]

ab initio（アブ・イニシオ）分子軌道法　23
AM1法　24
ArS_N1反応　229
ArS_N2反応　178
E1反応　115, 119, 131
E2反応　115, 226
ee　37
*EZ*表記法　237
*E*異性体　237
HOMO　22, 88
IUPAC　233
I効果　46
LCAO（linear combinatuin of atomic orbitals）
　　近似　21

LUMO　22, 88
MCPBA　150
MINDO法　24
M効果　47
NBS　177
PCC　133
PM3法　24
p軌道　8
*RS*表記法　237
*R*配置　238
S_N1反応　108, 110
S_N2反応　108, 109
sp^2混成軌道　12
sp^2混成炭素　13, 76, 137, 162, 181, 203
sp^3混成軌道　11
sp^3混成炭素　12, 25, 92, 105
sp混成軌道　14
sp混成炭素　15, 157, 217
s軌道　8
s性　157
*S*配置　238
THF　134
t-ブチルアルコール　53, 108
*Z*異性体　237

σ軌道　11, 109
σ結合　11
σ電子　11
π軌道　13, 25
π結合　13
π電子　13
π電子近似　24

著者略歴
1956 年　長野県に生れる
1979 年　東京大学理学部化学科卒業
1981 年　東京大学大学院理学系研究科化学専攻修士課程修了
1993 年　三重大学工学部助教授
1996 年より東京大学大学院総合文化研究科助教授（理学博士）

主要著書
『化学入門』（東京化学同人，2005，共著），『化学の基礎 77 講』（東京大学出版会，2003，共著）

有機化学
　有機反応論で理解する
　　　2007 年 3 月 20 日　初　版

[検印廃止]

著　者　　村田　滋

発行所　　財団法人　東京大学出版会

代 表 者　　岡本和夫

113-8654 東京都文京区本郷 7-3-1 東大構内
電話 03-3811-8814　Fax 03-3812-6958
振替 00160-6-59964

印刷所　　株式会社平文社
製本所　　矢嶋製本株式会社

© 2007 Shigeru Murata
ISBN 978-4-13-062505-0　Printed in Japan

Ⓡ〈日本複写権センター委託出版物〉
本書の全部または一部を無断で複写複製（コピー）することは，著作権法上での例外を除き，禁じられています．本書からの複写を希望される場合は，日本複写権センター(03-3401-2382)にご連絡ください．

化学の基礎 77 講　　東京大学教養学部化学部会編/B 5 判/192 頁/2500 円

生命科学のための有機化学 I・II
　　　　　　　　　原田義也著/A 5 判/平均 250 頁/(I) 2500 円　(II) 3200 円

基礎量子化学　軌道概念で化学を考える
　　　　　　　　　　　　　　　友田修司著/A 5 判/432 頁/4200 円

量子物理化学　　　　　　　　　大野公一著/A 5 判/430 頁/3900 円

新しい量子化学　上・下　電子構造の理論入門
　　　　　　　　ザボ，オストランド著／大野公男・阪井健男・望月裕志訳
　　　　　　　　A 5 判/平均 300 頁/(上) 4200 円・(下) 4000 円

生命科学資料集　　生命科学資料集編集委員会編/B 5 判/268 頁/3000 円

化学実験　第 3 版
　　　　　　東京大学教養学部化学教室化学教育研究会編/A 5 判/216 頁/1400 円

放射化学概論　第 2 版　　富永　健・佐野博敏著/A 5 判/240 頁/3000 円

物質の単離と精製　天然生理活性物質を中心として
　　　　　　　　　　　　　　　大岳　望ほか/A 5 判/284 頁/3400 円

ここに表示された価格は本体価格です．ご購入の
際には消費税が加算されますのでご了承ください．